普通高等院校电气信息类专业系列教材

"十三五"江苏省高等学校重点教材

# 电力系统分析与仿真

主　编　胡福年　李洪美
副主编　刘　战　柴艳莉

北京理工大学出版社
BEIJING INSTITUTE OF TECHNOLOGY PRESS

## 内 容 简 介

本书是江苏省高等学校重点建设教材,内容分为9章,包括电力系统概论、电力网络各元件的参数和等值电路、电力系统稳态分析、电力系统的有功功率平衡与频率调整、电力系统的无功功率平衡与电压调整、电力系统故障分析、电力系统机电暂态稳定性、现代电力系统仿真和新能源发电技术。

本书可供高等院校应用型本科电气工程及其自动化专业的学生作为教材使用,也可供研究生和相关行业的工程技术人员参考使用。

**图书在版编目(CIP)数据**

电力系统分析与仿真/胡福年,李洪美主编. --北京:北京理工大学出版社,2021.7 (2022.12重印)

ISBN 978-7-5763-0022-2

Ⅰ. ①电… Ⅱ. ①胡… ②李… Ⅲ. ①电力系统-系统分析-高等学校-教材 ②电力系统-系统仿真-高等学校-教材 Ⅳ. ①TM7

中国版本图书馆 CIP 数据核字(2021)第 136368 号

---

出版发行 / 北京理工大学出版社有限责任公司

社　　址 / 北京市海淀区中关村南大街 5 号

邮　　编 / 100081

电　　话 / (010) 68914775(总编室)

　　　　　(010) 82562903(教材售后服务热线)

　　　　　(010) 68944723(其他图书服务热线)

网　　址 / http://www.bitpress.com.cn

经　　销 / 全国各地新华书店

印　　刷 / 北京国马印刷厂

开　　本 / 787 毫米×1092 毫米　1/16

印　　张 / 15.75

字　　数 / 367 千字

版　　次 / 2021 年 7 月第 1 版　2022 年 12 月第 3 次印刷

定　　价 / 45.00 元

责任编辑 / 高　芳

责任校对 / 刘亚男

责任印制 / 李志强

# 前　言

　　为贯彻落实新时代全国高校本科教育工作会议和《教育部关于加快建设高水平本科教育全面提高人才培养能力的意见》的精神，加强教材建设，编者结合多年本科"电力系统分析"课程的教学经验，立足于人才培养模式改革，注重理论联系实际，编写了本书。

　　本书是"十三五"江苏省高等学校重点教材。与市面上其他电力系统分析教材相比，本书更强调实践部分，加入了电力系统仿真的内容，有利于帮助学生对所学习的理论知识加以运用，提高学生的实践能力。同时，本书增加了新能源发电及电力系统无功功率补偿的相关内容，更有利于学生将理论与实际相联系，并为学生将来从事电力系统行业的工作打下基础。

　　本书共分9章。第1章介绍了电力系统概论；第2章介绍了电力网络各元件的参数和等值电路；第3、6、7章介绍了电力系统正常和故障情况下的特性、分析计算的数学模型和计算方法；第4、5章介绍了电力系统在运行中存在的各种问题及解决的技术措施；第8章介绍了现代电力系统仿真；第9章对新能源发电技术进行了简单介绍。

　　本书由胡福年教授和李洪美博士担任主编。其中，第1～3章由胡福年编写，第5～8章由李洪美编写，第4章由柴艳莉编写，第9章由刘战编写。由于作者水平所限，书中难免存在不妥之处，恳请读者批评指正。

编　者

2021 年 7 月

# CONTENTS 目录

**第1章 电力系统概论** ··················································· (1)

1.1 概述 ································································ (1)

   1.1.1 电能系统与电力系统 ·········································· (1)

   1.1.2 电力系统运行应满足的基本要求 ································ (2)

1.2 电力系统负荷与负荷曲线 ·········································· (4)

   1.2.1 电力系统的负荷及分类 ········································ (4)

   1.2.2 电力系统负荷的计算 ·········································· (4)

1.3 电力系统的电压等级 ·············································· (6)

1.4 输电线路 ························································ (9)

   1.4.1 架空线路 ··················································· (9)

   1.4.2 电缆线路 ·················································· (12)

1.5 电力系统的电气接线方式 ·········································· (13)

1.6 三相电力系统中性点运行方式 ······································ (14)

   1.6.1 中性点不接地的电力系统 ····································· (15)

   1.6.2 中性点经消弧线圈接地的电力系统 ····························· (16)

   1.6.3 中性点直接接地的电力系统 ··································· (17)

习题1 ·································································· (18)

**第2章 电力网络各元件的参数和等值电路** ·························· (19)

2.1 输电线路的参数 ·················································· (19)

   2.1.1 电阻 ····················································· (19)

   2.1.2 电抗 ····················································· (20)

   2.1.3 电导 ····················································· (21)

   2.1.4 电纳 ····················································· (21)

   2.1.5 输电线路的参数计算 ········································· (22)

2.2 输电线路的等值电路 ·············································· (22)

   2.2.1 一般线路的等值电路 ········································· (23)

   2.2.2 长线路的等值电路 ··········································· (23)

2.3 变压器的等值电路及参数 ……………………………………………… (25)
  2.3.1 双绕组变压器 …………………………………………………… (25)
  2.3.2 三绕组变压器 …………………………………………………… (27)
  2.3.3 自耦变压器 ……………………………………………………… (30)
2.4 标幺制 ………………………………………………………………… (31)
  2.4.1 有名制和标幺制 ………………………………………………… (31)
  2.4.2 基准值的选择 …………………………………………………… (32)
  2.4.3 不同基准值的标幺值间的换算 ………………………………… (32)
  2.4.4 多电压级网络标幺值的归算 …………………………………… (32)
习题2 ………………………………………………………………………… (34)

**第3章 电力系统稳态分析** ………………………………………………… (37)

3.1 概述 …………………………………………………………………… (37)
3.2 简单输电线路的分析和计算 ………………………………………… (37)
  3.2.1 电压降落 ………………………………………………………… (37)
  3.2.2 线路中功率损耗的计算 ………………………………………… (39)
  3.2.3 变压器中的功率损耗 …………………………………………… (41)
3.3 简单输电系统的潮流计算 …………………………………………… (41)
3.4 电力网络潮流计算模型 ……………………………………………… (45)
  3.4.1 电力网络等效电路 ……………………………………………… (45)
  3.4.2 电力网络的数学模型 …………………………………………… (46)
  3.4.3 节点导纳矩阵 …………………………………………………… (47)
  3.4.4 节点阻抗矩阵 …………………………………………………… (50)
3.5 电力网络潮流计算方程式 …………………………………………… (50)
  3.5.1 电力网络潮流计算的功率方程式 ……………………………… (51)
  3.5.2 电力网络稳态分析的运行变量 ………………………………… (51)
  3.5.3 电力网络节点性质的分类 ……………………………………… (52)
  3.5.4 潮流计算时的约束条件 ………………………………………… (52)
3.6 牛顿-拉夫逊法 ………………………………………………………… (53)
3.7 牛顿-拉夫逊法潮流计算 ……………………………………………… (56)
  3.7.1 潮流计算时的修正方程式 ……………………………………… (56)
  3.7.2 牛顿-拉夫逊法潮流计算的过程 ………………………………… (60)
3.8 类牛顿-拉夫逊法的快速解耦潮流算法 ……………………………… (68)
3.9 配电网潮流计算 ……………………………………………………… (73)
  3.9.1 辐射形配电网潮流计算的特点 ………………………………… (73)
  3.9.2 配电网的前推回推潮流计算方法 ……………………………… (73)
习题3 ………………………………………………………………………… (76)

**第4章 电力系统的有功功率平衡与频率调整** ………………………… (82)

4.1 概述 …………………………………………………………………… (82)
  4.1.1 频率调整的必要性 ……………………………………………… (82)

        4.1.2  频率调整的方法 ·············································· (83)
    4.2  电力系统的有功功率平衡 ·············································· (83)
        4.2.1  电力网负荷的功率-频率特性 ···································· (83)
        4.2.2  发电机的功率-频率特性 ········································ (84)
    4.3  电力系统频率的一次调整 ·············································· (86)
    4.4  电力系统频率的二次调整 ·············································· (88)
    4.5  电力系统有功功率的经济分配 ·········································· (91)
        4.5.1  忽略线损时电力系统有功经济分配 ································ (91)
        4.5.2  考虑线损后的有功经济分配 ······································ (94)
    习题 4 ···································································· (95)

第 5 章  电力系统的无功功率平衡与电压调整 ································ (97)
    5.1  电力系统的无功功率平衡 ·············································· (97)
    5.2  电力系统无功功率对电压的影响 ········································ (98)
    5.3  电压监视点与电压管理 ················································ (100)
    5.4  电压调整的方法 ······················································ (102)
    5.5  常用无功补偿的设备及其原理 ·········································· (109)
        5.5.1  电容器及其基本原理 ············································ (109)
        5.5.2  静止无功补偿器及其基本原理 ···································· (110)
        5.5.3  静止无功发生器的基本原理 ······································ (113)
        5.5.4  有源电力滤波器及其基本原理 ···································· (116)
    5.6  电力系统无功功率经济分配 ············································ (124)
    习题 5 ···································································· (125)

第 6 章  电力系统故障分析 ·················································· (130)
    6.1  三相短路的暂态过程 ·················································· (130)
        6.1.1  短路的基本概念 ················································ (130)
        6.1.2  无限大功率电源供电系统的三相短路分析 ·························· (132)
    6.2  三相对称短路电流的实用计算 ·········································· (135)
        6.2.1  起始次暂态电流和冲击电流的计算 ································ (135)
        6.2.2  实用计算方法 ·················································· (136)
    6.3  不对称短路分析 ······················································ (137)
        6.3.1  对称分量法 ···················································· (137)
        6.3.2  对称分量法在不对称故障分析中的应用 ···························· (139)
        6.3.3  简单不对称故障的分析和计算 ···································· (141)
    习题 6 ···································································· (147)

第 7 章  电力系统机电暂态稳定性 ············································ (149)
    7.1  电力系统稳定性概述 ·················································· (149)
    7.2  简单电力系统的静态稳定 ·············································· (150)
    7.3  负荷的静态稳定 ······················································ (153)

7.3.1 静态电压特性 ·········································································· (153)

7.3.2 静态频率特性 ·········································································· (156)

7.4 小扰动法分析电力系统静态稳定 ·················································· (157)

7.4.1 系统状态变量偏移量的线性状态方程 ····································· (158)

7.4.2 根据特征值判断系统的稳定性 ·············································· (159)

7.5 提高电力系统静态稳定性的措施 ·················································· (160)

7.5.1 装设自动调节励磁装置 ······················································· (160)

7.5.2 减小元件电抗 ·································································· (160)

7.5.3 改善系统的结构和采用中间补偿设备 ····································· (161)

7.6 电力系统暂态稳定 ······································································ (162)

7.6.1 电力系统暂态稳定概述 ······················································· (162)

7.6.2 简单电力系统的暂态稳定 ···················································· (162)

7.6.3 复杂电力系统的暂态稳定 ···················································· (170)

7.6.4 提高电力系统暂态稳定性的措施 ············································ (171)

7.7 电力系统的异步运行 ··································································· (176)

7.7.1 异步运行 ············································································ (176)

7.7.2 解列运行 ············································································ (177)

7.7.3 再同步 ··············································································· (177)

习题 7 ······························································································ (177)

## 第 8 章 现代电力系统仿真 ······························································ (178)

8.1 仿真软件概述 ············································································ (178)

8.2 构建 PSASP 仿真基础方案 ·························································· (179)

8.3 PSASP 在电力系统潮流计算中的应用 ··········································· (187)

8.3.1 PSASP 潮流计算简介 ·························································· (187)

8.3.2 PSASP 潮流计算方法 ·························································· (188)

8.3.3 基于 PSASP 的潮流计算 ······················································ (189)

8.3.4 潮流计算不收敛的处理措施 ·················································· (195)

8.4 PSASP 电力系统短路电流计算 ····················································· (195)

8.4.1 暂态稳定计算问题的数学描述 ··············································· (195)

8.4.2 PSASP 暂态稳定计算方法 ···················································· (196)

8.4.3 暂态稳定计算流程及步骤 ····················································· (196)

8.5 PSASP 电力系统暂态稳定分析 ····················································· (198)

8.6 PSASP 电力系统静态安全分析 ····················································· (201)

8.6.1 PSASP 静态安全分析计算方法 ·············································· (202)

8.6.2 静态安全分析计算流程 ························································· (204)

8.6.3 静态安全分析计算步骤 ························································· (205)

8.7 电力系统电压稳定分析 ································································ (205)

8.7.1 PSASP 电压稳定计算的主要功能和特点 ··································· (205)

8.7.2 电压稳定计算的流程和结构 ·················································· (206)

8.7.3 电压稳定计算操作步骤 ························································· (206)

8.8　PSASP 电能质量分析 ································································ （207）

8.8.1　PSASP 电能质量计算的主要功能和特点 ··························· （207）

8.8.2　PSASP 电能质量计算流程 ··············································· （207）

8.8.3　PSASP 电能质量计算操作步骤 ········································· （208）

习题 8 ····················································································· （209）

第 9 章　新能源发电技术 ································································ （213）

9.1　我国新能源的发展现状与趋势 ················································ （213）

9.1.1　概述 ············································································ （213）

9.1.2　风力发电 ······································································ （216）

9.1.3　光伏发电 ······································································ （218）

9.1.4　生物质能发电 ································································ （219）

9.1.5　新能源发电接入电网需要解决的关键技术 ························· （221）

9.2　风力发电及其并网技术 ·························································· （222）

9.2.1　双馈异步发电机的数学模型 ··········································· （223）

9.2.2　双馈异步发电机的超同步和亚同步运行 ···························· （225）

9.2.3　最大功率点跟踪控制 ···················································· （226）

9.2.4　并网逆变器的控制 ························································ （229）

9.3　太阳能发电及并网技术 ·························································· （232）

9.3.1　太阳能发电的形式 ························································ （232）

9.3.2　太阳能热发电技术 ························································ （233）

9.3.3　太阳能光伏发电技术 ···················································· （235）

9.3.4　光伏发电并网技术 ························································ （237）

习题 9 ····················································································· （238）

参考文献 ···················································································· （239）

# 第 1 章

## 电力系统概论

# 1.1 概述

### 1.1.1 电能系统与电力系统

能源是社会生产力的重要基础，随着社会生产的不断发展，人类使用的能源在数量上越来越多，在品种及构成上也发生了很大的变化。煤炭、石油、天然气、水能等自然界中以原有形式存在的、未经加工转换的能量资源，称为一次能源；电能是由一次能源转换而成的，称为二次能源。

发电厂把其他形式的能量转换成电能，电能经过变压器和各种电压等级的输电线路输送并分配给用户，再通过各种用电设备转换成适合用户需要的其他形式的能量，如机械能、热能、光能、化学能等。把这些生产、输送、分配和消耗电能的各种电气设备连接在一起而组成的整体称为电力系统，它包括从发电、变电、输电、配电直到用电的全过程。电力系统加上发电厂的动力部分称为动力系统。火电厂的动力部分包括汽轮机、锅炉、供热管道和热用户，水电厂的动力部分包括水库和水轮机，核电厂的动力部分包括反应堆和汽轮机。电力系统中输送和分配电能的部分称为电力网，它包括升、降压变压器和各种电压等级的输电线路。

我国目前绝大多数的高压电网指的是 110 kV 和 220 kV 电网；超高压电网指的是 330 kV、500 kV 和 750 kV 电网；特高压电网指的是以 1 000 kV 输电网为骨干网架，超高压输电网和高压输电网以及特高压直流输电、高压直流输电和配电网构成的分层、分区、结构清晰的现代化大电网。

交流电力系统都是三相的，但为了简单、清晰地表示设备之间的连接状况，一般将其接线图画成单线图（单相均表示三相）。电能系统、电力系统和电力网的示意如图1-1所示。

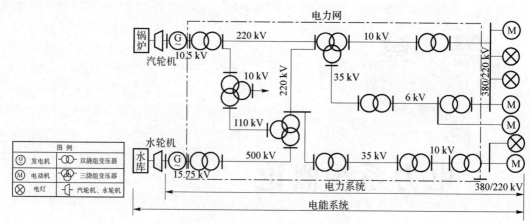

图1-1  电能系统、电力系统和电力网的示意

# 1.1.2  电力系统运行应满足的基本要求

**1. 电力系统的特点**

电能是现代社会最重要、最方便的能源。电力系统是由电能的生产、输送、分配和消耗组成的整体，与其他工业系统比较，具有如下特点。

1）电能的生产与消耗具有同时性

由于电能的生产和消耗是一种能量形态的转换，要求生产与消耗同时完成，因此电能难以储存。从这个特点出发，在电力系统运行时就要求发电厂在任何时刻发出的功率，都必须等于该时刻用电设备所需的功率和输送、分配环节中损耗的功率之和。

2）电能与国民经济各部门和人民日常生活关系密切

由于电能可以方便地转化为其他形式的能量，且易于远距离输送和自动控制，因此得到广泛应用。

3）电力系统的过渡过程非常短暂

电能以光速传播，其所引起的电磁和机电过渡过程十分短暂。当电力系统正常操作或者发生故障时，从一种运行状态过渡到另一种运行状态极为迅速，这就要求必须采用各种自动装置（包括计算机）来迅速而准确地完成各项操作任务。

**2. 电力系统运行的要求**

从电力系统的特点出发，结合电力工业在国民经济中的地位和作用，得到电力系统运行的要求，其具体如下。

1）保证安全可靠地供电

电力系统供电中断会导致生产停顿、生活混乱，甚至危及人身和设备安全，给国民经济带来严重的损失。因此，首先应保证电力设备的产品质量，努力搞好设备的正常运行维护；其次，要提高运行水平和自动化程度，防止误操作，在事故发生后应尽量防止事故扩大等。

当然，要杜绝事故的发生是不可能的，且各类电力负荷对供电可靠性的要求也是不同的。在电力系统中，首先要保证第一类负荷，然后保证第二类负荷，最后保证第三类负荷。当系统发生事故或者出现供电不足的情况时，应当首先切除第三类负荷，以保证第一类、第二类负荷的用电。通常，对第一、二类负荷都设置有两个或两个以上的独立电源，以便在电源故障时，保证供电不中断。

2）保证良好的电能质量

电能质量的指标是频率、电压和交流电的波形。当三者在允许的变动范围之内时，就认为电能质量合格；三者偏差超过容许范围时，不仅严重影响用户的工作，而且对电力系统本身的运行也有严重危害。因此，保证良好的电能质量是电力系统运行的重要任务。

3）保证电力系统运行的经济性

电能的生产规模很大，消耗的能源在国民经济能源总消耗中的比重很大，也是工农业生产的主要动力，因此，提高电能生产的经济性具有十分重要的意义。电力系统经济性的指标有煤耗、网损率和厂用电率。煤耗是指发电厂生产 1 kW·h 电能所消耗的标准煤量，网损率是指电力网中损耗的电量占向电力网供电量的百分比，厂用电率是指发电厂自用电量占总发电量的百分比。

**3. 可持续发展战略**

1）可持续发展战略的提出

随着人口的增长，能源消耗越来越大。日前，化石能源在世界能源消费结构中所占的比例仍然很高。如果没有开发新的替代能源，按目前的能源消耗情况估算，人类又将面临新的能源危机。

另外，人类大量使用化石燃料，会使环境污染日益严重，生态平衡惨遭破坏，直接危及人类的生存和发展。联合国世界环境与发展委员会完成调查报告《我们共同的未来》，提出了可持续发展的概念。这一概念及其构想在 1992 年联合国环境与发展大会上得到世界一百多个国家的认同。可持续发展就是"满足当代人的需求，又不损害子孙后代满足其需求能力的发展"。

2）新能源战略与政策

1995 年，《电力法》明确宣布，国家鼓励和支持利用可再生能源和清洁能源发电，并强调，农村利用太阳能、风能、地热能、生物质能和其他能源进行农村电力建设，增加农村电力供应，将得到国家的支持和鼓励。

1997 年，《节约能源法》再次肯定了新能源对于节能减排、改善环境的重要战略作用和地位。一些地方政府也制定并出台了关于新能源和可再生能源的法律、法规和条例。

在 2006 年年初，我国正式颁布了《可再生能源法》，并陆续出台了一系列鼓励政策与配套措施。这标志着可再生能源的利用已进入法制化、规范化和可持续发展的新阶段，并将进发超前的活力，为中国能源事业的发展、为国民经济与社会事业的繁荣再添辉煌。

未来，我国将以水电、沼气发电、秸秆发电、太阳能供热等常规清洁能源转换成熟技术和风电、光伏发电、燃料电池、微燃机组热－电联产分布供电等具有大规模发展潜力的新技术为重点。

国家中长期发展规划，特别提到风电等可再生能源。通过大规模开发，促进技术进步和产业发展，实现设备制造国产化，尽快使风电具有市场竞争力。在沿海地区和"三北"地区建设大型和特大型风电场；在其他地区，因地制宜发展中小型风电场。

国务院办公厅于 2014 年印发《能源发展战略行动计划（2014—2020 年）》，明确了 2020 年我国能源发展的总体目标、战略方针和重点任务，部署推动能源创新发展、安全发展、科学发展。

自改革开放以来，我国安全稳定的能源供应和快速增长的能源消费总量，有力地支撑了国民经济高速增长。能源改革成为历次经济社会改革的先行领域，每次改革都推动了我国社会快速进步。1978 年至 2017 年间，我国一次能源消费量、能源生产量、发电装机容量及全社会用电量年均分别增长 5.4%、4.6%、9.2% 和 8.6%。同期，我国 GDP 由 1978 年的 3 679 亿元快速增长到 2019 年的 990 865 亿元。

# 1.2 电力系统负荷与负荷曲线

## 1.2.1 电力系统的负荷及分类

电力系统中有大小不同、功能各异的用电设备，如异步电动机、同步电动机、各类电炉、整流设备、电子仪器、照明设备和家用电器等。当这些设备工作时，电力网中的取用功率或电能称为电力系统的电力负荷。负荷的大小标志着用电设备做功能力的大小，它们又分属于不同的电力系统用户，如工厂、企业、机关、居民用户等。由于设备和用户对供电可靠性的要求不同，以及中断供电在政治、经济上的影响，将电力系统的负荷分为 3 个级别，其具体如下。

（1）一级负荷：对于突然中断供电从而造成人身伤亡，在政治上造成极坏影响，在经济上造成重大损失或在社会生活中引起混乱（如重大设备破坏，重大产品报废，交通枢纽受阻，通信、广播、供水中断等）的负荷，都划归为一级负荷。

（2）二级负荷：对于突然中断供电，将在政治上造成不好的影响，经济上造成较大损失或社会生活的正常规律被打乱（如工厂严重减产、大量产品报废或出现残次品等）的负荷，都划归为二级负荷。

（3）三级负荷：对于用电设备在有计划停电时不会造成太大影响，突然停电时又不属于一级、二级负荷情况的一般性负荷，都属于三级负荷。

## 1.2.2 电力系统负荷的计算

电气设备运行时负荷的大小是决定电气设备发热程度和绝缘老化快慢的因素，因此在选择电气设备时应进行负荷计算。

各种用电设备都有自己的额定容量，但由于生产工艺流程的不同，各用电设备不可能一直以额定容量运行；另外，一个车间、一个工厂各种用电设备的最大负荷一般不可能同时出现。由此可见，若将各种用电设备的额定容量简单相加作为用户的用电负荷显然过大，以此作为选择供电系统电气设备的依据将造成负荷的浪费。但是，若负荷计算得过小，将使供电系统的电气设备过热而降低使用寿命。因此，负荷的准确计算是保证供电系统电气设备合理选择、安全运行的重要前提。

计算负荷是按发热条件选择电气设备的等效负荷，即计算负荷产生的热效应和实际变动负荷产生的热效应相等。实际情况表明，一般导体要达到最高稳定温升需要负荷持续30 min 的时间。因此，计算负荷实际上与从负荷曲线上求得的 30 min 的最大负荷（年最大负荷）$P_{max}$ 相当，也可以认为计算负荷是持续 30 min 的最大负荷，用符号 $P_{30}$、$Q_{30}$、$S_{30}$、$I_{30}$ 表示。

计算负荷是确定用户负荷量和供电设计的基本依据，计算负荷确定得准确与否，直接影响到电气设备和导线选择是否经济合理。

负荷大小在工程设计或规划阶段是无法用测量法得到的，只能用经验数据进行计算。要做到精确计算是很困难的，目前沿用的方法有需要系数法、二项式系数法和利用系数法。本书仅对常用的需要系数负荷计算方法进行说明。

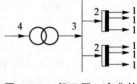

一般工厂、企业的供电示意如图 1-2 所示。为说明用需要系数法确定计算负荷的方法，将每个计算点编号，由用电设备开始依次向电源递推计算。

**图 1-2  一般工厂、企业的供电示意**

**1. 单台用电设备的计算负荷**

由于各种用电设备的工作条件不同或工作制的差异，应将各设备的额定容量 $P_N$ 换算为某一工作制情况下的设备容量 $P_e$。例如，连续运行工作制用电设备的设备容量可以认为等于其额定容量，而断续周期工作制的用电设备，如起重电动机、电焊机等，其设备容量应该经过统一规定的暂载率系数对额定容量换算以后求出。对于荧光灯及高压水银灯，应该考虑镇流器功耗，并根据其额定容量换算出设备容量。

在求得设备容量 $P_e$ 后，单台用电设备的计算负荷可以写成

$$P_{30.1} = \frac{P_{e.1}}{\eta} \tag{1-1}$$

式中，$P_{e.1}$——图 1-2 中负荷点 1 处单台设备的容量；

$P_{30.1}$——该设备的 30 min 计算负荷；

$\eta$——该设备的效率。

**2. 用电设备组的计算负荷**

一个用电设备组的各用电设备，由于生产工艺的要求可能不同时工作，所以在负荷计算时要考虑这组设备的同时使用系数（简称同时系数）$K_\Sigma$，用来反映在最大负荷时这组设备工作部分容量占全部总设备容量的比例。

一个用电设备组的各用电设备在工作时，未必同时在满载下工作，所以在负荷计算时还要考虑负载系数 $K_L$，以反映该组设备的工作部分实际需要容量与这部分设备总容量的比例。

每个用电设备组在工作时都要产生功率损耗，在负荷计算时要考虑该组设备的平均效率 $\eta_e$，即设备组在最大负荷时输出功率与设备组取用功率之比。

用电设备组的供电线路在输送功率时要产生功率损耗，在负荷计算时要考虑线路的效率 $\eta_{WL}$。

因此，图 1-2 中点 2 处用电设备组的计算负荷 $P_{30.2}$ 为

$$P_{30.2} = \frac{K_\Sigma K_L}{\eta_e \eta_{WL}} \sum P_{30.1} \tag{1-2}$$

式中，$K_\Sigma$——用电设备组各工作设备的同时使用系数；

$K_L$——用电设备组各设备的负载系数；

$\eta_e$——用电设备组各设备的平均效率；

$\eta_{WL}$——供电线路的效率。

用电设备组的需要系数定义为

$$K_d = \frac{P_{30.2}}{\sum P_{30.1}} \tag{1-3}$$

式中，$K_d$——用电设备组的需要系数。

由式（1-2）和式（1-3）可得 $K_d$ 为

$$K_d = \frac{K_\Sigma K_L}{\eta_e \eta_{WL}}$$

由式（1-3）可知，用电设备组的需要系数是用电设备组在最大负荷时需要的有功功率与其总设备负荷容量的比值。根据生产中工作设备的情况及工艺流程的差异，不同的设备组有不同的需要系数。

**3. 变压器低压侧母线的计算负荷**

由于配电变电所低压侧母线或配电干线上所接各用电设备组的最大负荷不一定会同时出现，所以在确定图 1-2 中点 3 的计算负荷时应计入同时系数，即

$$P_{30.3} = K_{\Sigma p} \sum P_{30.2}$$

$$Q_{30.3} = K_{\Sigma q} \sum Q_{30.2}$$

$$S_{30.3} = \sqrt{P_{30.3}^2 + Q_{30.3}^2} \tag{1-4}$$

$$I_{30.3} = S_{30.3} / \sqrt{3} U_N$$

式中，$P_{30.3}$、$Q_{30.3}$、$S_{30.3}$、$I_{30.3}$——变压器低压侧母线或配电干线总计算负荷，单位分别为 kW、kvar、kVA、kA；

$\sum P_{30.2}$、$\sum Q_{30.2}$——各用电设备的有功功率计算负荷和无功功率计算负荷总和，单位分别为 kW、kvar；

$K_{\Sigma p}$、$K_{\Sigma q}$——有功、无功同时系数。

若采用低压集中无功补偿，则其无功需求容量为

$$Q_{30.3} = K_{\Sigma q} \sum Q_{30.2} - Q_{C.2} \tag{1-5}$$

式中，$Q_{C.2}$——低压集中无功补偿容量，单位为 kvar。

# 1.3　电力系统的电压等级

电力系统的能量输送是靠电力线路来完成的，当线路输送一定的功率时，输电电压越

高，电流越小，相应的导线载流部分的截面积越小，相应的导线投资越小；但电压越高，对耐压的绝缘要求越高，杆塔、变压器、断路器等的投资也越大。

各级电压输电线路的输送能力如表 1-1 所示。

表 1-1　各级电压输电线路的输送能力

| 额定电压/kV | 输电容量/MW | 输电距离/km | 额定电压/kV | 输电容量/MW | 输电距离/km |
|---|---|---|---|---|---|
| 10 | 0.2～2 | 10～20 | 220 | 100～500 | 100～300 |
| 20 | 1～5 | 15～30 | 330 | 200～800 | 200～600 |
| 35 | 2～15 | 20～50 | 500 | 1 000～1 500 | 150～850 |
| 60 | 3.5～30 | 3～100 | 750 | 2 000～2 500 | 500 以上 |
| 110 | 10～50 | 50～150 | | | |

此外，电力系统中的负荷、电机、电器和其他用电设备都有规定的额定电压，这些设备在额定电压下工作时，其技术经济性能最好。为了使电力工业和电工制造行业的生产标准化、系列化和统一化，世界上的许多国家和有关国际组织都制定了关于额定电压等级的标准。

国际电工委员会对三相交流电压有效值的标准给出了以下定义：额定电压是用来代表电力网或电气设备运行电压特性的数值。电力网的最高电压和最低电压分别指不包括瞬态电压和瞬时电压变化时，电力网任意时间和任意点上出现的最高电压和最低电压值。设备的最高电压是指保证设备正常运行的电压限值。额定电压在 1～35 kV 三相交流系统及有关设备的电压系列如表 1-2 所示。

表 1-2　额定电压为 1～35 kV 三相交流系统及有关设备的电压系列

| 设备的最高电压/kV | 系统的额定电压/kV | |
|---|---|---|
| 3.6① | 3.3① | 3① |
| 7.2① | 6.6① | 6① |
| 12 | 11 | 10 |
| 24 | 22 | 20 |
| 36② | 33② | — |
| 40.5② | — | 35② |

注：表中上标为①的电压不用于配电系统，上标为②的电压需要进一步统一标准。

IEC 规定对电力网及设备电压的选择原则如下。

(1) 对 50 Hz 的标准电压而言，建设电力网及设备电压采用 3.3 kV、6.6 kV、11 kV、22 kV 或 33 kV，其中，3.3 kV、6.6 kV 不应用于配电系统。

(2) 在任一国家内，相邻两级（后一级较前一级）的电压之比应不小于 2。

(3) 在任一地理区域内，3 组电压等级中只能选用每组中的一个，即在 245～363 kV、363～420 kV 和 420～525 kV 中各选一个。

国际大电网会议与国际供电会议的联合工作组认为超高压以下的电压，其相邻两级电压之比应大于 3；高压以下的电压，其相邻两级电压之比应大于 5，并给出如下建议。

（1）已采用 220 kV 或 275 kV 为主的国家，最好选用 500 kV、230 kV 电压系列。

（2）已采用 330 kV 或 345 kV 为主的国家，最好选用 750 kV、330 kV、110 kV 电压系列。

（3）在一个国家内，以选用一种电压系列为宜，以免额定电压不同的电力系统相互连接时需要专用的互联变压器。

以上国际电力、电工机构所提供的建议，反映了世界各国在电网建设过程中，选用合适电压等级的经验，可以借鉴。

我国的电压标准是以国家标准（GB）的形式发布的，分别在 1959 年、1980 年和 1993 年给出过 3 个标准，其中，1980 年的标准比较详细。1959 年的标准规定电网供电电压（指变压器二次侧出口电压）为 3.3 kV、6.6 kV、11 kV、38.5 kV、66 kV、121 kV、169 kV、242 kV、363 kV、550 kV。这一标准是根据当时国内已采用电压的实际情况来制定的，并认为其中 3.3 kV、6.6 kV 是工矿企业电动机供电电压。1980 年的标准取消了 169 kV 一级。1993 年的标准增加了 20 kV 一级，并注明这一电压在用户需要时才采用。1980 年标准的三相交流电力网和电力设备的额定电压如表 1-3 所示。

表 1-3    1980 年标准的三相交流电力网和电力设备的额定电压

| 电压分类 | 电力网和用电设备的额定电压/kV | 发电机的额定电压/kV | 电力变压器的额定电压/kV | |
|---|---|---|---|---|
| | | | 一次绕组 | 二次绕组 |
| 低压 | 0.22/0.127 | 0.23 | 0.22/0.127 | 0.23/0.133 |
| | 0.38/0.22 | 0.4 | 0.38/0.22 | 0.4/0.23 |
| | 0.66/0.38 | 0.69 | 0.66/0.38 | 0.69/0.4 |
| 高压 | 3 | 3.15 | 3/3.15 | 3.15/3.3 |
| | 6 | 6.3 | 6/6.3 | 6.3/6.6 |
| | 10 | 10.5 | 10/10.5 | 10.5/11 |
| | — | 13.8/15.75/18/20 | 13.8/15.75/18/20 | — |
| | 35 | — | 35 | 38.5 |
| | 63 | — | 63 | 69 |
| | 110 | — | 110 | 121 |
| | 220 | — | 220 | 242 |
| | 330 | — | 330 | 363 |
| | 500 | — | 500 | 550 |
| | 750 | — | 750 | — |

表 1-3 中分别列出了电力网和用电设备的额定电压、发电机的额定电压、电力变压器一次绕组与二次绕组的额定电压。这是考虑到电力网中的电压降而安排的。对于 1 000 V 以下的电压等级，供电设备比受电设备的额定电压高 5%。对于 1 000 V 以上的电压等级，发电机的额定电压比同电压等级的电力网电压高 5%。直接与发电机组相连的变压器一次绕组的额定电压与发电机相同。当变压器一次绕组与线路或母线相连时，其额定电压与相连的线路

或母线电压相同。对于变压器的二次绕组，变压器满载时的内部压降约占 5%，在计算较长的线路压降时，变压器二次侧额定电压应比线路额定电压或用电设备额定电压高 10%；当线路不长时，变压器二次侧电压则只高 5%。对于 1 000 V 以下的电压等级，供电与受电设备的额定电压相等。

由于历史原因，我国电力系统的电压等级在西北地区采用 330/110/35/10 kV，在东北地区采用 500/220/63/10 kV，在其他地区则采用 500/220/110/35/10 kV。从国际上介绍的推荐电压等级来看，上述 3 种电压系列是 750/330/110/35/10 kV 和 500/230/66/20 kV 两种系列兼而有之的状态。所存在的主要问题是：电压级数太多使相邻两级电压之比偏小；各地区电压标准不统一难以联网；配电网电压偏低使网损偏大等。这些问题直接影响电气设备制造业的发展和电力系统运行的可靠性与经济性。

电压等级标准的确定对一个国家生产建设的发展以及现代化程度的提高具有深远的战略意义和重要的现实意义。在现有的基础上将电压制逐步理顺是我国当前电力系统需要解决的主要问题之一。

# 1.4　输电线路

电力线路按结构通常可以分为架空线路、电缆线路和架空线路与电缆线路的混合线路。架空线路的优点是投资少，易于维修，建设工期较短；缺点是需要出线走廊，有时会影响交通、建筑和市容，并且由于是露天架设的，容易遭受雷击和风雨等自然灾害的影响。电缆线路的优点是不占用地面，不受自然灾害的影响，故障概率小，且不影响市容；缺点是投资大，查找和修复故障比较困难。目前大多数城乡的电力网中仍采用架空线路，只在不适宜采用架空线路的地方才采用电缆线路，如城市的人口稠密区、重要的公共场所、过江、跨海、严重污染地区。

## 1.4.1　架空线路

架空线路由导线、避雷线（架空地线）、杆塔和绝缘子等主要部件组成，如图 1-3 所示。

1. 导线和避雷线

导线可分为裸导线和绝缘导线两大类。基本都采用裸导线，裸导线的散热性能好，且节省绝缘材料，一般用于高压输电线路；绝缘导线主要用于低压线路，以利于人身和设备的安全保障。由于导线和避雷线都是露天架设的，因此对导线除了要求有良好的导电性能外，还要求有相当高的机械强度与耐化学腐蚀能力。

导线的材料主要有铝、铜、钢等，目前大量使用的是铝或铝合金导线。钢导线一般用作

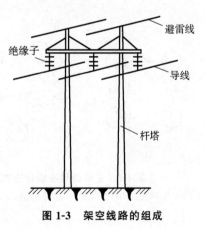

图 1-3　架空线路的组成

避雷线、铝绞线的芯线（即钢芯铝绞线）或水泥杆的斜拉线，以提高其机械强度。铜导线的导电性能和机械强度优于铝，但价格昂贵。

架空线路采用裸导线的结构型式主要有单股导线、多股导线和两种金属多股导线3种，如图1-4所示。由于钢芯铝绞线的机械强度得到了保证，因此它是架空线路采用的主要导线型式。按钢芯铝绞线按强度的大小，通常可将其分为普通型、轻型和加强型3种。3种型式的区别在于铝钢截面比，截面比的大小反映了机械强度的大小。通常，轻型结构的铝钢截面比为7.6～8.3，普通型结构的截面比为5.3～6.0，加强型结构的截面比为4.3～4.4。

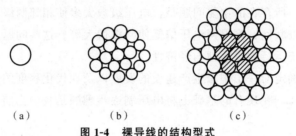

图1-4　裸导线的结构型式

（a）单股导线；（b）一种金属多股导线；（c）两种金属多股导线

架空线路导线的型号是用导线的材料、结构和截面积表示的，如 LGJ-120 表示截面积为 120 mm² 的钢芯铝绞线。

对于 220 kV 以上输电线路，为减少线路的电抗和导线电晕，常采用分裂导线，如图1-5和图1-6所示。

绝缘导线按其绝缘材料的不同可分为橡皮绝缘导线、氯丁橡胶绝缘导线和塑料绝缘导线等。

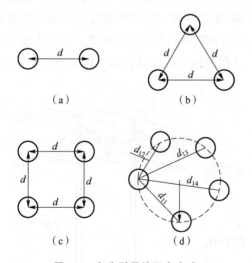

图1-5　多分裂导线组合方式

（a）二分裂；（b）三分裂；（c）四分裂；（d）五分裂

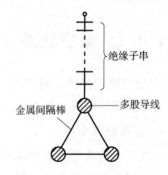

图1-6　分裂导线悬挂方式

## 2. 杆塔

架空线路的导线需要有杆塔支撑。根据所用材料的不同，可将杆塔分为木杆塔、铁杆塔和钢筋混凝土杆塔3种。目前，木杆塔已基本上不采用，铁杆塔主要用于 220 kV 以上超高压、大跨距的线路及某些受力较大的耐张、转角杆塔。而钢筋混凝土杆塔不仅节省钢材，还具有较高的机械强度，被广泛采用。

按使用目的和受力情况的不同，通常可将杆塔分为直线杆塔、转角杆塔、耐张杆塔（发生断线时不影响下段线路的杆塔）、终端杆塔、换位杆塔（将各相导线换位而使其各相电抗基本相等）和跨越杆塔（跨越较宽的江河、峡谷和铁路、公路）等。部分线路杆型示意如图 1-7 所示。

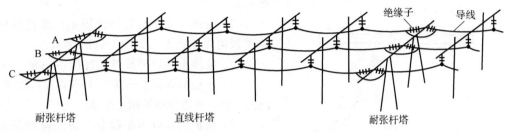

**图 1-7　部分线路杆型示意**

### 3．绝缘子和金具

#### 1）绝缘子

架空线路用的绝缘子用来支持或悬挂导线，并使之与杆塔绝缘。它由瓷、玻璃或硅橡胶等材料制成，需要有足够的电气和机械强度，其主要型式有针式、悬式和棒式 3 种，如图 1-8 所示。针式绝缘子，主要用于 10 kV 及以下的线路；悬式绝缘子主要用于 35 kV 及以上的线路，通常根据电压等级的高低组装成绝缘子数目不同的绝缘子链使用；棒式绝缘子具有绝缘子与横担的作用，广泛用于 10～35 kV 的农村电力网中。

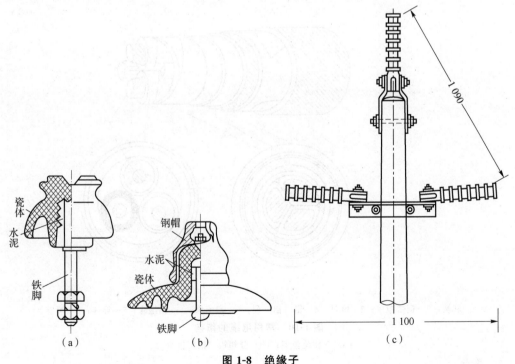

**图 1-8　绝缘子**

（a）针式；（b）悬式；（c）棒式

2）金具

在架空线路上，连接导线和绝缘子所使用的金属部件称为金具。以下为最常用的 5 种金具。

（1）悬垂线夹主要将导线固定在直线杆塔的悬式绝缘子上，使导线不能自由活动，如图 1-9（a）所示。

（2）耐张线夹主要将导线固定在非直线杆塔的耐张绝缘子链上，如图 1-9（b）所示。

（3）接续金具将两段导线连接在一起。

（4）连接金具将悬式绝缘子组装成链式线夹、绝缘子链、杆塔横担等相互连接。

（5）保护金具分为护线条、防震锤和悬重锤 3 种。护线条的作用是减小导线振动时所受的机械应力；防震锤在导线振动时产生与振动方向相反的阻尼力；而悬重锤是一种绝缘保护金具，可以减少绝缘子链的偏移，防止其过分靠近杆塔。

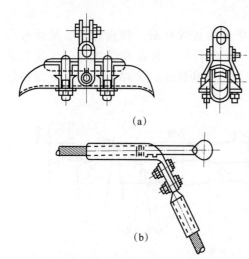

**图 1-9　悬垂线夹和耐张线夹**

（a）悬垂线夹；（b）耐张线夹

## 1.4.2　电缆线路

常用的电缆主要由导体、绝缘层和保护层组成，其结构如图 1-10 所示。

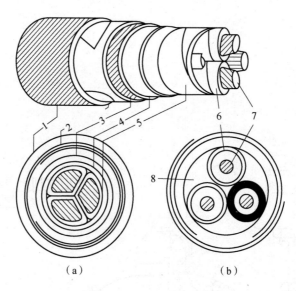

1—麻被；2—钢带铠甲；3—麻衬；4—铅（铝）包；5—带绝缘；6—相绝缘；7—导体；8—填麻。

**图 1-10　常用电缆的结构**

（a）三相统包型；（b）分相铅（铝）包型

## 1. 导体

导体材料为铝或铜的单股或多股线，通常用多股线。根据导体数目的不同，可将电缆分为单芯电缆、三芯电缆和四芯电缆。

**2. 绝缘层**

绝缘层使导体间及导体与保护层间相互绝缘，其材料有很多种，目前大多用木浆纸在油和松香混合剂中浸渍而成。

**3. 保护层**

保护层分为内护层和外护层两部分。内护层保护绝缘层不受损伤，防止浸渍剂的外溢和水分的侵入；外护层防止外界的机械损伤和化学腐蚀。

# 1.5　电力系统的电气接线方式

电力系统中包含大量不同类型能源发电的发电厂与不同大小与性质的电力负荷。这些发电厂的发电机与负荷通过各种电压等级的电力线路、变压器与配电设备互相连接形成庞大的电力系统。大型电力系统通常以电压等级进行分层，其结构与电压等级，电源、负荷的容量和数目，以及它们之间的地理位置、可靠性等因素有关。而结构的合理性对电力系统运行的安全性、经济性、电能质量与运行管理的方便性和灵活性等均有很大的影响。电力系统的连接图通常有两种表示方式：电力系统的电气接线图与电力系统的地理接线图。电气接线图能较详细地表示出电力系统各主要电气元件之间的联系。电力系统地理接线图如图 1-11 所示，图中按一定比例反映出各发电厂、变电所之间的相对地理位置和各条输电线路的走向，但无法表示出各主要电气元件之间的联系。因此，这两种接线图常配合使用。电力系统的接线方式大致分为两大类：无备用接线（开式电力网）和有备用接线（闭式电力网）。

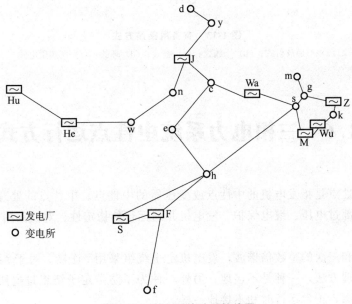

图 1-11　电力系统地理接线图

**1. 无备用接线方式**

无备用接线方式包括单回放射式、干线式和链式，如图 1-12 所示。它的主要优点是线路结构简单、经济和运行方便，缺点是供电可靠性差。这种接线方式不适用于一级负荷比重较大的用户。但当一类负荷设有单独的备用电源时，仍可采用这种接线方式。

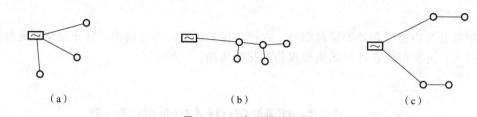

**图 1-12　无备用接线方式**

(a) 单回放射式；(b) 干线式；(c) 链式

**2. 有备用接线方式**

有备用接线方式包括双回放射式、干线式、链式、环式及两端供电式，如图 1-13 所示。其中，双回放射式、干线式和链式的优点是供电可靠，电压质量比较高，但所用的开关设备及保护电器等均要成倍地增加，因此，往往用于二级负荷。环式供电经济、可靠，但运行调度复杂，且线路发生故障切除后，功率重新分配可能导致线路过载或电压质量降低。两端式最为常见，但必须有两个独立的电源。

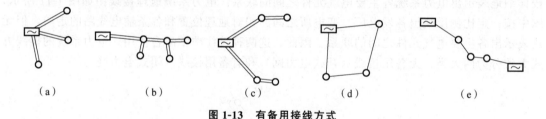

**图 1-13　有备用接线方式**

(a) 双回放射式；(b) 干线式；(c) 链式；(d) 环式；(e) 两端供电式

# 1.6　三相电力系统中性点运行方式

这里讲的中性点是指发电机的中性点或变压器的中性点。中性点的处理涉及许多方面，如对地绝缘、内部过电压、继电保护、发电机并列运行的稳定性、对线路附近通信电路的干扰、安全等。

为消除三次和三次的整数倍谐波，发电机定子绕组采用 Y 连接。对于 Y 的中性点，目前大多采用两种处理方法，一种是不接地；另外一种为了防护定子绕组过电压经避雷器接地，避雷器内部有气隙，正常运行时和不接地一样。

对于变压器 Y 接法线圈的中性点，目前我国有 3 种处理方法：一是不接地；二是经过一个线性电抗线圈，即消弧线圈接地，我国 6～63 kV 中压系统大多采用这两种处理方法；三是直接接地，110 kV 及以上的电压系统和 380/220 V 三相四线低压系统采用这种处理方法。此外，目前有些大城市中的 10 kV 系统也有采用中性点经小电阻接地的。

采用中性点直接接地或经小电阻接地方式的系统称为有效接地系统或大接地电流系统。若中性点不接地，或经消弧线圈、高阻抗接地，则该电力系统因接地电流较小而被称为非有效接地系统或小接地电流系统。为了区别小接地电流系统与大接地电流系统，目前国际上比较通用的标准是：零序电抗 $X_0$ 和正序电抗 $X_1$ 的比值 $X_0/X_1 \leqslant 3$，且零序电阻与正序电抗之比 $r_0/X_1 \leqslant 1$ 的系统为大接地电流系统。

## 1.6.1　中性点不接地的电力系统

中性点不接地的电力系统如图 1-14(a) 所示，设正常运行时三相对称，三相对地电容相同（忽略对地电导），三相相量图如图 1-14(b) 所示。若将对地电容看成三相对称负荷，则中性点的电位为地电位。如果将中性点与地相连，则连接线中电流为 0，A 相、B 相、C 相对地都是相电压，而 AB、BC、CA 间为线电压。注意，A 对地电压相量的箭头方向是 $O \rightarrow A$。线电压 $\dot{U}_{AB} = \dot{U}_A - \dot{U}_B$，箭头方向是 $B \rightarrow A$。各相对地电容电流 $\dot{I}$ 超前各相电压 $90°$，通常数值较小。例如，B 相电容电流 $\dot{I}_B$ 超前相电压 $\dot{U}_B$ 为 $90°$。

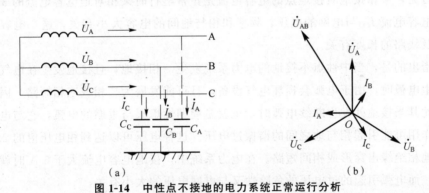

**图 1-14　中性点不接地的电力系统正常运行分析**

(a) 中性点不接地的电力系统；(b) 三相相量图

在图 1-15(a) 中，若 C 相金属性接地，则 C 相就是地电位。此时，中性点对地电压会浮动成为电压向量 $U'_O$，即从地画到 $O'$，如图 1-15(b) 所示，且 A 相对地电压向量升为 $\dot{U}'_A$，其大小是线电压，同理 B 相对地电压升为 $\dot{U}'_B$。由图 1-15(b) 可知，当 C 相金属性接地时，中性点对地电压升高为相电压，而非故障相对地电压升高成为线电压，但三相之间的电压不变。只要各相对地绝缘能承受线电压，则发生一相接地时对三相用电设备的运行无影响，这是中性点不接地的电力系统的优点。按规定，在此状态下电网仍可运行 2 h。但这时系统应发出单相接地报警信号，使值班员可以寻找接地点并采取相应措施。

再看对地电容电流的变化情况。图 1-15(b) 中对地电容电流 $\dot{I}_C$ 应为 A、B 两个相对地电容电流之和，即

$$\dot{I}_C = -(\dot{I}_{CA} + \dot{I}_{CB}) \tag{1-6}$$

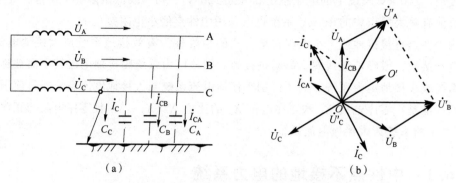

**图 1-15　中性点不接地的电力系统单相接地分析**

(a) 中性点不接地系统单相接地；(b) 三相相量图

由图 1-15(b)可知，$\dot{I}_C$ 在相位上正好超前 $\dot{U}_C$ 90°；而在数值上，$I_C = \sqrt{3}\,I_{CA} = \sqrt{3}\,I_{CB}$，因为 $I_{CA} = \dfrac{\dot{U}_A'}{C_A} = \dfrac{\sqrt{3}\,\dot{U}_A}{C_A} = \sqrt{3}\,I_{CO}$，所以

$$I_C = 3I_{CO} \tag{1-7}$$

由此可见，单相接地时接地点的电容电流是正常运行时某相对地电容电流的 3 倍。而正常相对地电容电流 $I_{CO}$ 与电网的电压、频率和相与地间的电容大小有关，这一电容值又与电网的构造及线路的长度有关。

应该指出的是，当中性点不接地的电力系统发生一相接地，且接地发生在电气设备或电缆上并产生电弧时，由于电弧会损坏电气设备，且可能发展为二相或三相短路，因此是十分危险的。尤其当接地处发生断续电弧时，也就是周期性熄灭与重燃的电弧，它与电网振荡回路的相互作用可能引起相与地之间的谐振过电压。这种电压可以达到相电压值的 2.5～3 倍，导致非接地相绝缘击穿形成相间短路。在电力系统中，接地电容电流大于 5 A 时就可能引起断续电弧，而电弧引起的过电压的危险性又与电网电压的大小有关。

## 1.6.2　中性点经消弧线圈接地的电力系统

在中性点不接地的电力系统中，当发生单相接地时，如果接地电流比较大并且发生断续电弧，将引起线路的电压谐振。在电力系统中规定，10 kV 电网的接地电流大于 30 A，35 kV 电网的接地电流大于 10 A，这类系统的电源中性点宜采用经消弧线圈接地的运行方式。

中性点经消弧线圈接地的电力系统分析如图 1-16 所示。

消弧线圈是带气隙铁芯的线性电感线圈，其电阻很小，感抗很大。由图 1-16(a)可见，当发生单相接地时，流过接地点的电流是接地电容电流 $\dot{I}_C$ 与流过消弧线图的电感电流 $\dot{I}_L$ 之和。由图 1-16(b)可知，$\dot{I}_C$ 超前 $\dot{U}_C$ 90°，$\dot{I}_L$ 滞后 $\dot{U}_C$ 90°，所以 $\dot{I}_C$ 与 $\dot{I}_L$ 相差 180°，在接地点相互补偿。因此，当 $\dot{I}_C$ 与 $\dot{I}_L$ 的数值差小于发生电弧的最小电流（最小起弧电流）时，电弧就不会发生，也就不会出现谐振过电压现象了。

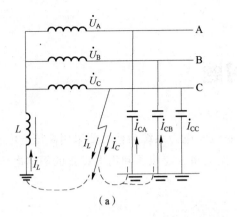

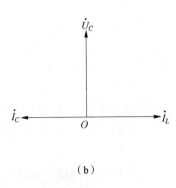

**图 1-16　中性点经消弧线圈接地的电力系统分析**

（a）中性点经消弧线圈接地系统；（b）三相相量图

中性点经消弧线圈接地的电力系统与中性点不接地的电力系统一样，当发生单相接地时，非接地相的对地电压要升高$\sqrt{3}$倍，成为线电压，此时系统应发出警告信号，并允许继续运行2 h，在此期间值班人员应寻找接地点并采取相应措施。

## 1.6.3　中性点直接接地的电力系统

中性点直接接地的电力系统如图 1-17 所示，当发生单相接地短路时，通常用继电保护、熔断器或自动开关将短路部分切除，使系统的其他部分恢复正常运行。当中性点直接接地的电力系统发生单相接地时，由于中性点的钳位作用，所以非故障相的电压不会改变，按这种方式运行的系统，电气设备的对地绝缘只需按相电压考虑。这对于 110 kV 及以上的高压系统来说，会使绝缘造价降低，同时改善保护设备的工作性能，很有经济技术价值。中性点直接接地的电力系统的一个缺点是单相短路电流太大，通常用调整全网的中性点接地点来使单相接地短路电流不超过三相短路电流；另一个缺点是容易发生供电中断，通常可以用重合闸等措施来补救。

在 380/220 V 低压配电系统中，我国广泛采用中性点直接接地的三相四线制电力系统。中性线可以用来接相电压的单相设备，也可以用来传送三相系统中的不平衡电流。此外，由于中性点直接接地，因此可以减少中性点的电压偏移，还可以用来作为保障人身安全的"保护接零"。中性点接地的三相四线制电力系统如图 1-18 所示。

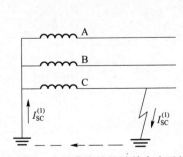

**图 1-17　中性点直接接地的电力系统**

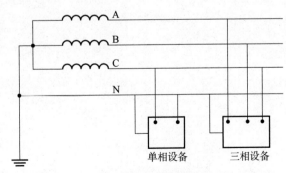

**图 1-18　中性点接地的三相四线制电力系统**

# 习题 1

1-1　什么是电力系统、电力网及动力系统？电力系统为什么要采用高压输电？

1-2　为什么要规定额定电压？电力线、发电机、变压器和用电设备的额定电压是如何确定的？

1-3　我国电网的电压等级有哪些？

1-4　题1-4图中已标明各级电网的电压等级。试标出图中发电机和电动机的额定电压及变压器的额定变比。

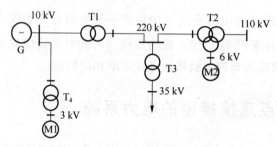

**题 1-4 图**

1-5　比较两种接地方式的优点和缺点，分析其适用范围。

1-6　若变压器中性点经消弧线圈接地，则消弧线圈的作用是什么？

# 第2章

# 电力网络各元件的参数和等值电路

## 2.1 输电线路的参数

输电线路有电阻、电抗、电导、电纳 4 个参数，这些参数通常可以认为是沿线路全长均匀分布的，单位长度的参数为电阻 $r_0$、电抗 $x_0$、电导 $g_0$ 及电纳 $b_0$。

输电线路包括架空线路和电缆线路，本节只介绍架空线路的参数计算。

### 2.1.1 电阻

导线的直流电阻表达式为

$$R = \rho \frac{l}{S} \tag{2-1}$$

式中，$R$——导线的直流电阻，单位为 $\Omega$；

$\rho$——导线材料的电阻率，单位为 $\Omega \cdot mm^2/km$；

$l$——导线长度，单位为 km；

$S$——导线载流部分的标称截面积（对于钢芯铝线是指铝线部分的截面积），单位为 $mm^2$。

应用式（2-1）时，铜的电阻率为 $18.8\ \Omega \cdot mm^2/km$，铝的电阻率为 $31.5\ \Omega \cdot mm^2/km$，这些值比导线材料的标准电阻率略大，原因如下。

（1）在交流电路中，受集肤效应和邻近效应的影响，交流电阻比直流电阻略大。

（2）架空线路所用电线大多是绞线，每股导线的实际长度要比导线长度 $l$ 长 2%～3%。

（3）制造中，导线的标称截面积 $S$ 比实际截面积略大。

## 2.1.2 电抗

输电线路的电抗是由相应的电感产生的，当交流电通过导线时，在导线中及周围空间会产生交变电磁场。下面介绍在三相线路对称排列或不对称排列的情况下，单相导线和分裂导线单位长度的电抗（推导略去）。

**1. 单相导线线路电抗**

单相导线线路电抗的单位为 $\Omega/km$，其表达式为

$$x_0 = 0.144\ 51\lg\frac{D_{eq}}{r} + 0.015\ 7\mu \tag{2-2}$$

式中，$r$——导线的半径，单位为 mm；

$\mu$——导线材料的相对磁导率，铜和铝的相对磁导率均为 1，钢的相对磁导率大于 1；

$D_{eq}$——三相导线间的几何均距，单位为 mm。

当三相导线间的距离分别为 $D_{AB}$、$D_{BC}$、$D_{CA}$ 时，有

$$D_{eq} = \sqrt[3]{D_{AB}D_{BC}D_{CA}}$$

当三相导线在杆塔上布置成等边三角形时，$D_{eq} = D$；当布置成水平排列时，$D_{eq} = 1.26D$，如图 2-1 所示。

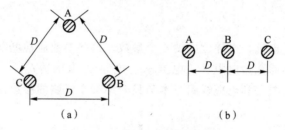

**图 2-1　三相导线的布置形式**

（a）正三角布置；（b）水平布置

对铜导线和铝导线，式（2-2）变为

$$x_0 = 0.144\ 51\lg\frac{D_{eq}}{r} + 0.015\ 7 \tag{2-3}$$

当三相导线不是布置在等边三角形的顶点上，即三相导线排列不对称将引起三相参数不对称，此时必须利用导线换位来使三相恢复对称。

**2. 分裂导线线路电抗**

对于高压及超高压远距离输电线路，为减小线路的电晕损耗及线路电抗，增加输电线路的输送能力，常采用分裂导线。普通分裂导线的分裂根数一般不超过 4 根，而且均布置在正多边形的顶点上，这样就等效地增大了导线半径。

分裂导线每相单位长度的电抗为

$$x_0 = 0.144\ 51\lg\frac{D_{eq}}{r_{eq}} + \frac{0.015\ 7}{n} \tag{2-4}$$

式中，$n$——每相分裂导线的根数；

$r_{eq}$——分裂导线的等值半径，单位为 mm。

$r_{eq}$ 的表达式为

$$r_{eq} = \sqrt[n]{r \prod_{i=2}^{n} d_{1i}} \tag{2-5}$$

式中，$r$——分裂导线中每根导线的半径；

$d_{1i}$——一项分裂导线中第 1 根与第 $i$ 根的距离，$i = 2, 3, \cdots, n$。

### 2.1.3 电导

架空输电线路的电导是反映泄漏电流和电晕所引起的有功损耗的一种参数，通常线路绝缘良好，泄漏损耗可忽略，因此架空输电线路的电导主要取决于电晕引起的有功损耗。

电晕是指架空线路在带有高电压的情况下，当导线表面的电场强度超过空气的击穿强度时，导线附近的空气游离而产生局部放电的现象。这时在线路附近可以听到"嘶嘶"声，夜间还可以看到紫色的晕光。电晕不仅会增加损耗，干扰附近的无线电通信，还会使导线表面产生电腐蚀从而降低其寿命，因此应避免电晕现象的发生。线路开始出现电晕的电压称为临界电压，当运行电压超过临界电压时，若三相线路单位长度的电晕损耗为 $\Delta P$（单位为 MW/km），线路电压为 $U$（单位为 kV），则每相等值电导为 $g_0$（单位为 S/km），其表达式为

$$g_0 = \frac{\Delta P}{U^2} \tag{2-6}$$

由于临界电压与导线截面积直接相关，故在实际工程中对不同电压等级的架空线路采用限制其导线外径不小于某临界值的方法来避免产生电晕。架空线路在正常气候下基本不会产生电晕，即使在较恶劣气候下产生电晕，其损耗也很小，一般在设计计算时，可取 $g_0 = 0$。

### 2.1.4 电纳

线路的电纳取决于导线周围的电场分布，与导线是否导磁无关。下面介绍三相电路对称排列或不对称排列经整循环换位后，单相导线和分裂导线单位长度电纳的表达式（推导略去）。

1. 单相导线线路电纳

单相导线线路电纳（单位为 S/km）表达式为

$$b_0 = \frac{7.58}{\lg \dfrac{D_{eq}}{r}} \times 10^{-6} \tag{2-7}$$

2. 分裂导线线路电纳

分裂导线线路电纳（单位为 S/km）表达式为

$$b_0 = \frac{7.58}{\lg \dfrac{D_{eq}}{r_{eq}}} \times 10^{-6} \tag{2-8}$$

式（2-7）和式（2-8）中，$D_{eq}$、$r$ 和 $r_{eq}$ 的含义同前。

## 2.1.5　输电线路的参数计算

输电线路参数计算的说明如下。

（1）因为分裂导线的半径比单导线大得多，所以分裂导线的电纳比单导线大。

（2）电缆线路电纳的计算比较困难，一般通过测量或者查手册取得。因电缆相间距很小，所以其电纳比架空线路大。

（3）由于钢导线的集肤效应及导线内部的磁导率随导线通过的电流大小而变化，因此其电阻和电抗均不恒定，无法用解析法确定，只能用实验测定其特性，并根据电流值确定其阻抗。

（4）对于特高压输电线路，电阻主要影响线路的功率损耗。电导代表绝缘子的泄漏损耗和电晕损失，也会影响功率损耗。泄漏和电晕功率损耗与电阻功率损耗相比，通常要小得多，一般在稳态分析时，可忽略不计。

**例 2-1**　有一回 110 kV 架空电力线路，长度为 60 km，导线型号为 LGJ-120，导线计算外径为 15.2 mm，三相导线水平排列，两相邻导线之间的距离为 4 m。试求该电力线路的参数。

**解**：①每千米电力线路的参数为

$$r_0 = \frac{\rho}{S} = \frac{31.5}{120} \ \Omega/\text{km} = 0.262\ 5 \ \Omega/\text{km}$$

三相导线间的几何均距为

$$D_{\text{eq}} = \sqrt[3]{D_{\text{ab}} D_{\text{bc}} D_{\text{ca}}} = \sqrt[3]{4 \times 4 \times 8} \ \text{m} = 5.039\ 68 \ \text{m} = 5\ 039.68 \ \text{mm}$$

$$x_0 = \left( 0.144\ 5 \lg \frac{D_{\text{eq}}}{r} + 0.015\ 7 \right) \Omega/\text{km} = \left( 0.144\ 5 \lg \frac{5\ 039.68}{7.6} + 0.015\ 7 \right) \Omega/\text{km}$$
$$= 0.423 \ \Omega/\text{km}$$

$$b_0 = \frac{7.58}{\lg \dfrac{D_{\text{eq}}}{r}} \times 10^{-6} = \frac{7.58}{\lg \dfrac{5\ 039.68}{7.6}} \times 10^{-6} \ \text{S/km} = 2.686 \times 10^{-6} \ \text{S/km}$$

②电力线路的实际参数为

电阻：$R = r_0 l = 0.262\ 5 \times 60 \ \Omega = 15.75 \ \Omega$

电抗：$X = x_0 l = 0.423 \times 60 \ \Omega = 25.38 \ \Omega$

电纳：$B = b_0 l = 2.686 \times 10^{-6} \times 60 \ \text{S} = 1.612 \times 10^{-4} \text{S}$

# 2.2　输电线路的等值电路

电力系统的正常运行状态基本是三相对称的，因此输电线路的等值电路可用其中一相的单线图表示，如将每千米的电阻、电抗、电导、电纳都一一画于图上。输电线路的等值电路是一均匀分布参数的电路，其计算较复杂。对于短线路、中等长度线路，通常将其分布参数电路转化成集中参数等值电路以简化计算，而对于长线路，这种转化就不精确，下面分别加以讨论。

## 2.2.1　一般线路的等值电路

一般线路是指中等及中等以下长度的线路。对架空线路，长度约为 300 km；对电缆线路，长度约为 100 km。一般线路可不考虑其分布参数特性，用集中参数等值电路来表示即可。

设 $R(\Omega)$、$X(\Omega)$、$G(S)$、$B(S)$ 分别表示全线路每相的总电阻、电抗、电导、电纳；$r_0(\Omega)$、$x_0(\Omega)$、$g_0(S)$、$b_0(S)$ 分别表示每千米线路的电阻、电抗、电导、电纳。当线路长度为 $l$（km）时，则有

$$\begin{cases} R = r_0 l & X = x_0 l \\ G = g_0 l & B = b_0 l \end{cases} \tag{2-9}$$

一般线路又可分为短线路和中等长度线路。

**1. 短线路**

短线路是指长度不超过 100 km 的架空线路，当线路电压不高时，电纳的影响一般可忽略，短线路的等值电路如图 2-2 所示。

**2. 中等长度线路**

中等长度线路是指长度在 100～300 km 之间的架空线路和长度小于 100 km 的电缆线路，其等值电路有 Π 形等值电路和 T 形等值电路，如图 2-3 所示。由于 T 形等值电路比 Π 形等值电路节点数多，因此常用的是 Π 形等值电路。

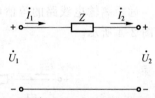

**图 2-2　短线路的等值电路**

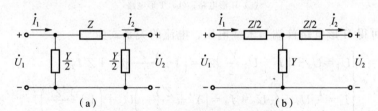

(a)　　　　　　　　　　　(b)

**图 2-3　中等长度线路的等值电路**

(a) Π 形等值电路；(b) T 形等值电路

Π 形等值电路和 T 形等值电路都是近似的等值电路，相互间并不等值，因此他们不能用 △—丫 变换公式相互变换。

## 2.2.2　长线路的等值电路

长线路是指长度超过 300 km 的架空线路和长度超过 100 km 的电缆线路，属于远距离输电线路。由于远距离输电线路的距离长，因此沿线路均匀分布的阻抗、电容、电纳、漏导等参数就不能再看成是集中的参数。在具有分布参数的交流电路中，电压和电流既与时间有关，也与线路的距离有关。远距离输电线路的基本方程（推导略去）为

$$\begin{cases} \dot{U}=\mathrm{ch}(\gamma x)\dot{U}_2+z_\mathrm{c}\,\mathrm{sh}(\gamma x)\dot{I}_2 \\ \dot{I}=\dfrac{\mathrm{sh}(\gamma x)\dot{U}_2}{z_\mathrm{c}}+\mathrm{ch}(\gamma x)\dot{I}_2 \end{cases} \qquad (2\text{-}10)$$

式中，$\dot{U}$、$\dot{I}$——远距离输电线路中距末端 $x$ 点的相电压、线电流；

$\dot{U}_2$、$\dot{I}_2$——远距离输电线路末端的相电压、线电流；

$x$——距线路末端的距离；

$\gamma$——线路的传播系数；

$z_\mathrm{c}$——线路特性阻抗，也称为波阻。

当 $x=l$ 时，可得线路首、末端电压和电流的关系为

$$\begin{cases} \dot{U}_1=\mathrm{ch}(\gamma l)\dot{U}_2+z_\mathrm{c}\,\mathrm{sh}(\gamma l)\dot{I}_2 \\ \dot{I}_1=\dfrac{\mathrm{sh}(\gamma l)\dot{U}_2}{z_\mathrm{c}}+\mathrm{ch}(\gamma l)\dot{I}_2 \end{cases} \qquad (2\text{-}11)$$

远距离输电线路的等值电路为 Ⅱ 形电路和 T 形电路，实际计算中大多采用 Ⅱ 形电路，如图 2-4 所示。

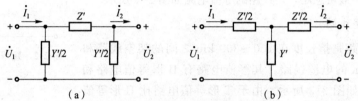

**图 2-4 远距离输电线路的等值电路**

（a）Ⅱ 形电路；（b）T 形电路

从图 2-4 可得 Ⅱ 形电路首端与末端电压、电流的关系式为

$$\begin{cases} \dot{U}_1=\dot{U}_2+\left(\dot{I}_2+\dot{U}_2\dfrac{Y'}{2}\right)Z'=\left(1+\dfrac{Y'Z'}{2}\right)\dot{U}_2+Z'\dot{I}_2 \\ \dot{I}_1=\dfrac{Y'}{2}\dot{U}_1+\dfrac{Y'}{2}\dot{U}_2+\dot{I}_2=\left(Y'+\dfrac{Z'Y'^2}{4}\right)\dot{U}_2+\left(1+\dfrac{Y'Z'}{2}\right)\dot{I}_2 \end{cases} \qquad (2\text{-}12)$$

式（2-11）与式（2-12）进行比较，对应项系数相等，可得

$$\begin{cases} Z'=z_\mathrm{c}\,\mathrm{sh}(\gamma l) \\ Y'=\dfrac{2[\mathrm{ch}(\gamma l)-1]}{z_\mathrm{c}\,\mathrm{sh}(\gamma l)} \end{cases} \qquad (2\text{-}13)$$

式（2-13）计算较麻烦，在实际计算中通常利用简化公式修正计算参数，即

$$\begin{cases} Z'\approx k_r r_0 l+\mathrm{j}k_x x_0 l \\ Y'=\mathrm{j}k_b b_0 l \end{cases} \qquad (2\text{-}14)$$

$$\begin{cases} k_r=1-\dfrac{1}{3}x_0 b_0 l^2 \\ k_x=1-\dfrac{1}{6}\left(x_0 b_0-r_0^2\dfrac{b_0}{x_0}\right)l^2 \\ k_b=1+\dfrac{1}{12}x_0 b_0 l^2 \end{cases} \qquad (2\text{-}15)$$

# 2.3 变压器的等值电路及参数

变压器是电力网络的主要元件之一。电力变压器有双绕组变压器、三绕组变压器和自耦变压器 3 种。电力系统中使用的变压器大多数是三相的，容量特别大的一般是单相的，但使用时总是接成三相变压器组。

## 2.3.1 双绕组变压器

### 1. 等值电路

三相变压器是对称电路，因此它的等值电路及参数只用一相表示即可。由电机学课程内容可知，变压器可用 T 形等值电路表示，但在电力系统计算中，为了减少网络中的节点数，常将励磁支路前移到电源侧，将变压器二次绕组的阻抗折算到一次绕组并和一次绕组的阻抗合并，用等值阻抗 $R_T + jX_T$ 来表示，这种电路称为 $\Gamma$ 形等值电路，如图 2-5（a）所示，简化等值电路如图 2-5（b）所示。

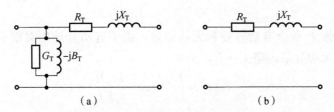

**图 2-5 双绕组变压器等值电路**

（a）$\Gamma$ 形等值电路；（b）简化等值电路

### 2. 参数

双绕组变压器的 4 个参数 $R_T$、$X_T$、$G_T$、$B_T$ 可以从变压器短路试验的两个数据，即短路损耗 $\Delta P_S$、短路电压百分数 $U_S\%$，以及空载试验的两个数据，即空载损耗 $\Delta P_0$、空载电流百分数 $I_0\%$ 相应求得。这 4 个试验数据通常标在变压器铭牌上，也可从设计手册中查找。

1）电阻

做变压器短路试验时，将一侧绕组短接，在另一侧绕组施加电压，使短路绕组的电流达到额定值。由于外加电压较小，相应的铁损较小，因此可近似地认为短路损耗等于绕组损耗（铜耗），即 $\Delta P_S = 3R_T I_N^2$，于是

$$R_T = \frac{\Delta P_S}{3 I_N^2} \tag{2-16}$$

在电力系统计算中，常用变压器三相额定容量和额定电压进行计算，因此式（2-16）可变为

$$R_T = \frac{\Delta P_S U_N^2}{S_N^2} \times 10^3 \tag{2-17}$$

式中，$\Delta P_S$ 的单位为 kW，$S_N$ 的单位为 kV·A，$U_N$ 的单位为 kV。本节以后各式中 $S_N$、

$U_N$ 的含义及单位均与此式相同。

2）电抗

变压器铭牌上给出的短路电压百分数 $U_S\%$ 是变压器通过额定电流时，在阻抗上产生的电压降的百分数，而对于大容量变压器，其绕组电阻比电抗小得多，均可近似处理，通过额定电流时，变压器电抗上的电压降可以用 $U_S\%$ 表示，即

$$U_S\% = \frac{\sqrt{3}\,I_N X_N}{U_N} \times 100 \tag{2-18}$$

从而

$$X_T = \frac{U_S\%}{100} \times \frac{U_N}{\sqrt{3}\,I_N} = \frac{U_S\% \cdot U_N^2}{100 S_N} \times 10^3 \tag{2-19}$$

3）电导

做变压器空载试验时，将一侧绕组开路，在另一侧绕组加额定电压，此时变压器有功损耗即为空载损耗 $\Delta P_0$，一次电流即为空载电流。由于空载电流很小，一次绕组中的损耗也很小，因此可以近似地认为变压器的空载损耗等于铁耗，即

$$\Delta P_0 = U_N^2 G_T \tag{2-20}$$

从而

$$G_T = \frac{\Delta P_0}{U_N^2} \times 10^{-3} \tag{2-21}$$

4）电纳

变压器空载电流 $I_0$ 包含有功分量和无功分量，由于有功分量相对很小，因此可以近似认为空载电流等于无功分量，即 $I_0 \approx I_b$，于是

$$I_0\% = \frac{I_0}{I_N} \times 100 \approx \frac{I_b}{I_N} \times 100 \approx \frac{U_N B_T}{\sqrt{3}\,I_N} \times 100 \tag{2-22}$$

从而

$$B_T = \frac{I_0\%}{100} \times \frac{\sqrt{3}\,I_N}{U_N} = \frac{I_0\%}{100} \times \frac{S_N}{U_N^2} \times 10^{-3} \tag{2-23}$$

在应用式（2-17）、式（2-19）、式（2-21）和式（2-23）计算变压器参数时，公式中采用哪一侧绕组的额定电压，表明变压参数归算到哪一侧。

**例 2-2**　三相双绕组升压变压器的型号为 SFL-40500/110，额定容量为 40 500 kV·A，额定电压为 121/10.5 kV，$\Delta P_S = 234.4$ kW，$\Delta P_0 = 93.6$ kW，$U_S\% = 11$，$I_0\% = 2.315$。求该变压器的参数，画出其等值电路。

**解：** $R_T = \dfrac{\Delta P_S U_N^2}{S_N^2} \times 10^3 = \dfrac{234.4 \times 121^2}{40\,500^2} \times 10^3\ \Omega = 2.092\ \Omega$

$X_T = \dfrac{U_S\% \cdot U_N^2}{S_N} \times 10 = \dfrac{11 \times 121^2}{40\,500} \times 10\ \Omega = 39.766\ \Omega$

$G_T = \dfrac{\Delta P_0}{U_N^2} \times 10^{-3} = \dfrac{93.6}{121^2} \times 10^{-3}\ S = 6.393 \times 10^{-6}\ S$

$B_T = \dfrac{I_0\%}{100} \times \dfrac{S_N}{U_N^2} \times 10^{-3} = \dfrac{2.315 \times 40500}{100 \times 121^2} \times 10^{-3}\ S = 6.404 \times 10^{-5}\ S$

该变压器的等值电路如图 2-6 所示。

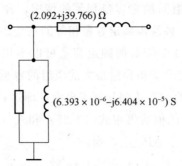

**图 2-6　例 2-2 的变压器等值电路**

## 2.3.2　三绕组变压器

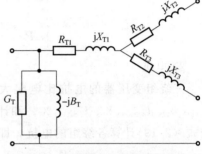

**图 2-7　三绕组变压器的等值电路**

**1. 等值电路**

三绕组变压器采用将励磁支路前移的星形等值电路，如图 2-7 所示，图中所有参数都是折算到一次侧的值。

**2. 参数**

三绕组变压器的参数计算原则与双绕组变压器的相同。

**1) 电阻**

三绕组变压器的短路试验，是在两两绕组间进行的，即依次让一个绕组开路，其余两个绕组按双绕组变压器进行。测得的短路损耗分别为 $\Delta P_{S(1\text{-}2)}$、$\Delta P_{S(2\text{-}3)}$、$\Delta P_{S(3\text{-}1)}$，要想求出各绕组的电阻，就必须先求出每个绕组相应的损耗 $\Delta P_{S1}$、$\Delta P_{S2}$、$\Delta P_{S3}$，显然

$$
\begin{cases}
\Delta P_{S(1\text{-}2)} = \Delta P_{S1} + \Delta P_{S2} \\
\Delta P_{S(2\text{-}3)} = \Delta P_{S2} + \Delta P_{S3} \\
\Delta P_{S(3\text{-}1)} = \Delta P_{S3} + \Delta P_{S1}
\end{cases}
\tag{2-24}
$$

$$
\begin{cases}
\Delta P_{S1} = \dfrac{1}{2}\left(\Delta P_{S(1\text{-}2)} + \Delta P_{S(3\text{-}1)} - \Delta P_{S(2\text{-}3)}\right) \\
\Delta P_{S2} = \dfrac{1}{2}\left(\Delta P_{S(1\text{-}2)} + \Delta P_{S(2\text{-}3)} - \Delta P_{S(3\text{-}1)}\right) \\
\Delta P_{S3} = \dfrac{1}{2}\left(\Delta P_{S(3\text{-}1)} + \Delta P_{S(3\text{-}2)} - \Delta P_{S(1\text{-}2)}\right)
\end{cases}
\tag{2-25}
$$

利用式（2-17）求出各绕组电阻为

$$
\begin{cases}
R_{T1} = \dfrac{\Delta P_{S1} U_N^2}{S_N^2} \times 10^3 \\[4pt]
R_{T2} = \dfrac{\Delta P_{S2} U_N^2}{S_N^2} \times 10^3 \\[4pt]
R_{T3} = \dfrac{\Delta P_{S3} U_N^2}{S_N^2} \times 10^3
\end{cases}
\tag{2-26}
$$

以上公式仅适用于 3 个绕组的额定容量相等的情况，即高、中、低压绕组的容量比为 100/100/100 的三绕组变压器。各绕组额定容量相等的三绕组变压器，其 3 个绕组不可能同时都满载运行，且实际制造中 3 个绕组的额定容量可以不相等，有 100/100/50 和 100/50/100 两种。变压器铭牌上的额定容量指容量最大的绕组的容量，制造厂商提供的短路损耗数据通常是一对绕组中容量较小的一方达到其额定电流，即达到 $1/2 I_N$ 时的值，因此必须先将短路损耗归算为额定电流 $I_N$ 下的值后再用式（2-25）和式（2-26）计算，如果制造厂提供的短路损耗为 $\Delta P'_{S(1-2)}$、$\Delta P'_{S(2-3)}$、$\Delta P'_{S(3-1)}$，则

$$\begin{cases} \Delta P_{S(1-2)} = \Delta P'_{S(1-2)} \left( \dfrac{S_N}{S_{2N}} \right)^2 \\ \Delta P_{S(2-3)} = \Delta P'_{S(2-3)} \left( \dfrac{S_N}{\min\{S_{2N} \cdot S_{3N}\}} \right)^2 \\ \Delta P_{S(3-1)} = \Delta P'_{S(3-1)} \left( \dfrac{S_N}{S_{2N}} \right)^2 \end{cases} \tag{2-27}$$

2）电抗

三绕组变压器的电抗比电阻大得多，手册中查到的是两两绕组的短路电压百分数 $U_{S(1-2)}\%$、$U_{S(3-1)}\%$、$U_{S(2-3)}\%$。和计算电阻一样，先求出每个绕组的短路电压百分数，再按式（2-19）计算各绕组的电抗，即

$$\begin{cases} U_{S1}\% = \dfrac{1}{2}(U_{S(1-2)}\% + U_{S(3-1)}\% - U_{S(2-3)}\%) \\ U_{S2}\% = \dfrac{1}{2}(U_{S(1-2)}\% + U_{S(2-3)}\% - U_{S(3-1)}\%) \\ U_{S3}\% = \dfrac{1}{2}(U_{S(2-3)}\% + U_{S(3-1)}\% - U_{S(1-2)}\%) \end{cases} \tag{2-28}$$

$$\begin{cases} X_{T1} = \dfrac{U_{S1}\% \cdot U_N^2}{100 S_N} \times 10^3 \\ X_{T2} = \dfrac{U_{S2}\% \cdot U_N^2}{100 S_N} \times 10^3 \\ X_{T3} = \dfrac{U_{S3}\% \cdot U_N^2}{100 S_N} \times 10^3 \end{cases} \tag{2-29}$$

需要指出，手册和制造厂提供的短路电压值，不论三绕组变压器容量比如何，通常都已折算为与变压器额定容量相对应的值，因此可以直接用式（2-28）和式（2-29）计算。

三绕组变压器按其 3 个绕组排列方式的不同分为两种结构：升压结构和降压结构，如图 2-8 所示。由于绕组的排列方式不同，绕组间的漏抗不同，因而短路电压也不同。显然，升压结构的低压绕组位于中层，与高、中压绕组均有紧密联系，有利于功率从低压侧向高、中压侧传送；降压结构的中压绕组位于中层，有利于功率从高压侧向中压侧传送。

3）导纳

三绕组变压器导纳的计算方法与双绕组变压器相同。

**例 2-3** 三相三绕组降压变压器的型号为 SFPSL-120 000/220，其额定容量为 120 000/120 000/60 000 kV·A，额定电压为 220/121/11 kV。$\Delta P'_{S(1-2)} = 601$ kW，$\Delta P'_{S(2-3)} = 182.5$ kW，

$\Delta P'_{S(3-1)} = 132.5$ kW，$U_{S(1-2)}\% = 14.85$，$U_{S(3-1)}\% = 28.25$，$U_{S(3-2)}\% = 7.96$，$\Delta P_0 = 135$ kW，$I_0\% = 0.663$，求该变压器的参数，并画出其等值电路。

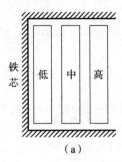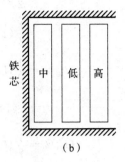

**图 2-8　三绕组变压器的结构**

（a）降压结构；（b）升压结构

**解：**①对短路损耗进行计算，即

$$\Delta P_{S(3-1)} = \Delta P'_{S(3-1)} \left(\frac{S_N}{S_{2N}}\right)^2 = 182.5 \times \left(\frac{120\ 000}{60\ 000}\right)^2 \text{ kW} = 730 \text{ kW}$$

$$\Delta P_{S(2-3)} = \Delta P'_{S(2-3)} \left(\frac{S_N}{\min\{S_{2N} \cdot S_{3N}\}}\right)^2 = 132.5 \times \left(\frac{120\ 000}{60\ 000}\right)^2 \text{ kW} = 530 \text{ kW}$$

$$\Delta P_{S(1-2)} = \Delta P'_{S(1-2)} = 601 \text{ kW}$$

②各绕组的电阻为

$$\begin{aligned}
\Delta P_{S1} &= \frac{1}{2}(\Delta P_{S(1-2)} + \Delta P_{S(3-1)} - \Delta P_{S(2-3)}) \\
&= \frac{1}{2}(601 + 730 - 530)\text{kW} \\
&= 400.5 \text{ kW}
\end{aligned}$$

$$\begin{aligned}
\Delta P_{S2} &= \frac{1}{2}(\Delta P_{S(1-2)} + \Delta P_{S(2-3)} - \Delta P_{S(3-1)}) \\
&= \frac{1}{2}(601 + 530 - 730)\text{kW} \\
&= 200.5 \text{ kW}
\end{aligned}$$

$$\begin{aligned}
\Delta P_{S3} &= \frac{1}{2}(\Delta P_{S(3-1)} + \Delta P_{S(3-2)} - \Delta P_{S(1-2)}) \\
&= \frac{1}{2}(730 + 530 - 601)\text{kW} \\
&= 329.5 \text{ kW}
\end{aligned}$$

$$R_{T1} = \frac{\Delta P_{S1} U_N^2}{S_N^2} \times 10^3 = \frac{400.5 \times 220^2}{120\ 000^2} \times 10^3 \ \Omega = 1.346 \ \Omega$$

$$R_{T2} = \frac{\Delta P_{S2} U_N^2}{S_N^2} \times 10^3 = \frac{200.5 \times 220^2}{120\ 000^2} \times 10^3 \ \Omega = 0.674 \ \Omega$$

$$R_{T3} = \frac{\Delta P_{S3} U_N^2}{S_N^2} \times 10^3 = \frac{329.5 \times 220^2}{120\ 000^2} \times 10^3 \ \Omega = 1.107 \ \Omega$$

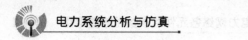

③各绕组的电抗为

$$U_{S1}\% = \frac{1}{2}(U_{S(1\text{-}2)}\% + U_{S(3\text{-}1)}\% - U_{S(2\text{-}3)}\%)$$

$$= \frac{1}{2}(14.85 + 28.25 - 7.96) = 17.75$$

$$U_{S2}\% = \frac{1}{2}(U_{S(1\text{-}2)}\% + U_{S(2\text{-}3)}\% - U_{S(3\text{-}1)}\%)$$

$$= \frac{1}{2}(14.85 + 7.96 - 28.25) = -2.72$$

$$U_{S3}\% = \frac{1}{2}(U_{S(2\text{-}3)}\% + U_{S(3\text{-}1)}\% - U_{S(1\text{-}2)}\%)$$

$$= \frac{1}{2}(28.25 + 7.96 - 14.85) = 10.68$$

$$X_{T1} = \frac{U_{S1}\% \cdot U_N^2}{S_N} \times 10 = \frac{17.756 \times 220^2}{120\ 000} \times 10\ \Omega = 70.866\ \Omega$$

$$X_{T2} = \frac{U_{S2}\% \cdot U_N^2}{S_N} \times 10 = \frac{-2.72 \times 220^2}{120\ 000} \times 10\ \Omega = -10.971\ \Omega$$

$$X_{T3} = \frac{U_{S3}\% \cdot U_N^2}{S_N} \times 10 = \frac{10.68 \times 220^2}{120\ 000} \times 10\ \Omega = 43.076\ \Omega$$

④变压器的导纳为

$$G_T = \frac{\Delta P_0}{U_N^2} \times 10^{-3} = \frac{136}{220^2} \times 10^{-3}\ S = 2.789 \times 10^{-6}\ S$$

$$B_T = \frac{I_0\%}{100} \times \frac{S_N}{U_N^2} \times 10^{-3} = \frac{0.663 \times 120\ 000}{100 \times 220^2} \times 10^{-3}\ S = 1.644 \times 10^{-6}\ S$$

其等值电路如图 2-9 所示。

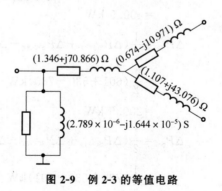

图 2-9　例 2-3 的等值电路

## 2.3.3　自耦变压器

在 220 kV 及以上电压的中性点直接接地的电力系统中，自耦变压器得到了广泛应用。自耦变压器具有电阻小、损耗小、运行经济；结构紧凑、电抗小、对系统稳定运行有利；质量小、节省材料、便于运输等优点。自耦变压器高压、中压绕组接成丫形，为了消除三次谐波，第三绕组（低压）为三角形连接。

自耦变压器与普通三绕组变压器的相同点：端点条件相同，短路试验相同，参数的确定和等值电路相同。二者的不同点：一方面，自耦变压器第三绕组的额定容量总是小于变压器的额定容量；另一方面，一般制造厂提供的短路试验数据，短路损耗和短路电压百分数都是未经折算的值，折算公式为

$$\begin{cases} U_{S(2\text{-}3)}\% = U'_{S(1\text{-}2)}\% \left(\dfrac{S_N}{S_{3N}}\right) \\[4mm] U_{S(3\text{-}1)}\% = U'_{S(3\text{-}1)}\% \left(\dfrac{S_N}{S_{3N}}\right) \end{cases} \tag{2-30}$$

# 2.4 标　幺　制

## 2.4.1 有名制和标幺制

在电力系统计算中，除采用有单位的阻抗、导纳、电压、电流、功率等进行运算外，还采用无单位的阻抗、导纳、电压、电流、功率等的相对值进行运算。前者称为有名制，后者称为标幺制。在标幺制中，各量都以相对值出现，必然要有相对的基准。标幺值、有名值和基准值之间的关系为

$$标幺值 = \frac{有名值（任意单位）}{基准值}$$

显然，对于同一个实际有名值，当所选的基准值不同时，其标幺值也就不同。所以，在说明一个量的标幺值时，必须同时说明它的基准值，否则标幺值的意义是不明确的。

当选定电压、电流、阻抗和功率的基准值分别为 $U_B$、$I_B$、$Z_B$、$S_B$ 时，相应的标幺值为

$$\begin{cases} U_* = \dfrac{U}{U_B} \\[3mm] I_* = \dfrac{I}{I_B} \\[3mm] Z_* = \dfrac{Z}{Z_B} = \dfrac{R+jX}{Z_B} = \dfrac{R}{Z_B} + j\dfrac{X}{Z_B} = R_* + jX_* \\[3mm] S_* = \dfrac{S}{S_B} = \dfrac{P+jQ}{S_B} = \dfrac{P}{S_B} + j\dfrac{Q}{S_B} = P_* + jQ_* \end{cases} \tag{2-31}$$

在三相对称系统中，线电压为相电压的 $\sqrt{3}$ 倍，三相功率为单相功率的 3 倍，如取线电压的基准值为相电压的 $\sqrt{3}$ 倍，三相功率的基准值为单相功率基准值的 3 倍，则线电压和相电压的标幺值相等，三相功率和单相功率的标幺值相等。可见，采用标幺制能在一定程度上简化计算。标幺制除了具有上述优点外，还具有计算结果清晰，易于比较电力系统各元件的特性和参数等优点。

## 2.4.2　基准值的选择

基准值的选择，在满足基准值与有名值同单位，符合电路基本关系的前提下，原则上可以是任意的。如果选择每相阻抗、每相导纳、线电压、线电流、三相功率为基准值，则这些基准值之间的对应关系为

$$\begin{cases} S_B = \sqrt{3}\, U_B I_B \\ U_B = \sqrt{3}\, Z_B I_B \\ Z_B = \dfrac{1}{Y_B} \end{cases} \tag{2-32}$$

上述 5 个基准值通常只有 2 个可以任选，其余 3 个可由上式推导，一般选三相功率 $S_B$ 和线电压 $U_B$，则有

$$\begin{cases} Z_B = \dfrac{U_B^2}{S_B} \\ Y_B = \dfrac{S_B}{U_B^2} \\ I_B = \dfrac{S_B}{\sqrt{3}\, U_B} \end{cases} \tag{2-33}$$

功率的基准值通常取某一整数，如 100 MV·A、1 000 MV·A 等，有时为了使标幺值简单，取某发电机或变压器的额定功率。电压的基准值通常取参数和变量所归算级的额定电压。当采用标幺值进行计算时，计算结果还要换算成有名值。

## 2.4.3　不同基准值的标幺值间的换算

在电力系统的计算中，各元件的参数必须按统一的基准值进行归算。而从手册中查得的电机和电器的阻抗值，通常是以各自的额定容量和额定电压为基准值的标幺值，而各元件的额定值可能各不相同。因此，必须把这些不同基准值的标幺值换算为统一基准值的标幺值，才能在同一个等值电路上分析和计算。

设统一选定的基准电功率和基准电压分别为 $S_B$ 和 $U_B$，对于发电机、变压器，若已知其额定标幺电抗为 $X_{(N)*}$ 则换算到统一基准下的标幺电抗为

$$X_* = X_{有名值} \frac{S_B}{U_B^2} = X_{(N)*} \cdot \frac{U_N^2}{S_N} \frac{S_B}{U_B^2} \tag{2-34}$$

而对用于限制短路电流的电抗器，它的额定标幺电抗 $X_{R(N)*}$ 是以额定电压和额定电流为基准值来表示的，换算公式为

$$X_{R*} = X_{R(有名值)} \frac{S_B}{U_B^2} = X_{R(N)*} \frac{U_N}{\sqrt{3}\, I_N} \frac{S_B}{U_B^2} \tag{2-35}$$

## 2.4.4　多电压级网络标幺值的归算

**1. 精确计算法**

（1）方法一：将各电压级参数的有名值归算到基本级，在基本级按选取的统一基准电压

$U_B$ 和基准功率 $S_B$ 换算成标幺值。

（2）方法二：在基本级选定基准电压 $U_B$ 和基准功率 $S_B$，将基准电压归算到各电压级，然后在各电压级将有名值换算成标幺值（此法用得较多）。

**2. 近似计算法**

工程计算中常采用近似计算法，即将各个电压级都以其平均额定电压 $U_{av}$ 作为基准电压，然后在各个电压等级将有名值换算成标幺值。根据我国现行的电压等级，各级平均额定电压规定为 3.15 kV、6.3 kV、10.5 kV、15.75 kV、37 kV、115 kV、230 kV、345 kV、525 kV、787 kV。

**例 2-4**　有一个三级电压的简单电力系统，其接线和元件参数如图 2-10 所示。当不计元件的电阻和导纳时，试求下列 3 种情况的各元件电抗标幺值。（1）精确计算：将各电压级参数的有名值归算到基本级；（2）精确计算：将基本级选定的基准功率和基准电压归算到其他级；（3）近似计算。

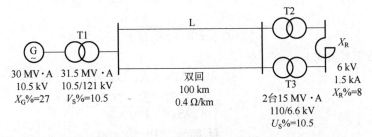

**图 2-10　例 2-4 图**

**解：**（1）计算各元件参数归算到 110 kV 侧基本级的有名值为

$$X_G = \frac{X_G\% U_N^2}{100 S_N} K_1^2 = \frac{27 \times 10.5^2}{100 \times 30} \times \left(\frac{121}{10.5}\right)^2 \Omega = 131.77\ \Omega$$

$$X_{T1} = 0.105 \times \frac{121^2}{31.5}\ \Omega = 48.8\Omega$$

$$X_L = 0.4 \times 100\ \Omega = 40\ \Omega$$

$$X_{T2} = X_{T3} = 0.105 \times \frac{110^2}{15}\ \Omega = 84.7\ \Omega$$

$$X_R = \frac{8 \times 6}{100\sqrt{3} \times 1.5} \times \left(\frac{110}{6.6}\right)^2 \Omega = 51.32\ \Omega$$

选 110 kV 等级的基准电压 $U_B = 110$ kV，基准功率 $S_B = 100$ MV·A，各元件参数标幺值为

$$X_{G*} = X_G \frac{S_B}{U_B^2} = 131.77 \times \frac{100}{110^2} = 1.09$$

$$X_{T1*} = 48.8 \times \frac{100}{110^2} = 0.4$$

$$X_{L*} = 40 \times \frac{100}{110^2} = 0.33$$

$$X_{T2*} = X_{T3*} = 84.7 \times \frac{100}{110^2} = 0.7$$

$$X_{R*} = 51.32 \times \frac{100}{110^2} = 0.42$$

（2）将基本级选定的基准功率和基准电压归算到其他级，即

$$S_B=100 \text{ MV} \cdot \text{A}, \quad U_B=110 \text{ kV}$$

10 kV 等级的基准电压为

$$110\times\frac{10.5}{121} \text{ kV}=9.55 \text{ kV}$$

6 kV 等级的基准电压为

$$110\times\frac{6.6}{110} \text{ kV}=6.6 \text{ kV}$$

$$X_{G*}=\frac{X_G\%U_N^2}{100S_N}\times\frac{S_B}{U_B^2}=\frac{27\times10.5^2\times100}{100\times30\times9.55^2}=1.09$$

$$X_{L*}=X_L L\frac{S_B}{U_B^2}=0.4\times100\times\frac{100}{110^2}=0.33$$

$$X_{T2*}=X_{T3*}=\frac{U_S\%U_N^2}{100S_N}\times\frac{S_B}{U_B^2}=\frac{10.5\times110^2\times100}{100\times15\times110^2}=0.7$$

$$X_{R*}=\frac{X_R\%U_N}{100\sqrt{3}\,I_N}\frac{S_B}{U_B^2}=\frac{8\times6\times100}{100\sqrt{3}\times1.5\times6.6^2}=0.42$$

（3）近似计算为

$$S_B=100 \text{ MV} \cdot \text{A}, \quad U_B=U_{av}$$

$$X_{G*}=\frac{X_G\%S_B}{100S_N}=\frac{27\times100}{100\times30}=0.9$$

$$X_{T1*}=\frac{U_S\%S_B}{100S_N}=\frac{10.5\times100}{100\times31.5}=0.33$$

$$X_{L*}=X_L L\frac{S_B}{U_{av}^2}=0.4\times100\times\frac{100}{115^2}=0.3$$

$$X_{T2*}=X_{T3*}=\frac{U_S\%S_B}{100S_N}=\frac{10.5\times100}{100\times15}=0.7$$

$$X_{R*}=\frac{X_R\%U_N}{100\sqrt{3}\,I_N}\frac{S_B}{U_{av}^2}=\frac{8\times6\times100}{100\sqrt{3}\times1.5\times6.3^2}=0.47$$

# 习题 2

2-1 什么是分裂导线、扩径导线？为什么要用分裂导线和扩径导线？

2-2 架空线为什么要换位？按规定，架空线长于多少就应进行换位？

2-3 某一回 10 kV 架空输电线路，长度为 10 km，采用 LGJ-70 型导线，导线的计算外径为 11.4 mm，三相导线按等边三角形布置，导线的相间距离 $D=1.0$ m，试求该电力线路的参数，并画出其等值电路。

2-4 某一长度为 100 km 的 110 kV 架空电力线路，采用 2×LGJ-150 双分裂导线，每根导线的计算外径为 17 mm，三相导线水平布置，相间距离为 4.125 m，分裂间距为 25 cm，试求该电力线路的参数，并画出其等值电路。

2-5 有一回 10 kV 架空电力线路，长度为 90 km，导线型号为 LGJ-185，导线的计算外径为 19 mm，三相导线以不等边三角形排列，线间距离 $D_{AB}=3.5$ m，$D_{BC}=4.6$ m，$D_{AC}=$

4.3 m。试求：（1）环境温度为50 ℃时的线路阻抗；（2）线路的电纳及其充电功率。

2-6　长度为 600 km 的 500 kV 架空线路，使用 4×LGJQ -400 四分裂导线，$r_0 = 0.018\,7\ \Omega/\text{km}$，$b_0 = 4.05\times10^{-6}\text{S/km}$，$g_0 = 0$。试计算该线路的形等效电路参数。

2-7　一台型号为 SFL-20 000/110 的三相双绕组降压变压器，其额定容量为 20 000 kV·A，额定电压为 110/11 kV，$\Delta P_S = 135$ kW，$\Delta P_0 = 22$ kW，$U_S\% = 10.5$，$I_0\% = 0.8$，求该变压器的参数，并画出等值电路。

2-8　有一台双绕组变压器，电压比为 35/10 kV，额定容量为 20 MV·A。欲通过试验求参数，受条件限制，短路试验电流为 200 A（一次侧），空载试验电压为 10 kV（二次侧电压）。测得 $\Delta P_S = 45$ kW，$\Delta P_0 = 18$ kW，$U_S\% = 4.85$，$I_0\% = 0.5$（参数均未经容量折算）。求折算至高压侧的变压器参数，并画出等值电路。

2-9　一台 SFSL-31500/110 型三绕组变压器，容量比为 100/100/100，其铭牌数据如下：电压比 110/38.5/10.5 kV，$\Delta P_0 = 38.4$ kW，$I_0\% = 0.8$，$\Delta P_{S(1\text{-}2)} = 212$ kW，$\Delta P_{S(1\text{-}3)} = 220$ kW，$\Delta P_{S(3\text{-}2)} = 181$ kW，$\Delta U'_{S(1\text{-}2)} = 8.89$，$\Delta U'_{S(2\text{-}3)} = 10.85$，$\Delta U'_{S(1\text{-}3)} = 16.65$。试求归算到高压侧的参数，并画出其等值电路。

2-10　三相自耦变压器额定容量为 120 000/120 000/60 000 kV·A，额定电压为 220/121/38.5 kV，$I_0\% = 0.8$，$\Delta P'_{S(1\text{-}2)} = 417$ kW，$\Delta P'_{S(1\text{-}3)} = 318.5$ kW，$\Delta P'_{S(3\text{-}2)} = 314$ kW，$\Delta U_{S(1\text{-}2)} = 10.5$，$\Delta U_{S(2\text{-}3)} = 6.5$，$\Delta U_{S(1\text{-}3)} = 18$，$\Delta P_0 = 38.4$ kW。求该变压器的参数，并画出其等值电路。

2-11　已知某输电线的参数如下：$Z = (3.346 + j77.27)\ \Omega$，$Y = 1.106\times10^3$ S，$S_B = 100$ MV·A，$U_B = 735$ kV。求输电线参数的标幺值。

2-12　电力系统接线如题 2-12 图所示，参数已标在图上，试计算其等效电路参数标幺值。

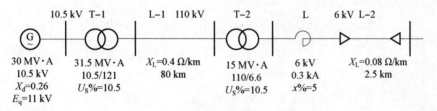

10.5 kV　T-1　　　L-1　110 kV　　T-2　　　L　　6 kV　L-2

30 MV·A　31.5 MV·A　$X_L=0.4$ Ω/km　15 MV·A　6 kV　$X_L=0.08$ Ω/km
10.5 kV　10.5/121　　80 km　　　110/6.6　0.3 kA　2.5 km
$X_d=0.26$　$U_S\%=10.5$　　　　　$U_S\%=10.5$　$x\%=5$
$E_q=11$ kV

题 2-12 图

2-13　某电抗器，其参数为 $U_N = 6$ kV，$I_N = 500$ A，$X_R\% = 4$。试求：（1）该电抗器的电抗有名值；（2）取 $S_B = 100$ MV·A，$U_B = 6$ kV 为基准值时的电抗标幺值。

2-14　如题 2-14 图所示系统，选择 10.5 kV 为电压基本级，试写出将 220 kV 侧线路 $L_2$ 的阻抗、导纳归算到基本级的公式。

T1　　　L1　　　T2　　　L2　　　T3

10.5 kV/121 kV　110 kV/203 kV　　220 kV/121 kV

题 2-14 图

2-15　如题 2-15 图所示系统，各元件参数为

变压器 $T_1$　$S_N = 400$ MV·A，$U_S\% = 14$，242 kV/10.5 kV

变压器 $T_2$　$S_N = 400$ MV·A，$U_S\% = 14$，220 kV/121 kV

线路 $L_1$　　$l_1 = 200$ km，$x_0 = 0.4$ Ω/km（每回路）

线路 $L_2$　　$l_2 = 60$ km，$x_0 = 0.4$ Ω/km

当不计元件的电阻和导纳时，试求下列 3 种情况的系统等值电路：（1）有名值精确计算；（2）标幺值精确计算；（3）标幺值近似计算。

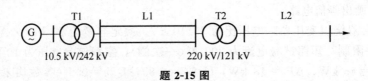

10.5 kV/242 kV　　　　　　　　　　220 kV/121 kV

题 2-15 图

2-16　题 2-16 图为某输电线路的网络图，各元件的额定参数在图中标出（标幺值参数均以自身额定值为基准）。试分别采用如下两种方法做出系统等值电路：（1）精确计算；（2）近似计算。

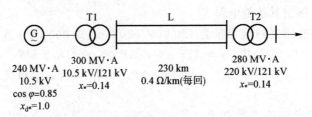

240 MV·A　　300 MV·A　　　　230 km　　　　280 MV·A
10.5 kV　　10.5 kV/121 kV　0.4 Ω/km(每回)　220 kV/121 kV
$\cos\varphi = 0.85$　　$x_* = 0.14$　　　　　　　　　$x_* = 0.14$
$x_{d*} = 1.0$

题 2-16 图

第 3 章 <<<<<<

# 电力系统稳态分析

## 3.1 概述

电力系统是由发电机、输电线、变压器、开关和负荷等组成的复杂系统。发电机供给有功功率和无功功率，而负荷消耗有功功率和无功功率。发电机和负荷间连接有输、配电系统，将发电机的功率传送给用户的同时也有功率消耗。因此，当负荷一定时，发电机需发出多少功率？如何通过输电线和配电线流向负荷？此时系统内各点的电压如何分布？这些都是电力系统运行需要知道的。电力系统稳态分析就是针对电力系统正常的、相对静止的运行状态进行分析和计算，以确定系统中各处的电压和电力网的功率分布。确定电力系统稳态运行状态的方法之一是潮流计算。电力系统潮流计算是电力系统分析中最基本、最重要的计算，是电力系统运行、规划以及安全性、可靠性和优化的基础，也是各种电磁暂态和机电暂态分析的基础和出发点。

## 3.2 简单输电线路的分析和计算

在电力系统中，由于电力线路、变压器等设备具有阻抗导纳，因此在输送功率的同时，也造成了功率损耗及始、末端电压的不同。

### 3.2.1 电压降落

当系统中有功率流动时，其始端电压和末端电压不同。若只考虑系统串联阻抗可得如

图 3-1 所示的以三相功率和线电压表示的等效电路，图中：$\dot{U}_1$、$\dot{U}_2$ 分别表示系统的始、末端线电压；$\dot{S}_2$ 表示传送至末端的复功率；$Z$ 表示串联的阻抗。

根据电路的关系可知

$$\Delta \dot{U} = \dot{U}_1 - \dot{U}_2 = \dot{I} Z$$

$$\dot{I} \dot{U}_2 = \dot{S}_2$$

$$\dot{I} = \frac{\overset{*}{S}_2}{\overset{*}{U}_2} = \frac{P_2 - \mathrm{j}Q_2}{\overset{*}{U}_2}$$

$$\Delta \dot{U} = \dot{I} Z = \frac{P_2 - \mathrm{j}Q_2}{\overset{*}{U}_2}(R + \mathrm{j}X) \tag{3-1}$$

式中，$\Delta \dot{U}$——电压降落。

若已知末端电压和末端功率，当以 $\dot{U}_2$ 为参考电压时，如图 3-2 所示，电压降落可表示为

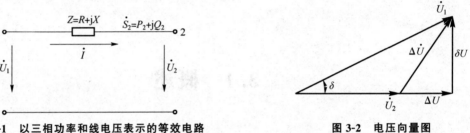

图 3-1 以三相功率和线电压表示的等效电路  　　　图 3-2 电压向量图

$$\Delta \dot{U} = \frac{P_2 - \mathrm{j}Q_2}{\overset{*}{U}_2}(R + \mathrm{j}X) = \frac{P_2 R + Q_2 X}{U_2} + \mathrm{j}\frac{P_2 X - Q_2 R}{U_2} \tag{3-2}$$

得始端电压 $\dot{U}_1$ 为

$$\dot{U}_1 = \dot{U}_2 + \Delta \dot{U} = \left( \dot{U}_2 + \frac{P_2 R + Q_2 X}{U_2} \right) + \mathrm{j}\frac{P_2 X - Q_2 R}{U_2} \tag{3-3}$$

令

$$\Delta U = \frac{P_2 R + Q_2 X}{U_2}; \quad \delta U = \frac{P_2 X - Q_2 R}{U_2} \tag{3-4}$$

则电压降落又可写为

$$\Delta \dot{U} = \Delta U + \mathrm{j}\delta U \tag{3-5}$$

式中，$\Delta U$——电压降落的纵分量；

$\delta U$——电压降落的横分量。

始端电压幅值为

$$U_1 = \sqrt{(U_2 + \Delta U)^2 + \delta U^2} \tag{3-6}$$

始、末端电压相位差为

$$\delta = \arctan \frac{\delta U}{U_2 + \Delta U} \tag{3-7}$$

若已知始端电压和始端功率，以始端电压 $U_1$ 为参考电压，如图 3-3 所示，也可以得到类似关系，即

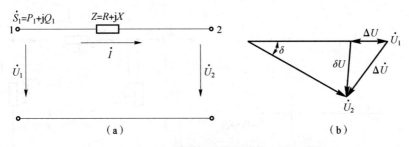

**图 3-3　以 $U_1$ 为参考电压的等效电路和电压相量图**

（a）等效电路；（b）电压相量图

$$\dot{U}_2 = \dot{U}_1 - \Delta\dot{U} = \left(\dot{U}_1 - \frac{P_1 R + Q_1 X}{U_1}\right) + j\frac{P_1 X - Q_1 R}{U_1} \tag{3-8}$$

等效电压降落的纵、横分量为

$$\Delta U = \frac{P_1 R + Q_1 X}{U_1}; \quad \delta U = \frac{P_1 X - Q_1 R}{U_1} \tag{3-9}$$

则电压降落又可写成为

$$\Delta\dot{U} = \Delta U + j\delta U \tag{3-10}$$

末端电压 $U_2$ 幅值为

$$U_2 = \sqrt{(U_1 - \Delta U)^2 + \delta U^2} \tag{3-11}$$

始末端电压相位差为

$$\delta = \arctan\frac{-\delta U}{U_1 - \Delta U} \tag{3-12}$$

求得两端电压后，就可对某些电压质量指标进行计算，如电压损耗、电压偏移和电压降落等。

电压降落是指始、末端电压相量差，即 $(\dot{U}_1 - \dot{U}_2)$；电压损耗是指始、末端电压数值差，即 $(U_1 - U_2)$。电压损耗通常用百分比表示，即

$$电压损耗(\%) = \frac{(U_1 - U_2)}{U_N} \times 100\% \tag{3-13}$$

式中，$U_N$——额定电压。

电压偏移是指某点的实际电压与额定电压的差值 $(U - U_N)$，常用百分比表示，即

$$电压偏移(\%) = \frac{(U - U_N)}{U_N} \times 100\% \tag{3-14}$$

## 3.2.2　线路中功率损耗的计算

在图 3-4（a）所示的系统单线图中，若已知末端电压 $\dot{U}_2$ 和末端负荷 $\dot{S}_L = P_L + jQ_L$，则可用图 3-4（b）所示的 Π 形等值电路表示。其中，$Y_L = G_L + jB_L$。

线路上的功率损耗由 3 部分组成：线路末端导纳支路的功率损耗、线路阻抗的功率损耗和线路始端导纳支路的功率损耗。

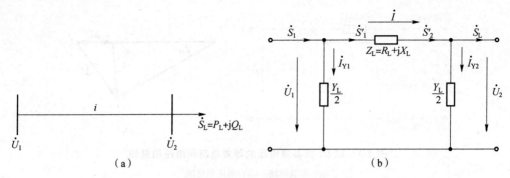

**图 3-4  开式网络及其等值电路**

（a）系统单线图；（b）Ⅱ形等值电路图

1）线路末端导纳支路的功率损耗

$$\Delta \dot{S}_{Y/2} = \dot{U}_2 \overset{*}{\dot{I}}_{Y2} = \dot{U}_2 \left( \dot{U}_2 \times \frac{Y_L}{2} \right)^* = \dot{U}_2^2 \times \frac{\overset{*}{Y}_L}{2} = \frac{\dot{U}_2^2}{2} G_L - j \frac{\dot{U}_2^2}{2} B_L \tag{3-15}$$

$$\Delta P_{Y/2} = \frac{\dot{U}_2^2}{2} G_L \tag{3-16}$$

$$\Delta Q_{Y/2} = \frac{\dot{U}_2^2}{2} B_L \tag{3-17}$$

式中，$\Delta P_{Y/2}$——线路末端等效电导上的有功损耗；

$\Delta Q_{Y/2}$——线路末端等效电纳上的无功损耗，负号表示为容性的无功。

2）线路阻抗的功率损耗

线路阻抗的功率损耗包括有功损耗和无功损耗，其值的大小与流过阻抗的电流的平方成正比，即

$$\Delta P_z = I^2 R_L$$

$$\Delta Q_z = I^2 X_L$$

$$\dot{I} = \left( \frac{\dot{S}_2'}{\dot{U}_2} \right)^* = \left( \frac{\dot{S}_1'}{\dot{U}_1} \right)^* \tag{3-18}$$

$$\Delta P_z = \frac{S_2'^2}{\dot{U}_2^2} R_L = \frac{P_2'^2 + Q_2'^2}{\dot{U}_2^2} R_L \tag{3-19}$$

$$\Delta Q_z = \frac{S_2'^2}{\dot{U}_2^2} X_L = \frac{P_2'^2 + Q_2'^2}{\dot{U}_2^2} X_L \tag{3-20}$$

$$\dot{S}_2' = \dot{S}_L + \Delta \dot{S}_{L/2} \tag{3-21}$$

$$\Delta \dot{S}_z = \Delta P_z + j \Delta Q_z \tag{3-22}$$

$$\dot{S}_1' = \dot{S}_L + \Delta \dot{S}_{L/2} + \Delta \dot{S}_z \tag{3-23}$$

3）线路始端导纳支路上的功率损耗

$$\Delta \dot{S}_{L/2} = \dot{U}_1 \overset{*}{\dot{I}}_{Y1} = \dot{U}_1 \left( \dot{U}_1 \times \frac{Y_L}{2} \right)^* = \dot{U}_1^2 \times \frac{\overset{*}{Y}_L}{2} = \frac{\dot{U}_1^2}{2} G_L - j \frac{\dot{U}_1^2}{2} B_L \tag{3-24}$$

### 3.2.3 变压器中的功率损耗

变压器通常用 Γ 形等值电路表示，如图 3-5 所示。

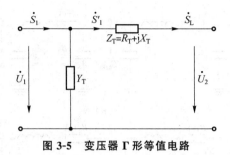

图 3-5 变压器 Γ 形等值电路

若已知变压器 Γ 形等值电路的阻抗及导纳，则变压器上的功率损耗计算如下。

阻抗的功率损耗为

$$\Delta \dot{S}_{Z_T} = \left(\frac{S_2}{U_2}\right)^2 Z_T = \frac{P_2^2 + Q_2^2}{U_2^2} R_T + j\frac{P_2^2 + Q_2^2}{U_2^2} X_T \tag{3-25}$$

$$= \Delta P_{Z_T} + j\Delta Q_{Z_T}$$

导纳的功率损耗为

$$\Delta \dot{S}_{Y_T} = U_1^2 \overset{*}{Y}_T = U_1^2(G_T + jB_T) \tag{3-26}$$

$$= G_T U_1^2 + jB_T U_1^2 = \Delta P_{Y_T} + \Delta Q_{Y_T}$$

注意：因为线路支路导纳是电容性的，变压器励磁支路导纳是电感性的，故变压器励磁支路的无功功率损耗与线路导纳支路的无功功率损耗的符号相反。

# 3.3 简单输电系统的潮流计算

简单输电系统一般包括开式网络和环网络。开式网络是指每个负荷只能从一个方向得到功率供给的网络。本书仅讨论简单开式网络的潮流计算。

某电力系统如图 3-6(a)所示，首先确定网络元件的参数，并画出其等值电路，如图 3-6(b)所示，然后将等值电路化简为如图 3-6(c)所示。

$$\begin{cases} \dot{S}_c = \dot{S}_{LDc} - j\dfrac{B_2}{2}U_N^2 \\[2mm] \dot{S}_b = \dot{S}_{LDb} - j\dfrac{B_1}{2}U_N^2 - j\dfrac{B_2}{2}U_N^2 \\[2mm] Q_1 = -B_1 U_N^2 \end{cases} \tag{3-27}$$

在电力网络的时间计算中，常见的有以下两种情况。

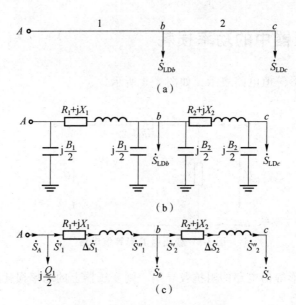

**图 3-6　开式网络及其等值电路**

（a）系统图；（b）等值电路；（c）化简后的等值电路

### 1. 已知同一端的电压和功率

通常情况下是已知末端电压和功率，求首端电压和功率。针对图 3-6（c），已知 $\dot{S}_{LDc}$、$U_c$，求 $\dot{S}_A$、$U_A$，计算过程如下

$$\dot{S}''_2 = \dot{S}_c$$

$$\Delta\dot{S}_2 = \left(\frac{P''^2_2 + Q''^2_2}{U_c^2}\right)(R_2 + jX_2)$$

$$= \frac{P''^2_2 + Q''^2_2}{U_c^2}R_2 + j\frac{P''^2_2 + Q''^2_2}{U_c^2}X_2$$

$$\dot{S}'_2 = \dot{S}''_2 + \Delta\dot{S}_2$$

$$\dot{S}''_1 = \dot{S}'_2 + \dot{S}_b$$

$$\Delta U_2 = \frac{P''_2 R_2 + Q''_2 X_2}{U_c}, \delta U_2 = \frac{P''_2 X_2 - Q''_2 R_2}{U_c}$$

$$U_b = \sqrt{(U_c + \Delta U_2)^2 + (\delta U_2)^2}$$

对于第 1 段线路

$$\Delta\dot{S}_1 = \left(\frac{P''^2_1 + Q''^2_1}{U_b^2}\right)(R_1 + jX_1)$$

$$\dot{S}'_1 = \dot{S}''_1 + \Delta\dot{S}_1$$

$$\dot{S}_A = \dot{S}'_1 - j\frac{Q_1}{2}$$

$$\Delta U_1 = \frac{P''_1 R_1 + Q''_1 X_1}{U_b}, \delta U_1 = \frac{P''_1 X_1 - Q''_1 R_1}{U_1}$$

$$U_A = \sqrt{(U_b + \Delta U_1)^2 + (\delta U_1)^2}$$

**2. 已知不同端的电压和功率**

通常情况下是已知末端功率和首端电压，求首端功率和末端电压，其计算步骤如下。

（1）由末端向首端逐段计算功率。

当计算网络元件的功率损耗时，公式中的电压以额定电压 $U_N$ 代替。

（2）由首端向末端逐段计算各点的电压。

当计算网络元件的电压损耗时，公式中的电压应代入各点的实际电压。

通过以上两个步骤便完成了第一轮的计算。由于第（1）步计算时，以额定电压代替各点实际电压，因此计算结果不够精确。为了提高计算精度，可以重复以上的计算，在计算功率损耗时可以利用前一轮第（2）步所求得的节点电压。

应该说明的是，对于电压为 35 kV 及以下的地方电力网络，由于电压较低、线路较短、输送功率较小，因此在潮流计算中可以采取下列简化措施：

（1）等值电路中忽略并联导纳支路；

（2）不计阻抗中的功率损耗；

（3）不计电压降的横分量；

（4）在计算公式中用额定电压代替实际电压。

**例 3-1** 系统图及其等值电路如图 3-7(a)、(b) 所示。参数已归算至 110 kV 侧，每台变压器额定容量为 20 MV·A，$\Delta P_S = 135$ kW，$U_S\% = 10.5$，$\Delta P_0 = 22$ kW，$I_S\% = 0.8$，变压器的变比为 110 kV/11 kV，低压侧负荷 $\dot{S}_C = (30 + j20)$ MV·A，当始端电压为 116 kV 时，求变压器低压侧电压及电压偏移百分数。

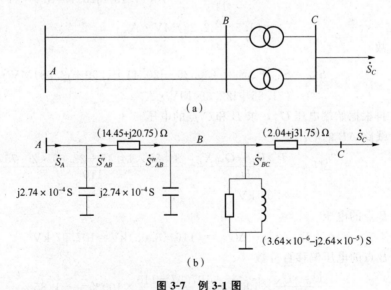

**图 3-7 例 3-1 图**

（a）系统图；（b）等值电路

**解**：首先用额定电压计算变压器和线路功率损耗，得线路始端功率为

$$\dot{S}_C = (30 + j20) \text{MV·A} = 36.06\angle 33.69° \text{MV·A}$$

$$\Delta \dot{S}_T = \Delta P_T + j\Delta Q_T = 2\left(\Delta P_S + j\frac{U_S\%}{100}S_N\right)\left(\frac{S_C}{2S_B}\right)^2$$

$$= 2\times\left(0.135 + j\frac{10.5}{100}\times 20\right)\times\left(\frac{36.06}{2\times 20}\right)^2 MV\cdot A$$

$$= (0.22 + j3.41)MV\cdot A$$

$$\dot{S}'_{BC} = (30 + j20 + 0.22 + j3.41)MV\cdot A$$

$$= (30.22 + j23.41)MV\cdot A$$

$$\Delta \dot{S}'_0 = \Delta P'_0 + j\Delta Q'_0 = 2\Delta P_0 + j\frac{I_0\%\times 2S_N}{100}$$

$$= \left(2\times 0.022 + j\frac{0.8\times 2\times 20}{100}\right)MV\cdot A$$

$$= (0.044 + j0.32)MV\cdot A$$

线路末端电容充电功率

$$Q_C = -B_C U_N^2 = -2.74\times 10^{-4}\times 110^2\ Mvar$$

$$= -3.32\ Mvar$$

故

$$\dot{S}''_{AB} = (30.22 + j23.41 + 0.044 + j0.32 - j3.32)MV\cdot A$$

$$= (30.26 + j20.41)MV\cdot A$$

线路阻抗的功率损耗

$$\Delta \dot{S}_L = \left(\frac{P''^2_{AB} + Q''^2_{AB}}{U_N^2}\right)(R_L + jX_L)$$

$$= \frac{30.26^2 + 20.41^2}{110^2}\times(14.45 + j20.75)MV\cdot A$$

$$= (1.59 + j2.28)MV\cdot A$$

故

$$\dot{S}'_{AB} = \dot{S}''_{AB} + \Delta \dot{S}_L = (30.26 + j20.41 + 1.59 + j2.28)MV\cdot A$$

$$= (31.85 + j22.69)MV\cdot A$$

再根据始端电压 $U_A$，求 $B$ 和 $C$ 点的电压。

线路 $AB$ 的电压损耗

$$\Delta U_{AB} = \frac{P'_{AB}R_L + Q'_{AB}X_L}{U_A} = \frac{31.85\times 14.45 + 22.69\times 20.75}{116}\ kV$$

$$= 8.03\ kV$$

$B$ 点的电压

$$U_B = U_A - \Delta U_{AB} = (116 - 8.03)kV = 107.97\ kV$$

$B$ 点的电压偏移百分数

$$\frac{U_B - U_N}{U_N}\times 100\% = \frac{107.97 - 110}{110}\times 100\% = -1.85\%$$

变压器电压损耗

$$\Delta U_{BC} = \frac{P'_{BC}R_T + Q'_{BC}X_T}{U_B} = \frac{30.22\times 2.04 + 23.41\times 31.76}{107.97}\ kV$$

$$= 7.46\ kV$$

C 点归算到高压侧的电压

$$U_C' = U_B - \Delta U_{BC} = (107.97 - 7.46)\text{kV} = 100.51\text{ kV}$$

低压母线实际电压及其电压偏移百分数

$$U_C = 100.51 \times \frac{11}{110}\text{ kV} = 10.05\text{ kV}$$

$$\frac{U_C - U_N}{U_N} \times 100\% = \frac{10.05 - 10}{10} \times 100\% = 0.5\%$$

# 3.4　电力网络潮流计算模型

## 3.4.1　电力网络等效电路

电力网的等效网络是由构成电力网的各元件的等效电路按这些元件在实际电力网中的连接顺序连成的。

常见电力网如图 3-8(a)所示，其等效网络如图 3-8(b)所示。这种等效网络很烦琐，为了计算方便，做以下处理和简化。

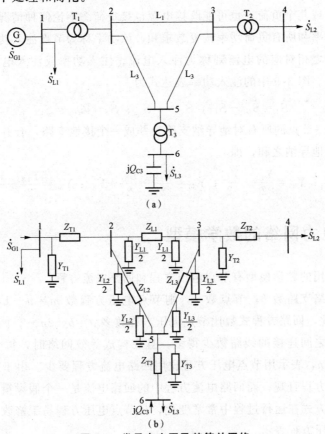

图 3-8　常见电力网及其等效网络

(a)常见电力网；(b)等效网络

（1）为了方便计算和解决环形网络变压器变比有时不匹配，造成参数难以归算的问题。对变压器采用非标准变比的变压器等效电路，也就是 Ⅱ 形等效网络，得到图 3-8（a)电力网络的简化等效电路，如图 3-9 所示。

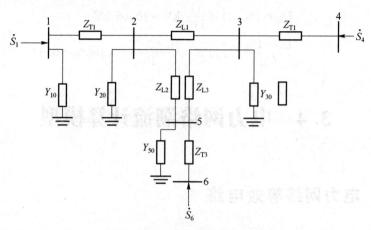

**图 3-9 电力网络简化等效电路**

（2）计算节点注入功率。电力网中电源有发电机、调相机、静电电容器等，它们向网络输送有功及无功功率。用户（负荷）则从网络吸取功率。电力网中的一个节点可能接有一个或几个电源；一个或几个负荷；也可能既接电源也接负荷。不论何种情况，都应将接在同一节点的所有电源功率和所有负荷功率按复数求和，该功率称为节点注入功率，即电源向网络注入的功率，而与之相对应的电流则称为注入电流。注入功率或注入电流总以流入网络为正，流出网络为负。图 3-9 中的注入功率表达式为

$$\dot{S}_1=\dot{S}_{G1}-\dot{S}_{L1}\ ;\ \ \dot{S}_4=-\dot{S}_{L2}\ ;\ \ \dot{S}_6=\mathrm{j}Q_{C3}-\dot{S}_{L3}$$

（3）将接在同一节点的所有对地导纳支路合并成一个接地支路，合并后的导纳等于接在同一节点的所有对地导纳之和，即

$$Y_{10}=Y_{T1}\ ;\ \ Y_{20}=\frac{Y_{L1}}{2}+\frac{Y_{L2}}{2}\ ;\ \ Y_{30}=\frac{Y_{L1}}{2}+\frac{Y_{L3}}{2}+Y_{T2}\ ;\ \ Y_{50}=\frac{Y_{L2}}{2}+\frac{Y_{L3}}{2}+Y_{T3}$$

## 3.4.2 电力网络的数学模型

电力网络可采用的数学模型有节点电压方程和回路电流方程。

一般若给出网络支路数 $b$，节点数 $n$，则节点电压方程数 $m=n-1$，回路电流方程数 $m'=b-n+1$。因此，回路方程式数比节点电压方程数多 $d=b-2n+2$ 个。在一般电力系统中，节点数比节点之间连接的线路数少得多，且在构成等效网络时，每个节点都有对地支路。所以一般 $b>2n$，表示用节点电压方程比用回路电流方程要少。由于节点电压方程中的变量是节点电压，方程直观；而回路电流方程中的回路电流是一个假设量，方程不直观。加之电力系统的接线方式在运行过程中常变化，且节点电压方程易于修改。因此电力网潮流计算一般用节点电压方程表示。

在电路理论中，$n$ 个节点的节点电压方程表示为

$$\boldsymbol{I}_B = \boldsymbol{Y}_B \boldsymbol{U}_B \tag{3-28}$$

式中，$\boldsymbol{I}_B$——节点注入电流列向量；

$\boldsymbol{U}_B$——节点电压列向量；

$\boldsymbol{Y}_B$——导纳矩阵。

由于

$$\boldsymbol{I}_B = [\dot{I}_1 \dot{I}_2 \cdots \dot{I}_n]^T \tag{3-29}$$

$$\boldsymbol{U}_B = [\dot{U}_1 \dot{U}_2 \cdots \dot{U}_n]^T \tag{3-30}$$

$$\boldsymbol{Y}_B = \begin{pmatrix} Y_{11} & Y_{12} & \cdots & Y_{1n} \\ Y_{21} & Y_{22} & \cdots & Y_{2n} \\ & & \vdots & \\ Y_{n1} & Y_{n2} & \cdots & Y_{nn} \end{pmatrix} \tag{3-31}$$

因此，式（3-28）可展开为

$$\dot{I}_1 = Y_{11}\dot{U}_1 + Y_{12}\dot{U}_2 + \cdots + Y_{1n}\dot{U}_n$$

$$\dot{I}_2 = Y_{21}\dot{U}_1 + Y_{22}\dot{U}_2 + \cdots + Y_{2n}\dot{U}_n$$

$$\vdots$$

$$\dot{I}_n = Y_{n1}\dot{U}_1 + Y_{n2}\dot{U}_2 + \cdots + Y_{nn}\dot{U}_n \tag{3-32}$$

## 3.4.3 节点导纳矩阵

式（3-31）所示的 $n$ 个节点的电力系统导纳矩阵是一个 $n \times n$ 阶方阵。节点导纳矩阵的对角元 $Y_{ii}$ 称自导纳，其物理意义是相当于在等效网络的第 $i$ 个节点施加单位电压，且其余节点全部接地时，经节点注入网络的电流。因此，自导纳也可定义为

$$Y_{ii} = \frac{\dot{I}_i}{\dot{U}_i} \quad (\dot{U}_j = 0, j \neq i) \tag{3-33}$$

实质上自导纳 $Y_{ii}$ 就是 $j \neq i$ 的各节点全部接地时，$i$ 节点的所有对地导纳之和，即

$$Y_{ii} = y_{i0} + \sum_{\substack{j=1 \\ j \neq i}}^{n} y_{ij} \tag{3-34}$$

式中，$y_{i0}$——$i$ 节点的对地导纳；

$y_{ij}$——节点 $i$ 与节点 $j$ 之间的线路导纳，系统中的节点由于总是有线路与其他节点相连接，所以自导纳 $Y_{ii} \neq 0$。

节点导纳矩阵的非对角元 $Y_{ij}(j \neq i)$ 称为互导纳，其物理意义是在 $j$ 节点施加单位电压，且其余节点全接地时，$i$ 节点的注入电流。因此，互导纳也可定义为

$$Y_{ij} = \frac{\dot{I}_i}{\dot{U}_j} \quad (\dot{U}_i = 0, i \neq j) \tag{3-35}$$

实际上互导纳等于节点 $i$ 与节点 $j$ 之间支路导纳 $y_{ij}$ 的负值，显然 $Y_{ij}$ 与 $Y_{ji}$ 的值相等，即

$$Y_{ij} = Y_{ji} = -y_{ij} \tag{3-36}$$

而且，如果节点 $i$，$j$ 之间没有直接联系，则 $Y_{ij} = Y_{ji} = 0$。互导纳的这些性质决定了节

点导纳矩阵是一个对称的稀疏矩阵。

当电力网络的连接方式和线路参数发生变化时，也可以很简单地修改网络的节点导纳矩阵。下面介绍电力网络变化后修改导纳矩阵的几种方法。

(1) 从原有网络中引出一条新的支路，在这条支路另一端设一个新的节点。设 $i$ 为原有网络中节点，$j$ 为新增节点，新增支路导纳为 $y_{ij}$。因新增一个节点，节点导纳矩阵将增加一阶。由于 $j$ 节点只有一条支路 $y_{ij}$，所以新增对角元 $Y_{jj}=y_{ij}$，新增的非对角元 $Y_{ij}=Y_{ji}=-y_{ij}$，其余节点和新节点间互导纳为 0，即原有矩阵中的对角元 $Y_{ii}$ 变为 $Y_{ii}+y_{ij}$。

(2) 在原有网络的节点 $i$ 增加一对地导纳支路，设此对地导纳支路的导纳为 $y_{i0}$。这时，由于仅增加支路不增加节点，因此节点导纳矩阵阶数不变，仅修改对角元 $Y_{ii}$，即原有矩阵中的对角元 $Y_{ii}$ 变为 $Y_{ii}+y_{i0}$。

(3) 在原有网络的节点 $i$，$j$ 之间增加一支路，设此支路导纳为 $y_{ij}$。这时，由于仅增加支路不增加节点，因此节点导纳矩阵阶数不变，$i$，$j$ 节点有关元素分别变化为

$$Y_{ii}\rightarrow Y_{ii}+y_{ij}\,;\quad Y_{ij}\rightarrow Y_{ij}-y_{ij}\,;$$
$$Y_{ji}\rightarrow Y_{ji}-y_{ij}\,;\quad Y_{jj}\rightarrow Y_{jj}+y_{ij}$$

(4) 在原有网络的节点 $i$，$j$ 之间删除一条支路，支路导纳为 $y_{ij}$。这时，由于切除一条支路，相当于增加一条导纳为 $-y_{ij}$ 的支路，因此导纳矩阵对应元素分别变化为

$$Y_{ii}\rightarrow Y_{ii}-y_{ij}$$
$$Y_{ij}\rightarrow Y_{ij}+y_{ij}$$
$$Y_{ji}\rightarrow Y_{ji}+y_{ij}$$
$$Y_{jj}\rightarrow Y_{jj}-y_{ij}$$

(5) 原有网络节点 $i$，$j$ 之间变压器的变比由 $k$ 改变为 $k'$，如图 3-10 所示。

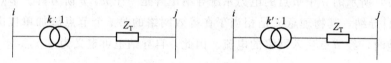

**图 3-10　变压器模型**

这时，导纳矩阵相应元素应分别变化为

$$Y_{ii}\rightarrow Y_{ii}+\left(\frac{1}{k'^2}-\frac{1}{k^2}\right)\frac{1}{Z_{\mathrm{T}}}$$

$$Y_{ij}\rightarrow Y_{ij}-\left(\frac{1}{k'}-\frac{1}{k}\right)\frac{1}{Z_{\mathrm{T}}}$$

$$Y_{ji}\rightarrow Y_{ji}-\left(\frac{1}{k'}-\frac{1}{k}\right)\frac{1}{Z_{\mathrm{T}}}$$

$$Y_{jj}\ 不变$$

**例 3-2**　在图 3-11 所示的电力网络中，不接地支路标明的是阻抗标幺值，接地支路标明的是导纳标幺值。

(1) 写出该网络的节点导纳矩阵。

(2) 若支路 3-4 断开，则导纳矩阵该怎样修改？

(3) 若理想变压器的变比为 $1:1.1$，则导纳矩阵该怎样修改？

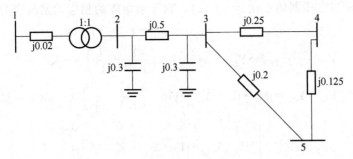

**图 3-11　例 3-2 图**

**解：**（1）该网络的节点导纳为

$$y_{12}=\frac{1}{Z_{12}}=\frac{1}{\mathrm{j}0.02}=-\mathrm{j}50$$

$$y_{23}=\frac{1}{Z_{23}}=\frac{1}{\mathrm{j}0.5}=-\mathrm{j}2$$

$$y_{34}=\frac{1}{Z_{34}}=\frac{1}{\mathrm{j}0.25}=-\mathrm{j}4$$

$$y_{45}=\frac{1}{Z_{45}}=\frac{1}{\mathrm{j}0.125}=-\mathrm{j}8$$

$$y_{35}=\frac{1}{Z_{35}}=\frac{1}{\mathrm{j}0.2}=-\mathrm{j}5$$

$$y_{20}=\mathrm{j}0.3,\quad y_{30}=\mathrm{j}0.3$$

$$Y_{11}=y_{12}=-\mathrm{j}50$$

$$Y_{22}=y_{12}+y_{23}+y_{20}=-\mathrm{j}50-\mathrm{j}2+\mathrm{j}0.3=-\mathrm{j}51.7$$

$$Y_{33}=y_{23}+y_{34}+y_{35}+y_{30}=-\mathrm{j}2-\mathrm{j}4-\mathrm{j}5+\mathrm{j}0.3=-\mathrm{j}10.7$$

$$Y_{44}=y_{34}+y_{45}=-\mathrm{j}4-\mathrm{j}8=-\mathrm{j}12$$

$$Y_{55}=y_{35}+y_{45}=-\mathrm{j}5-\mathrm{j}8=-\mathrm{j}13$$

列出导纳矩阵的矩阵形式，即

$$\boldsymbol{Y}_{\mathrm{B}}=\begin{pmatrix}-\mathrm{j}50 & \mathrm{j}50 & 0 & 0 & 0\\ \mathrm{j}50 & -\mathrm{j}51.7 & \mathrm{j}2 & 0 & 0\\ 0 & \mathrm{j}2 & -\mathrm{j}10.7 & \mathrm{j}4 & \mathrm{j}5\\ 0 & 0 & \mathrm{j}4 & -\mathrm{j}12 & \mathrm{j}8\\ 0 & 0 & \mathrm{j}5 & \mathrm{j}8 & -\mathrm{j}13\end{pmatrix}$$

（2）断开支路 3-4，改变的导纳为

$$Y_{33}=-\mathrm{j}10.7\rightarrow Y_{33}'=-\mathrm{j}10.7+\mathrm{j}4=-\mathrm{j}6.7$$

$$Y_{44}=-\mathrm{j}12\rightarrow Y_{44}'=-\mathrm{j}12+\mathrm{j}4=-\mathrm{j}8$$

$$Y_{34}=Y_{43}=\mathrm{j}4\rightarrow Y_{34}'=\mathrm{j}4-\mathrm{j}4=0$$

$$\boldsymbol{Y}_{\mathrm{B}}'=\begin{pmatrix}-\mathrm{j}50 & \mathrm{j}50 & 0 & 0 & 0\\ \mathrm{j}50 & -\mathrm{j}51.7 & \mathrm{j}2 & 0 & 0\\ 0 & \mathrm{j}2 & -\mathrm{j}6.7 & 0 & \mathrm{j}5\\ 0 & 0 & 0 & -\mathrm{j}8 & \mathrm{j}8\\ 0 & 0 & \mathrm{j}5 & \mathrm{j}8 & -\mathrm{j}13\end{pmatrix}$$

（3）若理想变压器的变比为 $1 : 1.1$，则导纳矩阵的相应元素改变为

$$Y_{11} = -j50 \rightarrow Y'_{11} = Y_{11}$$

$$Y_{22} = -j51.7 \rightarrow Y'_{22} = -j51.7 + \left(\frac{1}{1.1^2} - \frac{1}{1^2}\right)(-j50) = -j43.02$$

$$Y_{12} = Y_{21} = j50 \rightarrow Y'_{12} = Y'_{21} = j50 - \left(\frac{1}{1.1} - \frac{1}{1}\right)(-j50) = j45.45$$

$$\mathbf{Y}'_B = \begin{pmatrix} -j50 & j45.45 & 0 & 0 & 0 \\ j45.45 & -j43.02 & j2 & 0 & 0 \\ 0 & j2 & -j6.7 & 0 & j5 \\ 0 & 0 & 0 & -j8 & j8 \\ 0 & 0 & j5 & j8 & -j13 \end{pmatrix}$$

## 3.4.4 节点阻抗矩阵

一个电力系统有 $n$ 个节点，那么可求得系统节点导纳矩阵 $\mathbf{Y}_B$ 为一个 $n \times n$ 阶的对称稀疏矩阵。节点导纳矩阵 $\mathbf{Y}_B$ 可以直观地由网络图直接得到。

将式（3-28）节点电压方程改写为

$$\mathbf{Y}_B^{-1} \mathbf{I}_B = \mathbf{U}_B \tag{3-37}$$

令 $\mathbf{Y}_B^{-1} = \mathbf{Z}_B$，则

$$\mathbf{Z}_B \mathbf{I}_B = \mathbf{U}_B \tag{3-38}$$

称 $\mathbf{Z}_B$ 为节点阻抗矩阵。显然，$\mathbf{Z}_B$ 也是一个 $n \times n$ 阶的对称矩阵，但不是稀疏矩阵。

节点阻抗阵的对角元 $Z_{ii}$ 称为自阻抗，其物理意义是指节点 $i$ 上注入单位电流，网络其余节点注入电流全为 $0$，即其余节点全部开路时，节点 $i$ 的电压。因此自阻抗可表示为

$$Z_{ii} = \frac{\dot{U}_i}{\dot{I}_i} \quad (\dot{I}_j = 0, j \neq i) \tag{3-39}$$

节点阻抗矩阵的非对角元 $Z_{ij}$（$j \neq i$）称为互阻抗，其物理意义是指节点 $i$ 注入单位电流，且网络其余节点注入电流全为 $0$ 时，节点 $j$ 的电压。因此，互阻抗可表示为

$$Z_{ji} = \frac{\dot{U}_j}{\dot{I}_i} \quad (\dot{I}_j = 0, j \neq i) \tag{3-40}$$

节点阻抗矩阵 $\mathbf{Z}_B$ 可由节点导纳矩阵 $\mathbf{Y}_B$ 求逆得到，也可根据节点阻抗矩阵的定义来得到。

# 3.5 电力网络潮流计算方程式

建立了节点导纳矩阵 $\mathbf{Y}_B$，就可以根据节点电压方程进行潮流分布计算。如果已知的是各节点注入电流 $\mathbf{I}_B$，则通过解节点电压线性方程组 $\mathbf{Y}_B \mathbf{I}_B = \mathbf{U}_B$，可以很容易求得各节点的电压。但电力网中通常已知的是各节点的注入功率 $\mathbf{S}_B$，因此潮流计算通常采用的是功率方程。

## 3.5.1　电力网络潮流计算的功率方程式

电力网络中各节点注入电流与注入功率之间以标幺值表示的关系为

$$\dot{I}_i = \left(\frac{\dot{S}_i}{\dot{U}_i}\right)^* = \frac{P_i - \mathrm{j}Q_i}{\overset{*}{U}_i}$$

将此关系式代入节点电压方程中，可得到以节点注入功率表示的节点电压方程，即

$$\left(\frac{P_i + \mathrm{j}Q_i}{\dot{U}_i}\right)^* = \sum_{j=1}^{n} Y_{ij}\dot{U}_j$$

$$P_i - \mathrm{j}Q_i = \overset{*}{U}_i \sum_{j=1}^{n} Y_{ij}\dot{U}_j \quad (i = 1, 2, \cdots, n) \tag{3-41}$$

通常称式（3-41）为功率方程。为了避免进行复数计算，通常将功率方程的实部和虚部分离。

若节点电压相量以直角坐标表示为

$$\dot{U}_i = e_i + \mathrm{j}f_i$$

则导纳表示为

$$Y_{ij} = G_{ij} + \mathrm{j}B_{ij}$$

代入功率方程式（3-41）中，得

$$P_i - \mathrm{j}Q_i = (e_i - \mathrm{j}f_i) \sum_{j=1}^{n} (G_{ij} + \mathrm{j}B_{ij})(e_j + \mathrm{j}f_j)$$

展开后，将功率的实部和虚部分别列出得到有功功率、无功功率分离的功率方程，即

$$P_i = e_i \sum_{j=1}^{n} (G_{ij}e_j - B_{ij}f_j) + f_i \sum_{j=1}^{n} (G_{ij}f_j + B_{ij}e_j)$$

$$Q_i = f_i \sum_{j=1}^{n} (G_{ij}e_j - B_{ij}f_j) - e_i \sum_{j=1}^{n} (G_{ij}f_j + B_{ij}e_j) \quad (i = 1, 2, \cdots, n) \tag{3-42}$$

节点电压相量以极坐标的形式表示为

$$\dot{U}_i = U_i e^{\mathrm{j}\theta_i} = U_i\cos\theta_i + \mathrm{j}U_i\sin\theta_i$$

代入功率方程（3-41）中，得

$$P_i - \mathrm{j}Q_i = (U_i\cos\theta_i + \mathrm{j}U_i\sin\theta_i) \sum_{j=1}^{n} (G_{ij} + \mathrm{j}B_{ij})(U_j\cos\theta_j + \mathrm{j}U_j\sin\theta_j)$$

展开后，将功率的实部和虚部分别列出的以极坐标形式表示的有功功率、无功功率分离的功率方程，即

$$P_i = U_i \sum_{j=1}^{n} U_j (G_{ij}\cos\theta_{ij} + B_{ij}\sin\theta_{ij})$$

$$Q_i = U_i \sum_{j=1}^{n} U_j (G_{ij}\sin\theta_{ij} - B_{ij}\cos\theta_{ij}) \quad (i = 1, 2, \cdots, n) \tag{3-43}$$

式中，$\theta_i$——$i$ 节点相对于参考节点的电压相位角；

$\quad\quad \theta_{ij}$——$i$ 节点与 $j$ 节点电压的相角差，$\theta_{ij} = \theta_i - \theta_j$。

## 3.5.2　电力网络稳态分析的运行变量

由于有功功率、无功功率分离后，每个节点都有两个方程，而电力网有 $n$ 个节点，因此

电力网共有 $2n$ 个功率方程。

在功率方程中，网络参数确定，即已知节点导纳矩阵。除此之外，每个节点还有 4 个变量，即节点的注入复功率和节点的电压向量。若以极坐标表示时，4 个变量分别为 $P_i$、$Q_i$、$U_i$、$\theta_i$。于是，全网共有 $4m$ 个变量，但却仅有 $2n$ 个功率方程，除非已知其中 $2n$ 个变量，否则网络方程式无法求解。

节点注入复功率是由此节点的所有电源功率和所有负荷功率复数求和所得到的，由于负荷消耗的有功功率、无功功率完全取决于用户，不受电力系统的控制，所以称负荷功率为不可控变量；而电源发出的有功功率、无功功率是可以控制的自变量，因此称电源功率为控制变量。

节点电压向量也就是节点电压的大小和相位角，是受控制变量影响的因变量，称为网络的状态变量，共有 $2n$ 个。

由于功率方程中，节点电压的相位角是以相对一个参考节点的相位角的形式出现的，所以当 $\theta_i$ 和 $\theta_j$ 变化同样大小时，线路 $ij$ 上输送的功率的数值不变。因此，如果给定 $2n$ 个变量全是节点的注入功率，则求不出电压相位角的绝对值。对于每个节点来说，哪些变量作为已知量，哪些变量作为待求量，需根据每个节点的情况来进行不同性质的划分。

### 3.5.3　电力网络节点性质的分类

电力网络中的节点因给定变量的不同而分为如下 3 类。

第一类称为 $PQ$ 节点。此类节点注入的有功功率 $P_i$ 和无功功率 $Q_i$ 是已知的，待求的是节点电压 $U_i$ 和相位角 $\theta_i$。属于这一类节点的有给定有功功率、无功功率的发电机电源节点和负荷节点。由于电力网中负荷节点为数众多，因此潮流计算中 $PQ$ 节点的数目很多。

第二类称为 $PV$ 节点。此类节点注入的有功功率 $P_i$ 给定，同时又给定了节点电压的幅值 $U_i$，待求的变量是节点的注入无功功率 $Q_i$ 和电压相位角 $\theta_i$。为了维持节点电压的数值在规定的水平，这类节点通常设有可调节的无功电源，如有一定无功储备的发电厂母线和装有可调节的无功补偿装置的变电所母线等都可作为 $PV$ 节点。所以，$PV$ 节点也称为无功电源点，数目一般不多，甚至可能没有。

第三类称为平衡节点。此类节点是根据潮流计算的需要人为确定的一个节点，已知的是节点电压的模值和相角，待求的是此节点的注入功率 $P_i$、$Q_i$。设此类节点的目的是求出电力网各节点的电压相位角和担当电力网功率平衡的任务。一般潮流计算中，只设一个平衡节点，且往往选在担负调整系统频率任务的发电厂母线。

将节点按上述分类后，保证了每个节点有两个变量已知，两个变量待求，从而满足了 $2n$ 个方程求解 $2n$ 个变量的条件。

### 3.5.4　潮流计算时的约束条件

原则上 $2n$ 个功率方程可以解得 $2n$ 个变量，但从工程计算的角度考虑，方程的解还必须符合实际电力网的运行情况，满足电力网的技术经济要求，这即是潮流计算的约束条件。常用的约束条件如下。

1. 功率约束条件

电源设备都有额定功率和最小运行功率的限制，运行中的设备发出的功率必须保持在这

一范围内，即

$$\begin{cases} P_{Gimin} \leqslant P_{Gi} \leqslant P_{Gimax} \\ Q_{Gimin} \leqslant Q_{Gi} \leqslant Q_{Gimax} \end{cases} \tag{3-44}$$

当 $PV$ 节点无功出力不满足无功约束条件时，不能承担维持系统电压模值不变的任务。实际上，这类节点已转化为 $PQ$ 节点了。

**2. 状态量电压模值的约束条件**

为了保证电力网的电能质量，各节点的电压模值不得越限，即

$$U_{imin} \leqslant U_i \leqslant U_{imax} \tag{3-45}$$

**3. 电压相位角的约束条件**

为了保证电力网运行的稳定性，电力网内两个节点之间的相位差应小于一个限值，即

$$|\theta_{ij}| = |\theta_i - \theta_j| \leqslant |\theta_i - \theta_j|_{max} \tag{3-46}$$

此外，还有线路的热极限约束、联络线潮流约束等，读者可自行查阅资料，本书不做介绍。

# 3.6 牛顿-拉夫逊法

由于功率方程是非线性方程，故电力网潮流计算必须求解一组非线性方程组。牛顿-拉夫逊法是常用的解非线性方程组的方法，也是电力网潮流计算的一种有效方法。设单变量非线性方程为

$$f(x) = 0$$

$x$ 为满足该方程的真解，$x^{(0)}$ 是该方程的初始近似解，称为初值。

令 $\Delta x = x - x^{(0)}$，称 $\Delta x$ 为修正量。已知初值 $x^{(0)}$，如果求出 $\Delta x$，那么就得到了方程的真解 $x$，即

$$x = x^{(0)} + \Delta x$$

非线性方程可以表示为

$$f(x) = f(x^{(0)} + \Delta x) = 0$$

将 $f(x)$ 在 $x^{(0)}$ 处展开成泰勒级数，即

$$f(x^{(0)} + \Delta x) = f(x^{(0)}) + f'(x^{(0)})\Delta x + f''(x^{(0)})\frac{\Delta x^2}{2!} + \cdots + f^{(n)}(x^{(0)})\frac{\Delta x^n}{n!} = 0 \tag{3-47}$$

当选择的初值 $x^{(0)}$ 非常接近真解 $x$，即 $\Delta x$ 很小时，就可忽略式（3-47）中二次及以上的各项，将方程简化为

$$f(x^{(0)} + \Delta x) = f(x^{(0)}) + f'(x^{(0)})\Delta x = 0 \tag{3-48}$$

称式（3-48）为修正方程，并由此得到

$$\Delta x^{(0)} = -\frac{f(x^{(0)})}{f'(x^{(0)})}$$

由于忽略了高次项，此时求得的修正量 $\Delta x^{(0)}$，并不是真正的修正量 $\Delta x$，因而得到的也并非真解 $x$，而是逼近 $x$ 的 $x^{(0)} + \Delta x^{(0)}$，称为一次近似解 $x^{(1)}$，即 $x^{(1)} = x^{(0)} + \Delta x^{(0)}$

以 $x^{(1)}$ 作为新的初值代入修正方程，求得新的修正量为

$$\Delta x^{(1)} = -\frac{f(x^{(1)})}{f'(x^{(1)})}$$

可以得到更加通近 $x$ 的 $x^{(2)}=x^{(1)}+\Delta x^{(1)}$ ，$x^{(2)}$ 为二次近似解。

不断重复上述步骤，至第 $k+1$ 次迭代时，求得 $\Delta x^{(k)}\to 0$ ，有 $f(x^{(k+1)})\to 0$ ，因此 $x^{(k+1)}$ 是非线性方程的解。

给定任意小数 $\varepsilon$ ，称为非线性方程的收敛标准，当方程的近似修正量满足

$$|\Delta x^{(k)}|<\varepsilon_1 \tag{3-49}$$

或

$$|f(x^{(k+1)})|<\varepsilon_2 \tag{3-50}$$

也就是 $x^{(k+1)}$ 已满足收敛标准时，即可用近似解 $x^{(k+1)}$ 作为真解。

牛顿-拉夫逊法的几何解释如图 3-12 所示，图中曲线为非线性函数 $y=f(x)$ ，它与 $x$ 轴的交点就是方程 $f(x)=0$ 的解。$f'(x)$ 为 $f(x)$ 函数在 $x$ 点的切线，牛顿-拉夫逊法就是用切线逐渐向真实解逼近的方法。

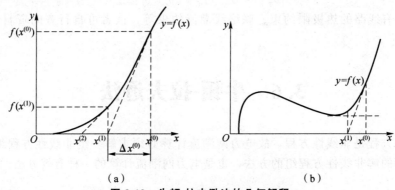

图 3-12 牛顿-拉夫逊法的几何解释

（a）初值选择适当；（b）初值选择不当

采用牛顿-拉夫逊法时，对初始值 $x^{(0)}$ 有较高的要求，若 $x^{(0)}$ 选择不当，则很可能得不到真解，如图 3-12(b) 所示。

牛顿-拉夫逊法的核心是将非线性方程的求解转换成相应线性修正方程并多次迭代求解。

**例 3-3** 利用牛顿-拉夫逊法计算非线性方程 $x^2-8x+7=0$ 的解。

**解**：①设初始解 $x^{(0)}=3$ ，方程为

$$f(x)=x^2-8x+7=0$$

$$f'(x)=2x-8$$

$$f(x^{(0)})=f(3)=9-24+7=-8$$

$$f'(x)=f'(3)=2\times 3-8=-2$$

$$\Delta x^{(0)}=-\frac{f(x^{(0)})}{f'(x^{(0)})}=-\frac{-8}{-2}=-4$$

$$x^{(1)}=x^{(0)}+\Delta x^{(0)}=3-4=-1$$

$$\Delta x^{(1)}=-\frac{f(x^{(1)})}{f'(x^{(1)})}=-\frac{x^{(1)2}-8x^{(1)}+7}{2x^{(1)}-8}=-\frac{1+8+7}{-2-8}=1.6$$

$$x^{(2)}=-1+1.6=0.6$$

同理

$$x^{(3)}=0.9765$$

$$x^{(4)}=0.99908$$

四次迭代解已经很接近真解 $x=1$ 。

②设初始解 $x^{(0)}=4$，方程为

$$f(x^{(0)})=f(4)=4^2-8\times4+7=-9；f'(x^{(0)})=f'(4)=2\times4-8=0$$

$$\Delta x^{(0)}\rightarrow\infty$$

此时无法进行迭代求解。

牛顿-拉夫逊法不仅可用于求解单变量非线性方程，还可以推广用于多变量非线性方程组求解。

设有非线性方程组

$$\begin{cases}f_1(x_1,x_2,\cdots,x_n)=0\\f_2(x_1,x_2,\cdots,x_n)=0\\\quad\vdots\\f_n(x_1,x_2,\cdots,x_n)=0\end{cases}$$

假设其初始值分别为 $x_1^{(0)},x_2^{(0)},\cdots,x_n^{(0)}$，修正分量分别为 $\Delta x_1,\Delta x_2,\cdots,\Delta x_n$，则有

$$f_1(x_1^{(0)}+\Delta x_1,x_2^{(0)}+\Delta x_2,\cdots,x_n^{(0)}+\Delta x_n)=0$$
$$f_2(x_1^{(0)}+\Delta x_1,x_2^{(0)}+\Delta x_2,\cdots,x_n^{(0)}+\Delta x_n)=0$$
$$\vdots$$
$$f_n(x_1^{(0)}+\Delta x_1,x_2^{(0)}+\Delta x_2,\cdots,x_n^{(0)}+\Delta x_n)=0$$

将上面几个方程组按泰勒级数展开并忽略高次项，则有

$$f_1=f_1(x_1^{(0)},x_2^{(0)},\cdots,x_n^{(0)})+\frac{\partial f_1}{\partial x_1}\Big|_0\Delta x_1^{(0)}+\frac{\partial f_1}{\partial x_2}\Big|_0\Delta x_2^{(0)}+\cdots+\frac{\partial f_1}{\partial x_n}\Big|_0\Delta x_n^{(0)}=0$$

$$f_2=f_2(x_1^{(0)},x_2^{(0)},\cdots,x_n^{(0)})+\frac{\partial f_2}{\partial x_1}\Big|_0\Delta x_1^{(0)}+\frac{\partial f_2}{\partial x_2}\Big|_0\Delta x_2^{(0)}+\cdots+\frac{\partial f_2}{\partial x_n}\Big|_0\Delta x_n^{(0)}=0$$

$$\vdots$$

$$f_n=f_n(x_1^{(0)},x_2^{(0)},\cdots,x_n^{(0)})+\frac{\partial f_n}{\partial x_1}\Big|_0\Delta x_1^{(0)}+\frac{\partial f_n}{\partial x_2}\Big|_0\Delta x_2^{(0)}+\cdots+\frac{\partial f_n}{\partial x_n}\Big|_0\Delta x_n^{(0)}=0$$

式中，$\dfrac{\partial f_i}{\partial x_j}\Big|_0$ 为函数 $f_i$ 对 $x_j$ 的偏导数在初始值 $x_1^{(0)},x_2^{(0)},\cdots,x_n^{(0)}$ 处的值。

这是一组以修正量 $\Delta x_1,\Delta x_2,\cdots,\Delta x_n$ 为变量的线性化的方程组，称为修正方程组，可写成矩阵的形式，即

$$\begin{pmatrix}f_1(x_1^{(0)},x_2^{(0)},\cdots,x_n^{(0)})\\f_2(x_1^{(0)},x_2^{(0)},\cdots,x_n^{(0)})\\\vdots\\f_n(x_1^{(0)},x_2^{(0)},\cdots,x_n^{(0)})\end{pmatrix}=-\begin{pmatrix}\frac{\partial f_1}{\partial x_1}\big|_0&\frac{\partial f_1}{\partial x_2}\big|_0&\cdots&\frac{\partial f_1}{\partial x_n}\big|_0\\\frac{\partial f_2}{\partial x_1}\big|_0&\frac{\partial f_2}{\partial x_2}\big|_0&\cdots&\frac{\partial f_2}{\partial x_n}\big|_0\\\vdots&&&\vdots\\\frac{\partial f_n}{\partial x_1}\big|_0&\frac{\partial f_n}{\partial x_2}\big|_0&\cdots&\frac{\partial f_n}{\partial x_n}\big|_0\end{pmatrix}\begin{pmatrix}\Delta x_1^{(0)}\\\Delta x_2^{(0)}\\\vdots\\\Delta x_n^{(0)}\end{pmatrix}$$

解出修正量 $\Delta x_1,\Delta x_2,\cdots,\Delta x_n$，用它们修正初始值，得到一次近似解，即

$$\begin{cases}x_1^{(1)}=x_1^{(0)}+\Delta x_1^{(0)}\\x_2^{(1)}=x_2^{(0)}+\Delta x_2^{(0)}\\\quad\vdots\\x_n^{(1)}=x_n^{(0)}+\Delta x_n^{(0)}\end{cases}$$

将 $x_1^{(1)}, x_2^{(1)}, \cdots, x_n^{(1)}$ 作为新的初始值，代入修正方程重复迭代计算，当进行到第 $k+1$ 次时，修正方程为

$$
\begin{pmatrix} f_1(x_1^{(k)}, x_2^{(k)}, \cdots, x_n^{(k)}) \\ f_2(x_1^{(k)}, x_2^{(k)}, \cdots, x_n^{(k)}) \\ \vdots \\ f_n(x_1^{(k)}, x_2^{(k)}, \cdots, x_n^{(k)}) \end{pmatrix} = - \begin{pmatrix} \left.\dfrac{\partial f_1}{\partial x_1}\right|_k & \left.\dfrac{\partial f_1}{\partial x_2}\right|_k & \cdots & \left.\dfrac{\partial f_1}{\partial x_n}\right|_k \\ \left.\dfrac{\partial f_2}{\partial x_1}\right|_k & \left.\dfrac{\partial f_2}{\partial x_2}\right|_k & \cdots & \left.\dfrac{\partial f_2}{\partial x_n}\right|_k \\ \vdots & & & \vdots \\ \left.\dfrac{\partial f_n}{\partial x_1}\right|_k & \left.\dfrac{\partial f_n}{\partial x_2}\right|_k & \cdots & \left.\dfrac{\partial f_n}{\partial x_n}\right|_k \end{pmatrix} \begin{pmatrix} \Delta x_1^{(k)} \\ \Delta x_2^{(k)} \\ \vdots \\ \Delta x_n^{(k)} \end{pmatrix} \tag{3-51}
$$

第 $k+1$ 次迭代求出解，即

$$
\begin{cases} x_1^{(k+1)} = x_1^{(k)} + \Delta x_1^{(k)} \\ x_2^{(k+1)} = x_2^{(k)} + \Delta x_2^{(k)} \\ \qquad \vdots \\ x_n^{(k+1)} = x_n^{(k)} + \Delta x_n^{(k)} \end{cases} \tag{3-52}
$$

修正方程简写为

$$
\boldsymbol{F} = -\boldsymbol{J} \Delta \boldsymbol{X} \tag{3-53}
$$

$\boldsymbol{J}$ 称为多维列向量 $\boldsymbol{F}$ 的雅可比矩库，为 $n \times n$ 阶。$\Delta \boldsymbol{X}$ 由修正量 $\Delta x_1, \Delta x_2, \cdots, \Delta x_n$ 组成的列向量。在第 $k+1$ 次迭代后，用收敛标准检查是否满足以下要求

$$
|\Delta x_i^{(k)}| < \varepsilon_1 \tag{3-54}
$$

或

$$
|f_i(x_1^{(k+1)}, x_2^{(k+1)}, \cdots, x_n^{(k+1)})| < \varepsilon_2 \qquad i = 1, 2, \cdots, n \tag{3-55}
$$

若满足式（3-54）或（3-55），则停止迭代，以 $x_1^{(k+1)}, x_2^{(k+1)}, \cdots, x_n^{(k+1)}$ 作为方程组的解。否则，继续迭代，直至收敛为止。

# 3.7 牛顿-拉夫逊法潮流计算

## 3.7.1 潮流计算时的修正方程式

牛顿-拉夫逊法潮流计算的核心是修正方程式的建立和求解。

有 $n$ 个节点的电力网络，根据节点分类的要求，一定有一个平衡节点，此节点取编号为 1，可假设有 $m-1$ 个 $PQ$ 节点，节点编号依次为 $2, 3, \cdots, m$；其余 $n-m$ 个节点为 $PV$ 节点，节点编号依次为 $m+1, m+2, \cdots, n$。

**1. 直角坐标形式的功率方程**

当节点电压以直角坐标形式表示时，$\dot{U}_i$ 为

$$
\dot{U}_i = e_i + \mathrm{j} f_i
$$

$PQ$ 节点的注入功率方程为

$$
P_i = e_i \sum_{j=1}^{n} (G_{ij} e_j - B_{ij} f_j) + f_i \sum_{j=1}^{n} (G_{ij} f_j + B_{ij} e_j)
$$

$$Q_i = f_i \sum_{j=1}^{n}(G_{ij}e_j - B_{ij}f_j) - e_i \sum_{j=1}^{n}(G_{ij}f_j + B_{ij}e_j)$$

其中，等式左边为节点 $i$ 实际注入功率，等式右边为根据网络各节点电压求出的节点 $i$ 的注入功率。

取给定的注入功率为 $P_{is}$、$Q_{is}$，则可将上式改写为

$$\left.\begin{aligned}\Delta P_i &= P_{is} - e_i \sum_{j=1}^{n}(G_{ij}e_j - B_{ij}f_j) - f_i \sum_{j=1}^{n}(G_{ij}f_j + B_{ij}e_j) \\ \Delta Q_i &= Q_{is} - f_i \sum_{j=1}^{n}(G_{ij}e_j - B_{ij}f_j) + e_i \sum_{j=1}^{n}(G_{ij}f_j + B_{ij}e_j)\end{aligned}\right\} \tag{3-56}$$

求得网络节点电压的真实解，能够满足式（3-56）。称 $\Delta P_i$、$\Delta Q_i$ 为迭代过程中节点注入功率的不平衡量。$m-1$ 个 $PQ$ 节点共有 $2(m-1)$ 个功率不平衡量方程。

对 $PV$ 节点，给定了节点的注入有功功率 $P_{is}$ 和节点电压模值 $U_{is}$。其节点有功功率应满足的条件为

$$\Delta P_i = P_{is} - e_i \sum_{j=1}^{n}(G_{ij}e_j - B_{ij}f_j) - f_i \sum_{j=1}^{n}(G_{ij}f_j + B_{ij}e_j) = 0 \tag{3-57}$$

节点电压模值应满足

$$U_i^2 = e_i^2 + f_i^2$$

改写为

$$\Delta U_i^2 = U_{is}^2 - (e_i^2 + f_i^2) \tag{3-58}$$

有 $n-m$ 个 $PV$ 节点，共有 $2(n-m)$ 个有功功率方程和电压方程。

因平衡节点电压、角度已知，故平衡节点不参加迭代计算。只是在迭代求出各节点电压模值和电压相位角后，根据功率方程直接求出平衡节点注入功率。

网络共有 $2(n-1)$ 个状态变量，有 $2(n-1)$ 个独立方程，类似上述多元方程形式。可以将上述 $2(n-1)$ 个方程在初值 $e_i^{(0)}$，$f_i^{(0)}$（$i=1,2,\cdots,n$）处展开为泰勒级数，忽略二次以上的高次项，可得以矩阵表示的修正方程式，即

$$\begin{pmatrix}\Delta P_2 \\ \Delta Q_2 \\ \vdots \\ \Delta P_m \\ \Delta Q_m \\ \Delta P_{m+1} \\ \Delta U_{m+1}^2 \\ \vdots \\ \Delta P_n \\ \Delta U_n^2\end{pmatrix} = -\begin{pmatrix}\frac{\partial P_2}{\partial e_2} & \frac{\partial P_2}{\partial f_2} & \cdots & \frac{\partial P_2}{\partial e_m} & \frac{\partial P_2}{\partial f_m} & \frac{\partial P_2}{\partial e_{m+1}} & \frac{\partial P_2}{\partial f_{m+1}} & \cdots & \frac{\partial P_2}{\partial e_n} & \frac{\partial P_2}{\partial f_n} \\ \frac{\partial Q_2}{\partial e_2} & \frac{\partial Q_2}{\partial f_2} & \cdots & \frac{\partial Q_2}{\partial e_m} & \frac{\partial Q_2}{\partial f_m} & \frac{\partial Q_2}{\partial e_{m+1}} & \frac{\partial Q_2}{\partial f_{m+1}} & \cdots & \frac{\partial Q_2}{\partial e_n} & \frac{\partial Q_2}{\partial f_n} \\ \vdots & \vdots & \vdots & \vdots & \vdots & \vdots & \vdots & & \vdots & \vdots \\ \frac{\partial P_m}{\partial e_2} & \frac{\partial P_m}{\partial f_2} & \cdots & \frac{\partial P_m}{\partial e_m} & \frac{\partial P_m}{\partial f_m} & \frac{\partial P_m}{\partial e_{m+1}} & \frac{\partial P_m}{\partial f_{m+1}} & \cdots & \frac{\partial P_m}{\partial e_n} & \frac{\partial P_m}{\partial f_n} \\ \frac{\partial Q_m}{\partial e_2} & \frac{\partial Q_m}{\partial f_2} & \cdots & \frac{\partial Q_m}{\partial e_m} & \frac{\partial Q_m}{\partial f_m} & \frac{\partial Q_m}{\partial e_{m+1}} & \frac{\partial Q_m}{\partial f_{m+1}} & \cdots & \frac{\partial Q_m}{\partial e_n} & \frac{\partial Q_m}{\partial f_n} \\ \frac{\partial P_{m+1}}{\partial e_2} & \frac{\partial P_{m+1}}{\partial f_2} & \cdots & \frac{\partial P_{m+1}}{\partial e_m} & \frac{\partial P_{m+1}}{\partial f_m} & \frac{\partial P_{m+1}}{\partial e_{m+1}} & \frac{\partial P_{m+1}}{\partial f_{m+1}} & \cdots & \frac{\partial P_{m+1}}{\partial e_n} & \frac{\partial P_{m+1}}{\partial f_n} \\ 0 & 0 & \cdots & 0 & 0 & \frac{\partial \Delta U_{m+1}^2}{\partial e_{m+1}} & \frac{\partial \Delta U_{m+1}^2}{\partial f_{m+1}} & \cdots & 0 & 0 \\ \vdots & \vdots & \vdots & \vdots & \vdots & \vdots & \vdots & & \vdots & \vdots \\ \frac{\partial P_n}{\partial e_2} & \frac{\partial P_n}{\partial f_2} & \cdots & \frac{\partial P_n}{\partial e_m} & \frac{\partial P_n}{\partial f_m} & \frac{\partial P_n}{\partial e_{m+1}} & \frac{\partial P_n}{\partial f_{m+1}} & \cdots & \frac{\partial P_n}{\partial e_n} & \frac{\partial P_n}{\partial f_n} \\ 0 & 0 & \cdots & 0 & 0 & 0 & 0 & \cdots & \frac{\partial \Delta U_n^2}{\partial e_n} & \frac{\partial \Delta U_n^2}{\partial f_n}\end{pmatrix}\begin{pmatrix}\Delta e_2 \\ \Delta f_2 \\ \vdots \\ \Delta e_m \\ \Delta f_m \\ \Delta e_{m+1} \\ \Delta f_{m+1} \\ \vdots \\ \Delta e_n \\ \Delta f_n\end{pmatrix} \tag{3-59}$$

式（3-59）中雅可比矩阵的各个元素可对方程求偏导数得到。

式（3-59）中的非对角元（$i \neq j$）为

$$\begin{cases} \dfrac{\partial P_i}{\partial e_j} = -G_{ij}e_i - B_{ij}f_i \\[2mm] \dfrac{\partial P_i}{\partial f_j} = B_{ij}e_i - G_{ij}f_i \\[2mm] \dfrac{\partial Q_i}{\partial e_j} = B_{ij}e_i - G_{ij}f_i \\[2mm] \dfrac{\partial Q_i}{\partial f_j} = G_{ij}e_i + B_{ij}f_i \\[2mm] \dfrac{\partial \Delta U_i^2}{\partial e_j} = \dfrac{\partial \Delta U_i^2}{\partial f_j} = 0 \end{cases} \qquad (3\text{-}60)$$

对角元（$i = j$）为

$$\begin{cases} \dfrac{\partial P_i}{\partial e_i} = -\sum_{j=1}^{n}(G_{ij}e_j - B_{ij}f_j) - G_{ii}e_i - B_{ii}f_i \\[3mm] \dfrac{\partial P_i}{\partial f_i} = -\sum_{j=1}^{n}(G_{ij}f_j + B_{ij}e_j) + B_{ii}e_i - G_{ii}f_i \\[3mm] \dfrac{\partial Q_i}{\partial e_i} = \sum_{j=1}^{n}(G_{ij}f_j - B_{ij}e_j) + B_{ii}e_i - G_{ii}f_i \\[3mm] \dfrac{\partial Q_i}{\partial f_i} = -\sum_{j=1}^{n}(G_{ij}e_j - B_{ij}f_j) + G_{ii}e_i + B_{ii}f_i \\[3mm] \dfrac{\partial \Delta U_i^2}{\partial e_i} = -2e_i \\[3mm] \dfrac{\partial \Delta U_i^2}{\partial f_i} = -2f_i \end{cases} \qquad (3\text{-}61)$$

由此可看出，雅可比矩阵具有以下特点。

（1）雅可比矩阵中的元素是节点电压的函数，迭代过程中每次迭代电压都要修正，因此雅可比矩阵中元素每次都改变。

（2）雅可比矩阵不是对称矩阵，其原因为

$$\frac{\partial P_i}{\partial f_j} \neq \frac{\partial Q_i}{\partial e_j}$$

$$\frac{\partial P_i}{\partial e_j} \neq \frac{\partial Q_i}{\partial f_j}$$

（3）雅可比矩阵为稀疏矩阵，因为当非对角 $\dfrac{\partial \Delta U_i^2}{\partial e_j} = \dfrac{\partial \Delta U_i^2}{\partial f_j} = 0$（$i \neq j$），且互导纳 $Y_{ij} = 0$ 时，与之对应的非对角元都为零。

**2. 极坐标形式的功率方程**

节点电压不仅可以以直角坐标表示，还可以以极坐标形式表示。因此，牛顿-拉夫逊法潮流计算的修正方程式还可以写为

令 $\dot{U}_i = U_i e^{j\theta_i} = U_i \cos\theta_i + jU_i \sin\theta_i (i=1,2,\cdots,n)$，对这 $n$ 个节点的电力网，编号为 1 的节点为平衡节点，编号为 $2,3,\cdots,m$ 的节点为 $PQ$ 节点，共 $m-1$ 个；其余 $n-m$ 个节点为

$PV$ 节点，节点编号依次为 $m+1,m+2,\cdots,n$。

对 $PQ$ 节点写出功率不平衡量，即

$$\Delta P_i = P_{is} - U_i \sum_{j=1}^{n} U_j (G_{ij} \cos \theta_{ij} + B_{ij} \sin \theta_{ij}) \tag{3-62}$$

$$\Delta Q_i = Q_{is} - U_i \sum_{j=1}^{n} U_j (G_{ij} \sin \theta_{ij} - B_{ij} \cos \theta_{ij}) \tag{3-63}$$

对 $PV$ 节点写出有功功率不平衡量，即

$$\Delta P_i = P_{is} - U_i \sum_{j=1}^{n} U_j (G_{ij} \cos \theta_{ij} + B_{ij} \sin \theta_{ij}) \tag{3-64}$$

$PV$ 节点的注入无功功率与平衡节点的注入功率不参加迭代计算，当求出全网各节点电压的模值和相角后，直接代入功率方程求解。

$PQ$ 节点参与迭代计算的量为 $U_i$、$\theta_i$，$PV$ 节点参与迭代计算的量为 $\theta_i$，网络共有 $2(m-1)+n-m=m+n-2$ 个待求量，也有 $2(m-1)+n-m=m+n-2$ 个功率方程。因此，可以相应地列出极坐标表示形式的牛顿-拉夫逊法的修正方程式，即

$$
\begin{pmatrix} \Delta P_2 \\ \Delta Q_2 \\ \vdots \\ \Delta P_m \\ \Delta Q_m \\ \Delta P_{m+1} \\ \vdots \\ \Delta P_n \end{pmatrix} = -
\begin{pmatrix}
\frac{\partial P_2}{\partial \theta_2} & \frac{\partial P_2}{\partial U_2} & \cdots & \frac{\partial P_2}{\partial \theta_m} & \frac{\partial P_2}{\partial U_m} & \frac{\partial P_2}{\partial \theta_{m+1}} & \cdots & \frac{\partial P_2}{\partial \theta_n} \\
\frac{\partial Q_2}{\partial \theta_2} & \frac{\partial Q_2}{\partial U_2} & \cdots & \frac{\partial Q_2}{\partial \theta_m} & \frac{\partial Q_2}{\partial U_m} & \frac{\partial Q_2}{\partial \theta_{m+1}} & \cdots & \frac{\partial Q_2}{\partial \theta_n} \\
\vdots & \vdots & & \vdots & \vdots & \vdots & & \vdots \\
\frac{\partial P_m}{\partial \theta_2} & \frac{\partial P_m}{\partial U_2} & \cdots & \frac{\partial P_m}{\partial \theta_m} & \frac{\partial P_m}{\partial U_m} & \frac{\partial P_m}{\partial \theta_{m+1}} & \cdots & \frac{\partial P_m}{\partial \theta_n} \\
\frac{\partial Q_m}{\partial \theta_2} & \frac{\partial Q_m}{\partial U_2} & \cdots & \frac{\partial Q_m}{\partial \theta_m} & \frac{\partial Q_m}{\partial U_m} & \frac{\partial Q_m}{\partial \theta_{m+1}} & \cdots & \frac{\partial Q_m}{\partial \theta_n} \\
\frac{\partial P_{m+1}}{\partial \theta_2} & \frac{\partial P_{m+1}}{\partial U_2} & \cdots & \frac{\partial P_{m+1}}{\partial \theta_m} & \frac{\partial P_{m+1}}{\partial U_m} & \frac{\partial P_{m+1}}{\partial \theta_{m+1}} & \cdots & \frac{\partial P_{m+1}}{\partial \theta_n} \\
\vdots & \vdots & & \vdots & \vdots & \vdots & & \vdots \\
\frac{\partial P_n}{\partial \theta_2} & \frac{\partial P_n}{\partial U_2} & \cdots & \frac{\partial P_n}{\partial \theta_m} & \frac{\partial P_n}{\partial U_m} & \frac{\partial P_n}{\partial \theta_{m+1}} & \cdots & \frac{\partial P_n}{\partial \theta_n}
\end{pmatrix}
\begin{pmatrix} \Delta \theta_2 \\ \Delta U_2 \\ \vdots \\ \Delta \theta_m \\ \Delta U_m \\ \Delta \theta_{m+1} \\ \vdots \\ \Delta \theta_n \end{pmatrix} \tag{3-65}
$$

将式（3-65）改写为

$$
\begin{pmatrix} \Delta P_2 \\ \Delta P_3 \\ \vdots \\ \Delta P_n \\ \Delta Q_2 \\ \vdots \\ \Delta Q_m \end{pmatrix} = -
\begin{pmatrix}
\frac{\partial P_2}{\partial \theta_2} & \frac{\partial P_2}{\partial \theta_3} & \cdots & \frac{\partial P_2}{\partial \theta_n} & \frac{\partial P_2}{\partial U_2} & \cdots & \frac{\partial P_2}{\partial U_m} \\
\frac{\partial P_3}{\partial \theta_2} & \frac{\partial P_3}{\partial \theta_3} & \cdots & \frac{\partial P_3}{\partial \theta_n} & \frac{\partial P_3}{\partial U_2} & \cdots & \frac{\partial P_3}{\partial U_m} \\
\vdots & \vdots & & \vdots & \vdots & & \vdots \\
\frac{\partial P_n}{\partial \theta_2} & \frac{\partial P_n}{\partial \theta_3} & \cdots & \frac{\partial P_n}{\partial \theta_n} & \frac{\partial P_n}{\partial U_2} & \cdots & \frac{\partial P_n}{\partial U_m} \\
\frac{\partial Q_2}{\partial \theta_2} & \frac{\partial Q_2}{\partial \theta_3} & \cdots & \frac{\partial Q_2}{\partial \theta_n} & \frac{\partial Q_2}{\partial U_2} & \cdots & \frac{\partial Q_2}{\partial U_m} \\
\vdots & \vdots & & \vdots & \vdots & & \vdots \\
\frac{\partial Q_m}{\partial \theta_2} & \frac{\partial Q_m}{\partial \theta_3} & \cdots & \frac{\partial Q_m}{\partial \theta_n} & \frac{\partial Q_m}{\partial U_2} & \cdots & \frac{\partial Q_m}{\partial U_m}
\end{pmatrix}
\begin{pmatrix} \Delta \theta_2 \\ \Delta \theta_3 \\ \vdots \\ \Delta \theta_n \\ \Delta U_2 \\ \vdots \\ \Delta U_m \end{pmatrix} \tag{3-66}
$$

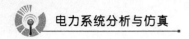

将式（3-66）简化写为

$$\begin{pmatrix} \Delta \boldsymbol{P} \\ \Delta \boldsymbol{Q} \end{pmatrix} = - \begin{pmatrix} \boldsymbol{H} & \boldsymbol{N} \\ \boldsymbol{K} & \boldsymbol{L} \end{pmatrix} \begin{pmatrix} \Delta \boldsymbol{\theta} \\ \Delta \boldsymbol{U} \end{pmatrix} \tag{3-67}$$

其中，雅可比矩阵为

$$\boldsymbol{J} = - \begin{pmatrix} \boldsymbol{H} & \boldsymbol{N} \\ \boldsymbol{K} & \boldsymbol{L} \end{pmatrix}$$

$\boldsymbol{H}$ 为 $(n-1) \times (n-1)$ 阶矩阵，$\boldsymbol{N}$ 为 $(n-1) \times (m-1)$ 阶矩阵，$\boldsymbol{K}$ 为 $(m-1) \times (n-1)$ 阶矩阵，$\boldsymbol{L}$ 为 $(m-1) \times (m-1)$ 阶矩阵。

各元素的表达式为

$$\begin{cases} H_{ii} = \dfrac{\partial \Delta P_i}{\partial \theta_i} = U_i \sum_{\substack{j=1 \\ j \neq i}}^{n} U_j (G_{ij} \sin \theta_{ij} - B_{ij} \cos \theta_{ij}) \\[4mm] H_{ij} = \dfrac{\partial \Delta P_i}{\partial \theta_j} = - U_i U_j (G_{ij} \sin \theta_{ij} - B_{ij} \cos \theta_{ij}) \quad (i \neq j) \end{cases} \tag{3-68}$$

$$\begin{cases} N_{ii} = \dfrac{\partial \Delta P_i}{\partial U_i} = - 2 U_i G_{ii} - \sum_{\substack{j=1 \\ j \neq i}}^{n} U_j (G_{ij} \cos \theta_{ij} + B_{ij} \sin \theta_{ij}) \\[4mm] N_{ij} = \dfrac{\partial \Delta P_i}{\partial U_j} = - U_i (G_{ij} \cos \theta_{ij} + B_{ij} \sin \theta_{ij}) \quad (i \neq j) \end{cases} \tag{3-69}$$

$$\begin{cases} K_{ii} = \dfrac{\partial \Delta Q_i}{\partial U_i} = - U_i \sum_{\substack{j=1 \\ j \neq i}}^{n} U_j (G_{ij} \cos \theta_{ij} + B_{ij} \sin \theta_{ij}) \\[4mm] K_{ij} = \dfrac{\partial \Delta Q_i}{\partial U_j} = - U_i U_j (G_{ij} \cos \theta_{ij} + B_{ij} \sin \theta_{ij}) \quad (i \neq j) \end{cases} \tag{3-70}$$

$$\begin{cases} L_{ii} = \dfrac{\partial \Delta Q_i}{\partial U_i} = - \sum_{\substack{j=1 \\ j \neq i}}^{n} U_j (G_{ij} \sin \theta_{ij} - B_{ij} \cos \theta_{ij}) + 2 U_i B_{ii} \\[4mm] L_{ij} = \dfrac{\partial \Delta Q_i}{\partial U_j} = - U_i (G_{ij} \sin \theta_{ij} - B_{ij} \cos \theta_{ij}) \quad (i \neq j) \end{cases} \tag{3-71}$$

式中，$\theta_{ij} = \theta_i - \theta_j$。

有时，在潮流计算迭代过程中，会出现不满足不等约束条件的情况。通常是指为保持 $PV$ 节点电压模值满足式（3-51）使 $PV$ 节点的注入无功功率越出给定的限额，即 $Q_i > Q_{i\max}$ 或 $Q_i < Q_{i\min}$。为了保证电源设备在满足不等约束条件下能够安全运行，可以在迭代过程中改变节点性质，亦即取 $Q_i = Q_{i\max}$ 或 $Q_i = Q_{i\min}$，并将此节点转化为 $PQ$ 节点。此时，修正方程式的结构就要发生变化：当采用直角坐标表示时，应以节点无功功率的关系式取代电压模值关系式；当采用极坐标表示时，则应增加一组无功功率关系式。

## 3.7.2　牛顿-拉夫逊法潮流计算的过程

牛顿-拉夫逊法潮流计算的步骤如下。

(1) 形成网格的节点导纳矩阵 $\boldsymbol{Y}_{\mathrm{B}}$。

(2) 设置各节点电压的初值 $e_i^{(0)}$、$f_i^{(0)}$ 或 $U_i^{(0)}$、$\theta_i^{(0)}$。

(3) 将初值代入功率方程式，求出修正方程式中的不平衡量 $\Delta P_i^{(0)}$、$\Delta Q_i^{(0)}$、$(\Delta U_i^2)^{(0)}$。

(4) 用节点电压的初始值求雅可比矩阵中各元素的值。

(5) 解修正方程式，求各节点电压的修正量 $\Delta e_i^{(0)}$、$\Delta f_i^{(0)}$ 或 $\Delta U_i^{(0)}$、$\Delta \theta_i^{(0)}$。

(6) 求各节点电压新的初始值，即修正后值

$$\begin{cases} e_i^{(1)} = e_i^{(0)} + \Delta e_i^{(0)} \\ f_i^{(1)} = f_i^{(0)} + \Delta f_i^{(0)} \end{cases} \tag{3-72}$$

或

$$\begin{cases} U_i^{(1)} = U_i^{(0)} + \Delta U_i^{(0)} \\ \theta_i^{(1)} = \theta_i^{(0)} + \Delta \theta_i^{(0)} \end{cases} \tag{3-73}$$

(7) 利用事先给定的收敛标准判断收敛与否，即是否满足

$$\begin{array}{ll} |\Delta e_i^{(0)}| < \varepsilon_1 & \\ |\Delta f_i^{(0)}| < \varepsilon_1 & |\Delta U_i^{(0)}| < \varepsilon_1 \\ |\Delta P_i^{(0)}| < \varepsilon_2 \quad \text{或} & |\Delta \theta_i^{(0)}| < \varepsilon_1 \\ |\Delta Q_i^{(0)}| < \varepsilon_2 & |\Delta P_i^{(0)}| < \varepsilon_2 \\ |\Delta U_i^{(0)}| < \varepsilon_2 & |\Delta Q_i^{(0)}| < \varepsilon_2 \end{array}$$

(8) 如不收敛，将各节点电压迭代值作为新的初始值自第（3）步开始进入下一次迭代。

(9) 计算收敛后，计算各线路中的功率分布及平衡节点注入功率，$PV$ 节点注入无功功率。其中，平衡节点功率为

$$\dot{S}_1 = \dot{U}_1 \sum_{i=1}^{n} \overset{*}{Y}_{1i} \overset{*}{U}_i = P_1 + jQ_1 \tag{3-74}$$

支路功率为

$$\dot{S}_{ij} = \dot{U}_i \overset{*}{I}_{ij} = \dot{U}_i [\overset{*}{U}_i \overset{*}{y}_{i0} + (\overset{*}{U}_i - \overset{*}{U}_j) \overset{*}{y}_{ij}] = P_{ij} + jQ_{ij} \tag{3-75}$$

$$\dot{S}_{ji} = \dot{U}_j \overset{*}{I}_{ji} = \dot{U}_j [\overset{*}{U}_j \overset{*}{y}_{j0} + (\overset{*}{U}_j - \overset{*}{U}_i) \overset{*}{y}_{ji}] = P_{ji} + jQ_{ji} \tag{3-76}$$

式中，$y_{i0}$、$y_{ij}$、$y_{j0}$ 分别为支路 $i$ 端对地导纳值、支路导纳值和节点 $j$ 端对地导纳值。

线路上功率损耗为

$$\Delta \dot{S}_{ij} = \dot{S}_{ij} + \dot{S}_{ji} = \Delta \dot{P}_{ij} + j\Delta \dot{Q}_{ij} \tag{3-77}$$

$PV$ 节点注入无功功率为

$$Q_i = f_i \sum_{j=1}^{n} (G_{ij} e_j - B_{ij} f_j) - e_i \sum_{j=1}^{n} (G_{ij} f_j + B_{ij} e_j)$$

或

$$Q_i = U_i \sum_{j=1}^{n} U_j (G_{ij} \sin \theta_{ij} - B_{ij} \cos \theta_{ij})$$

牛顿-拉夫逊法潮流计算流程如图 3-13 所示。

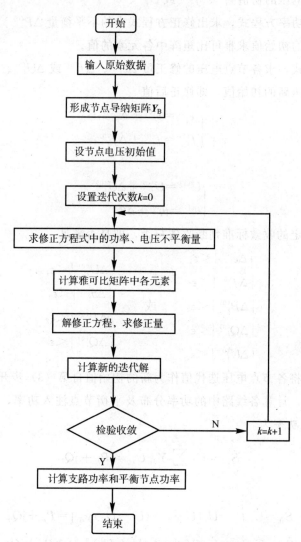

**图 3-13  牛顿-拉夫逊法潮流计算流程**

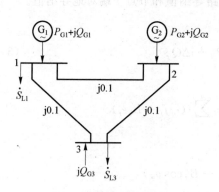

**图 3-14  例 3-4 网络图**

**例 3-4**  某三节点系统如图 3-14 所示。线路阻抗标幺值已标明在图上，负荷功率的标幺值为：$S_{L1}=1+j0.5$，$S_{L3}=1+j1$，$P_{G2}=1.5$。节点 3 装有无功补偿装置，在运行时，各节点电压幅值 $U_1=U_2=U_3=1.0$，节点 1 为平衡节点，用牛顿-拉夫逊法计算潮流，并计算出 $Q_{C3}$、$Q_{G2}$ 及线路功率 $\dot{S}_{12}$。收敛精度 $\varepsilon=10^{-3}$。

**解**：将网络化简，如图 3-15 所示，判断节点类型。

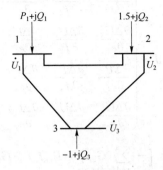

**图 3-15 例 3-4 网络简化图**

节点 1 为平衡节点，已知 $U_1=1$，$\theta_1=0$，待求量为 $\dot{S}_1=P_1+jQ_1=(P_{G1}-P_{L1})+j(Q_{G1}-Q_{L1})$。

节点 2 为 $PV$ 节点，已知 $U_2=1$，$\dot{S}_2=P_2+jQ_2$，$P_2=P_{G2}$，待求量为 $\theta_2$，$Q_{G2}$。

节点 3 为 $PV$ 节点，已知 $U_3=1$，$\dot{S}_3=P_3+jQ_3=(-P_{L3})+j(Q_{C3}-Q_{L3})$，待求量为 $\theta_3$，$Q_{C3}$。

①采用直角坐标形式。

未知量为 $\dot{U}_2$、$\dot{U}_3$，已知量为 $P_2$、$P_3$、$U_2$ 及 $U_3$。

第一步：形成节点导纳矩阵 $\boldsymbol{Y}_B$，即

$$\boldsymbol{Y}_B=\begin{pmatrix} -j20 & j10 & j10 \\ j10 & -j20 & j10 \\ j10 & j10 & -j20 \end{pmatrix}$$

第二步：设定电压初值，即

节点 1：$e_1^{(0)}=1$；$f_1^{(0)}=0$

节点 2：$e_2^{(0)}=1$；$f_2^{(0)}=0$

节点 3：$e_3^{(0)}=1$；$f_3^{(0)}=0$

第三步：计算功率不平衡量和电压不平衡量。

$$\Delta P_2^{(0)} = P_2 - P_2^{(0)}$$

$$= 1.5 - \left[ e_2^{(0)} \sum_{j=1}^{3}(G_{2j}e_j^{(0)}-B_{2j}f_j^{(0)}) + f_2^{(0)} \sum_{j=1}^{3}(G_{2j}f_j^{(0)}+B_{2j}e_j^{(0)}) \right]$$

$$= 1.5 - 0 = 1.5$$

$$\Delta P_3^{(0)} = P_3 - P_3^{(0)}$$

$$= -1 - \left[ e_3^{(0)} \sum_{j=1}^{3}(G_{3j}e_j^{(0)}-B_{3j}f_j^{(0)}) + f_3^{(0)} \sum_{j=1}^{3}(G_{3j}f_j^{(0)}+B_{3j}e_j^{(0)}) \right]$$

$$= -1 - 0 = -1$$

$$(\Delta U_2^{(0)})^2 = U_2^2 - (e_2^{(0)2}+f_2^{(0)2}) = 1 - 1 = 0$$

$$(\Delta U_3^{(0)})^2 = U_3^2 - (e_3^{(0)2}+f_3^{(0)2}) = 1 - 1 = 0$$

第四步：求雅可比矩阵，即

$$J = \begin{pmatrix} \dfrac{\partial \Delta P_2}{\partial e_2} & \dfrac{\partial \Delta P_2}{\partial f_2} & \dfrac{\partial \Delta P_2}{\partial e_3} & \dfrac{\partial \Delta P_2}{\partial f_3} \\[2mm] \dfrac{\partial \Delta U_2^2}{\partial e_2} & \dfrac{\partial \Delta U_2^2}{\partial f_2} & \dfrac{\partial \Delta U_2^2}{\partial e_3} & \dfrac{\partial \Delta U_2^2}{\partial f_3} \\[2mm] \dfrac{\partial \Delta P_3}{\partial e_2} & \dfrac{\partial \Delta P_3}{\partial f_2} & \dfrac{\partial \Delta P_3}{\partial e_3} & \dfrac{\partial \Delta P_3}{\partial f_3} \\[2mm] \dfrac{\partial \Delta U_3^2}{\partial e_2} & \dfrac{\partial \Delta U_3^2}{\partial f_2} & \dfrac{\partial \Delta U_3^2}{\partial e_3} & \dfrac{\partial \Delta U_3^2}{\partial f_3} \end{pmatrix}$$

$$\left. \frac{\partial \Delta P_2}{\partial e_2} \right|_0 = \left[ -\sum_{j=1}^{3}(G_{2j}e_j - B_{2j}f_j) - G_{22}e_2 - B_{22}f_2 \right]\Big|_0 = 0$$

$$\left. \frac{\partial \Delta P_2}{\partial f_2} \right|_0 = \left[ -\sum_{j=1}^{3}(G_{2j}f_j + B_{2j}e_j) - G_{22}f_2 + B_{22}e_2 \right]\Big|_0 = -20$$

$$\left. \frac{\partial \Delta P_2}{\partial e_3} \right|_0 = \left[ -G_{23}e_2 - B_{23}f_2 \right]\Big|_0 = 0$$

$$\left. \frac{\partial \Delta P_2}{\partial f_3} \right|_0 = \left[ -G_{23}f_2 + B_{23}e_2 \right]\Big|_0 = 10$$

$$\left. \frac{\partial \Delta U_2^2}{\partial e_2} \right|_0 = -2e_2 = -2; \quad \left. \frac{\partial \Delta U_2^2}{\partial f_2} \right|_0 = -2f^2 = 0$$

同理

$$\left. \frac{\partial \Delta P_3}{\partial e_3} \right|_0 = \left. \frac{\partial \Delta P_3}{\partial e_2} \right|_0 = 0; \quad \left. \frac{\partial \Delta P_3}{\partial f_2} \right|_0 = 10; \quad \left. \frac{\partial \Delta P_3}{\partial f_3} \right|_0 = -20$$

$$\left. \frac{\partial \Delta U_3^2}{\partial e_3} \right|_0 = -2; \quad \left. \frac{\partial \Delta U_3^2}{\partial f_3} \right|_0 = 0$$

$$J^{(0)} = \begin{pmatrix} 0 & -20 & 0 & 10 \\ -2 & 0 & 0 & 0 \\ 0 & 10 & 0 & -20 \\ 0 & 0 & -2 & 0 \end{pmatrix}$$

求修正量，即

$$\begin{pmatrix} \Delta P_2^{(0)} \\ \Delta U_2^{2(0)} \\ \Delta P_3^{(0)} \\ \Delta U_3^{2(0)} \end{pmatrix} = -J \begin{pmatrix} \Delta e_2^{(0)} \\ \Delta f_2^{(0)} \\ \Delta e_3^{(0)} \\ \Delta f_3^{(0)} \end{pmatrix}$$

$$\begin{pmatrix} \Delta e_2^{(0)} \\ \Delta f_2^{(0)} \\ \Delta e_3^{(0)} \\ \Delta f_3^{(0)} \end{pmatrix} = -(J^{(0)})^{-1} \begin{pmatrix} 1.5 \\ 0 \\ -1 \\ 0 \end{pmatrix} = - \begin{pmatrix} 0 \\ 0.066\,7 \\ 0 \\ -0.016\,67 \end{pmatrix}$$

第五步：计算各节点电压的一次近似值，即

$$e_2^{(1)} = e_2^{(0)} + \Delta e_2^{(0)} = 1$$

$$f_2^{(1)} = f_2^{(0)} + \Delta f_2^{(0)} = 0 + 0.066\,7 = 0.066\,7$$

$$e_3^{(1)} = e_3^{(0)} + \Delta e_3^{(0)} = 1$$

$$f_3^{(1)} = f_3^{(0)} + \Delta f_3^{(0)} = -0.016\,67$$

返回第三步，重新迭代。

第二次迭代：

$$\begin{pmatrix} \Delta e_2^{(1)} \\ \Delta f_2^{(1)} \\ \Delta e_3^{(1)} \\ \Delta f_3^{(1)} \end{pmatrix} = -\begin{pmatrix} -\dfrac{0.5}{3} & -20 & -\dfrac{2}{3} & 10 \\ -2 & -\dfrac{0.4}{3} & 0 & 0 \\ \dfrac{0.5}{3} & 10 & \dfrac{2}{3} & -20 \\ 0 & 0 & -2 & \dfrac{0.1}{3} \end{pmatrix} \begin{pmatrix} 0 \\ -\dfrac{0.04}{9} \\ 0 \\ -\dfrac{0.0025}{9} \end{pmatrix} = \begin{pmatrix} -0.002\ 224 \\ 0.000\ 026\ 7 \\ -0.000\ 139 \\ -0.000\ 026\ 7 \end{pmatrix}$$

$$e_2^{(2)} = 0.997\ 776$$

$$f_2^{(2)} = 0.066\ 693\ 4$$

$$e_3^{(2)} = 0.999\ 861$$

$$f_3^{(2)} = -0.016\ 693\ 4$$

$$\Delta P_2^{(2)} = -3.2 \times 10^{-4} < \varepsilon$$

$$\Delta P_3^{(2)} = 3.4 \times 10^{-4} < \varepsilon$$

$$(\Delta U_2^{(2)})^2 = 4.5 \times 10^{-6} < \varepsilon$$

$$(\Delta U_2^{(2)})^2 = 4 \times 10^{-7} < \varepsilon$$

已满足收敛要求。

平衡节点功率为

$$P_1 = e_1 \sum_{j=1}^{3} (G_{1j} e_j - B_{1j} f_j) + f_1 \sum_{j=1}^{3} (G_{1j} f_j + B_{1j} e_j)$$

$$= 1 \times (-10 \times 0.666\ 934 + 10 \times 0.016\ 693\ 4) = -0.5$$

$$Q_1 = f_1 \sum_{j=1}^{3} (G_{1j} e_j - B_{1j} f_j) - e_1 \sum_{j=1}^{3} (G_{1j} f_j + B_{1j} e_j)$$

$$= 1 \times (20 - 10 \times 0.997\ 776 - 10 \times 0.999\ 861) = 0.023\ 63$$

$$P_{G1} = P_1 + P_{L1} = -0.5 + 1 = 0.5$$

$$Q_{G1} = Q_1 + Q_{L1} = 0.023\ 63 + 0.5 = 0.523\ 63$$

$$Q_{G2} = Q_2 = f_2 \sum_{j=1}^{3} (G_{2j} e_j - B_{2j} f_j) - e_2 \sum_{j=1}^{3} (G_{2j} f_j + B_{2j} e_j) = 0.057\ 08$$

$$Q_3 = f_3 \sum_{j=1}^{3} (G_{3j} e_j - B_{3j} f_j) - e_3 \sum_{j=1}^{3} (G_{3j} f_j + B_{3j} e_j) = 0.036\ 13$$

$$Q_{C3} = Q_3 + Q_{L3} = 0.036\ 13 + 1 = 1.036\ 13$$

$$\dot{S}_{12} = P_{12} + jQ_{12} = -0.666\ 934 + j0.022\ 24$$

②采用极坐标形式。

未知量为 $\theta_2$、$\theta_3$，已知量为 $P_2$、$P_3$。

第一步：形成节点导纳矩阵 $Y_B$，即

$$Y_B = \begin{pmatrix} -j20 & j10 & j10 \\ j10 & -j20 & j10 \\ j10 & j10 & -j20 \end{pmatrix}$$

第二步：设定电压初值，即

$$\dot{U}_1 = U_1 \angle \theta_1 = 1 \angle 0^0;$$

$$\dot{U}_2 = U_2 \angle \theta_2^{(0)} = 1 \angle 0^0;$$

$$\dot{U}_3 = U_3 \angle \theta_3^{(0)} = 1 \angle 0^0;$$

第三步：计算功率不平衡量，即

$$\Delta P_2^{(0)} = P_2 - P_2^{(0)}$$

$$= 1.5 - U_2 \sum_{j=1}^{3} U_j (G_{2j} \cos \theta_{2j} + B_{2j} \sin \theta_{2j}) \Big|_0$$

$$= 1.5$$

$$\Delta P_3^{(0)} = P_3 - P_3^{(0)}$$

$$= -1 - U_3 \sum_{j=1}^{3} U_j (G_{3j} \cos \theta_{ij} + B_{3j} \sin \theta_{ij}) \Big|_0$$

$$= -1;$$

第四步：求雅可比矩阵，即

$$\boldsymbol{J} = \begin{pmatrix} \dfrac{\partial \Delta P_2}{\partial \theta_2} & \dfrac{\partial \Delta P_2}{\partial \theta_3} \\ \dfrac{\partial \Delta P_3}{\partial \theta_2} & \dfrac{\partial \Delta P_3}{\partial \theta_3} \end{pmatrix}$$

$$\frac{\partial \Delta P_2}{\partial \theta_2} \Big|_0 = U_2^{(0)} \sum_{j=2}^{3} U_j (G_{2j} \sin \theta_{2j} - B_{2j} \cos \theta_{2j}) \Big|_0$$

$$= -10(\cos \theta_{21} + \sin \theta_{21}) \Big|_0 = -20$$

$$\frac{\partial \Delta P_2}{\partial \theta_3} \Big|_0 = -U_2 U_3 (G_{23} \sin \theta_{23} - B_{23} \cos \theta_{23}) \Big|_0$$

$$= B_{23} \cos \theta_{23} = 10$$

$$\frac{\partial \Delta P_3}{\partial \theta_2} \Big|_0 = -U_3 U_2 (G_{32} \sin \theta_{32} - B_{32} \cos \theta_{23}) \Big|_0$$

$$= B_{32} \cos \theta_{32} = 10$$

$$\frac{\partial \Delta P_3}{\partial \theta_3} \Big|_0 = U_3^{(0)} \sum_{\substack{j=1 \\ j \neq 2}}^{3} U_j (G_{3j} \sin \theta_{3j} - B_{3j} \cos \theta_{3j}) \Big|_0$$

$$= -10(\cos \theta_{21} + \sin \theta_{31}) \Big|_0 = -20$$

$$\boldsymbol{J}^{(0)} = \begin{pmatrix} -20 & 10 \\ 10 & -20 \end{pmatrix}$$

第五步：求修正量，解修正方程，即

$$\begin{pmatrix} \Delta P_2^{(0)} \\ \Delta P_3^{(0)} \end{pmatrix} = -\boldsymbol{J}^{(0)} \begin{pmatrix} \Delta \theta_2^{(0)} \\ \Delta \theta_3^{(0)} \end{pmatrix}$$

$$\begin{pmatrix} 1.5 \\ -1 \end{pmatrix} = -\begin{pmatrix} -20 & 10 \\ 10 & -20 \end{pmatrix} \begin{pmatrix} \Delta \theta_2^{(0)} \\ \Delta \theta_3^{(0)} \end{pmatrix}$$

解得

$$\begin{pmatrix} \Delta\theta_2^{(0)} \\ \Delta\theta_3^{(0)} \end{pmatrix} = \begin{pmatrix} 0.066\ 7 \\ -0.016\ 67 \end{pmatrix}$$

第六步：计算节点电压的一次迭代解，即

$$\theta_2^{(1)} = \theta_2^{(0)} + \Delta\theta_2^{(0)} = 0.066\ 7$$

$$\theta_3^{(1)} = \theta_3^{(0)} + \Delta\theta_3^{(0)} = -0.016\ 67$$

返回第三步重新迭代。

第二次迭代：

$$\begin{pmatrix} \Delta\theta_2^{(1)} \\ \Delta\theta_3^{(1)} \end{pmatrix} = -\begin{pmatrix} -19.953 & 9.97 \\ 9.97 & -19.953 \end{pmatrix}^{-1} \begin{pmatrix} 0.000\ 755 \\ -0.000\ 573 \end{pmatrix}$$

$$= \begin{pmatrix} 0.000\ 031\ 3 \\ -0.000\ 013 \end{pmatrix}$$

$$\theta_2^{(2)} = \theta_2^{(1)} + \Delta\theta_2^{(1)} = 0.066\ 7 + 0.000\ 031\ 3 = 0.066\ 731$$

$$\theta_3^{(2)} = \theta_3^{(1)} + \Delta\theta_3^{(1)} = -0.016\ 67 - 0.000\ 013 = -0.016\ 683$$

此时

$$\Delta P_2^{(2)} = 0.000\ 009\ 13 < \varepsilon$$

$$\Delta P_3^{(2)} = -0.000\ 003\ 71 < \varepsilon$$

$$\Delta\theta_2^{(1)} = 0.000\ 031\ 3 < \varepsilon$$

$$\Delta\theta_2^{(1)} = -0.000\ 013 < \varepsilon$$

已满足收敛要求。

第七步：电压解为

$$\dot{U}_2 = 1\angle 0.066\ 731$$

$$\dot{U}_3 = 1\angle -0.016\ 683\ 1$$

$$\dot{S}_1 = \dot{U}_1 \sum_{i=1}^3 \overset{*}{Y}_{li} \overset{*}{U}_i$$

$$= 1(j20 - j10 \times (\cos 0.066\ 731 + j\sin 0.066\ 731) - j10 \times (\cos 0.016\ 683\ 1 - j\sin 0.016\ 683\ 1))$$

$$= -0.5 + j0.023\ 64$$

$$P_{G1} = P_1 + P_{L1} = -0.5 + 1 = 0.5$$

$$Q_{G1} = Q_1 + Q_{L1} = 0.023\ 63 + 0.5 = 0.523\ 63$$

$$\dot{S}_3 = \dot{U}_3 \sum_{i=1}^3 \overset{*}{Y}_{3i} \overset{*}{U}_i = -1 + j0.036\ 13$$

$$Q_{G2} = 0.057\ 08$$

$$Q_{C3} = Q_3 + Q_{L3} = 0.036\ 13 + 1 = 1.036\ 13$$

$$\dot{S}_{12} = P_{12} + jQ_{12} = -0.666\ 934 + j0.022\ 24$$

其结果与直角坐标的结果是一致的。

# 3.8 类牛顿-拉夫逊法的快速解耦潮流算法

牛顿-拉夫逊法的工作量主要是来自每次迭代都要重新形成雅可比矩阵，然后重新对它进行因子表分解，并求解修正方程。当电力网络较大，节点数较多时，雅可比矩阵的阶数很高，会使计算机工作量变大，需要的存储量也大。

快速解耦潮流算法就是结合电力网络的特点，对牛顿-拉夫逊法进行合理简化和改进的一种潮流算法，大大提高了计算速度，同时还节省了内存。

快速解耦潮流算法对牛顿-拉夫逊法做了两个简化。

第一个简化：解耦。

考虑电力网络中各元件的电抗一般远大于电阻（即 $X \gg R$）。各节点电压模值的改变主要影响网络中的无功功率分布，而有功功率分布主要决定于节点电压的相角。因此，可将牛顿-拉夫逊法的修正方程写成简化形式。

原型为

$$\begin{pmatrix} \Delta P \\ \Delta Q \end{pmatrix} = - \begin{pmatrix} H & N \\ K & L \end{pmatrix} \begin{pmatrix} \Delta \theta \\ \Delta U \end{pmatrix}$$

改写成

$$\begin{pmatrix} \Delta P \\ \Delta Q \end{pmatrix} = - \begin{pmatrix} H & 0 \\ 0 & L \end{pmatrix} \begin{pmatrix} \Delta \theta \\ \Delta U \end{pmatrix}$$

忽略 $N$、$K$，也就是取 $N = K = 0$，则快速解耦算法的修正方程式为

$$\begin{cases} \Delta P = -H \Delta \theta \\ \Delta Q = -L \Delta U \end{cases}$$

由此，将原来的 $n+m-2$ 阶雅可比矩阵 $J$ 分解成一个 $n-1$ 阶的 $H$ 阵和一个 $m-1$ 阶的 $L$ 阵。$n$ 为电网节点数，且有 $m-1$ 个 $PQ$ 节点，$n-m$ 个 $PV$ 节点，1 个平衡节点。

第二个简化：使 $H$、$L$ 阵成为常数阵。

考虑电网中节点电压间的相角差 $\theta_{ij}$ 不大，可以认为 $\cos \theta_{ij} \approx 1$，从而 $\cos \theta_{ij} \gg \sin \theta_{ij}$。

又因为 $R_{ij} \ll X_{ij}$，因此 $B_{ij} \cos \theta_{ij} \gg G_{ij} \sin \theta_{ij}$。

非对角元为

$$\begin{cases} H_{ij} = -U_i U_j (G_{ij} \sin \theta_{ij} - B_{ij} \cos \theta_{ij}) \approx U_i U_j B_{ij} \\ L_{ij} = -U_i (G_{ij} \sin \theta_{ij} - B_{ij} \cos \theta_{ij}) \approx U_i B_{ij} \end{cases} \tag{3-78}$$

对角元为

$$H_{ii} = U_i \sum_{\substack{j=1 \\ j \neq i}}^{n} U_j (G_{ij} \sin \theta_{ij} - B_{ij} \cos \theta_{ij}) \approx -U_i \sum_{\substack{j=1 \\ j \neq i}}^{n} U_j B_{ij} + U_i^2 B_{ij} - U_i^2 B_{ij}$$

$$= -U_i \sum_{j=1}^{n} U_j B_{ij} + U_i^2 B_{ij}$$

$$L_{ii} = -\sum_{\substack{j=1 \\ j \neq i}}^{n} U_j (G_{ij} \sin \theta_{ij} - B_{ij} \cos \theta_{ij}) + 2U_i B_{ii} \approx -\sum_{\substack{j=1 \\ j \neq i}}^{n} U_j B_{ij} + 2U_i B_{ii}$$

$$= -\sum_{j=1}^{n} U_j B_{ij} + U_i B_{ii}$$

对无功注入功率也可以简化为

$$Q_i = U_i \sum_{j=1}^{n} U_j (G_{ij} \sin \theta_{ij} - B_{ij} \cos \theta_{ij}) \approx -U_i \sum_{j=1}^{n} U_j B_{ij}$$

$$H_{ii} = Q_i + U_i^2 B_{ii}$$

$$L_{ii} = \frac{Q_i}{U_i} + U_i B_{ii} \rightarrow L_{ii} U_i = -Q_i + U_i^2 B_{ii}$$

再按自导纳的定义，上述两式中 $U_i^2 B_{ii}$ 应为 $R \ll X$，且除节点 $i$ 外其余节点都接地时，由节点 $i$ 注入的无功功率。该功率远大于正常运行时节点 $i$ 的注入无功功率，即

$$U_i^2 B_{ii} \gg Q_i$$

因此，$H_{ii}$、$L_{ii}$ 进一步化简为

$$\begin{cases} H_{ii} = U_i^2 B_{ii} \\ L_{ii} = U_i B_{ii} \end{cases} \tag{3-79}$$

并将快速解耦算法的修正方程式展开为

$$\begin{pmatrix} \Delta P_2 \\ \Delta P_3 \\ \vdots \\ \Delta P_n \end{pmatrix} = -\begin{pmatrix} U_2^2 B_{22} & U_2 B_{23} U_3 & \cdots & U_2 B_{23} U_n \\ U_3 B_{32} U_2 & U_3^2 B_{33} & \cdots & U_3 B_{3n} U_n \\ \vdots & \vdots & & \vdots \\ U_n B_{n2} U_2 & U_n B_{n3} U_3 & \cdots & U_n^2 B_{nn} \end{pmatrix} \begin{pmatrix} \Delta \theta_2 \\ \Delta \theta_3 \\ \vdots \\ \Delta \theta_n \end{pmatrix}$$

$$= -\begin{pmatrix} U_2 & & & \\ & U_2 & & \\ & & \ddots & \\ & & & U_n \end{pmatrix} \begin{pmatrix} B_{22} & B_{23} & \cdots & B_{2n} \\ B_{32} & B_{33} & \cdots & B_{3n} \\ \vdots & \vdots & & \vdots \\ B_{n2} & B_{n3} & \cdots & B_{nn} \end{pmatrix} \begin{pmatrix} U_2 & & & \\ & U_2 & & \\ & & \ddots & \\ & & & U_n \end{pmatrix} \begin{pmatrix} \Delta \theta_2 \\ \Delta \theta_3 \\ \vdots \\ \Delta \theta_n \end{pmatrix}$$

$$= -\begin{pmatrix} U_2 & & & \\ & U_2 & & \\ & & \ddots & \\ & & & U_n \end{pmatrix} \begin{pmatrix} B_{22} & B_{23} & \cdots & B_{2n} \\ B_{32} & B_{33} & \cdots & B_{3n} \\ \vdots & \vdots & & \vdots \\ B_{n2} & B_{n3} & \cdots & B_{nn} \end{pmatrix} \begin{pmatrix} U_2 \Delta \theta_2 \\ U_3 \Delta \theta_3 \\ \vdots \\ U_n \Delta \theta_n \end{pmatrix}$$

$$\begin{pmatrix} \Delta Q_2 \\ \Delta Q_3 \\ \vdots \\ \Delta Q_m \end{pmatrix} = -\begin{pmatrix} U_2 B_{22} & U_2 B_{23} & \cdots & U_2 B_{2m} \\ U_3 B_{32} & U_3 B_{33} & \cdots & U_3 B_{3m} \\ \vdots & \vdots & & \vdots \\ U_m B_{m2} & U_m B_{m3} & \cdots & U_m B_{mm} \end{pmatrix} \begin{pmatrix} \Delta U_2 \\ \Delta U_3 \\ \vdots \\ \Delta U_m \end{pmatrix}$$

$$= -\begin{pmatrix} U_2 & & & \\ & U_2 & & \\ & & \ddots & \\ & & & U_m \end{pmatrix} \begin{pmatrix} B_{22} & B_{23} & \cdots & B_{2m} \\ B_{32} & B_{33} & \cdots & B_{3m} \\ \vdots & \vdots & & \vdots \\ B_{m2} & B_{m3} & \cdots & B_{mm} \end{pmatrix} \begin{pmatrix} \Delta U_2 \\ \Delta U_3 \\ \vdots \\ \Delta U_m \end{pmatrix}$$

重新整理得

$$\begin{pmatrix} \Delta P_2/U_2 \\ \Delta P_3/U_3 \\ \vdots \\ \Delta P_n/U_n \end{pmatrix} = -\begin{pmatrix} B_{22} & B_{23} & \cdots & B_{2n} \\ B_{32} & B_{33} & \cdots & B_{3n} \\ \vdots & \vdots & & \vdots \\ B_{n2} & B_{n3} & \cdots & B_{nn} \end{pmatrix}\begin{pmatrix} U_2\Delta\theta_2 \\ U_3\Delta\theta_3 \\ \vdots \\ U_n\Delta\theta_n \end{pmatrix}$$

$$\begin{pmatrix} \Delta Q_2/U_2 \\ \Delta Q_3/U_3 \\ \vdots \\ \Delta Q_m/U_m \end{pmatrix} = -\begin{pmatrix} B_{22} & B_{23} & \cdots & B_{2m} \\ B_{32} & B_{33} & \cdots & B_{3m} \\ \vdots & \vdots & & \vdots \\ B_{m2} & B_{m3} & \cdots & B_{mn} \end{pmatrix}\begin{pmatrix} \Delta U_2 \\ \Delta U_3 \\ \vdots \\ \Delta U_n \end{pmatrix}$$

快速解耦修正方程为

$$\begin{cases} \Delta\boldsymbol{P}/\boldsymbol{U} = -\boldsymbol{B}'\boldsymbol{U}\Delta\boldsymbol{\theta} \\ \Delta\boldsymbol{Q}/\boldsymbol{U} = -\boldsymbol{B}''\Delta\boldsymbol{U} \end{cases} \tag{3-80}$$

式（3-80）等号左侧列向量中的有功功率、无功功率不平衡量 $\Delta\boldsymbol{P}$、$\Delta\boldsymbol{Q}$ 的求法如式（3-62）和式（3-63），等号右侧的系数矩阵 $\boldsymbol{B}'$、$\boldsymbol{B}''$ 由导纳矩阵的虚部组成。与牛顿-拉夫逊法相比，快速解耦潮流算法的修正方程用两个常数阵 $\boldsymbol{B}'$、$\boldsymbol{B}''$ 代替原来变化的高阶的雅可比矩阵 $\boldsymbol{J}$，不需每次迭代后修改；可以进行 $P$、$Q$ 解耦计算；系数矩阵 $\boldsymbol{B}'$、$\boldsymbol{B}''$ 为对称阵。因此，提高了计算速度，降低了内存容量。需特别指出的是：推导修正方程式所作的假设并不影响算法的计算精度，因为收敛判据没变，即节点功率平衡方程式（3-62）、式（3-63）仍一样。

快速解耦算法的计算步骤如下。

（1）形成导纳矩阵 $\boldsymbol{Y}_\mathrm{B}$，进而求得系数矩阵 $\boldsymbol{B}'$、$\boldsymbol{B}''$，并对 $\boldsymbol{B}'$、$\boldsymbol{B}''$ 求逆矩阵或采用因子表算法对其分解。

（2）设置各节点电压的初值，即 $\theta_i^{(0)}(i=2,\cdots,n)$ 和 $U_i^{(0)}(i=2,\cdots,m)$。

（3）将初值代入功率方程式（3-62）、求出修正方程式中的有功不平衡量 $\Delta P_i^{(0)}$，从而得到 $\Delta P_i^{(0)}/U_i^{(0)}(i=2,\cdots,n)$。

（4）解修正方程式（3-80），求各节点电压相角的修正量 $\theta_i^{(0)}$。

（5）求各节点电压相角新的初值，即修正后值 $\theta_i^{(1)}=\theta_i^{(0)}+\Delta\theta_i^{(0)}$。

（6）将初值代入功率方程式（3-63），求出修正方程式中的无功不平衡量 $\Delta Q_i^{(0)}$，从而得到 $\Delta Q_i^{(0)}/U_i^{(0)}(i=2,\cdots,m)$。

（7）解修正方程式（3-80），求各节点电压模值的修正量 $U_i^{(0)}$。

（8）求各节点电压模值新的初值，即修正后值 $U_i^{(1)}=U_i^{(0)}+\Delta U_i^{(0)}$。

（9）检查是否已经收敛。利用事先给定的收标准判断收敛与否，即

$$\begin{cases} |\Delta P_i^{(0)}| < \varepsilon_1 \\ |\Delta Q_i^{(0)}| < \varepsilon_1 \end{cases} \quad 或 \quad \begin{cases} |\Delta\theta_i^{(0)}| < \varepsilon_2 \\ |\Delta U_i^{(0)}| < \varepsilon_2 \end{cases}$$

（10）如不收敛，将各节点电压迭代值作为新的初始值自第（3）步开始进入下一次迭代。

（11）计算收敛后，计算各线路中的功率分布及平衡节点注入功率，$PV$ 节点注入无功功率。

快速解耦潮流算法的流程如图 3-16 所示。

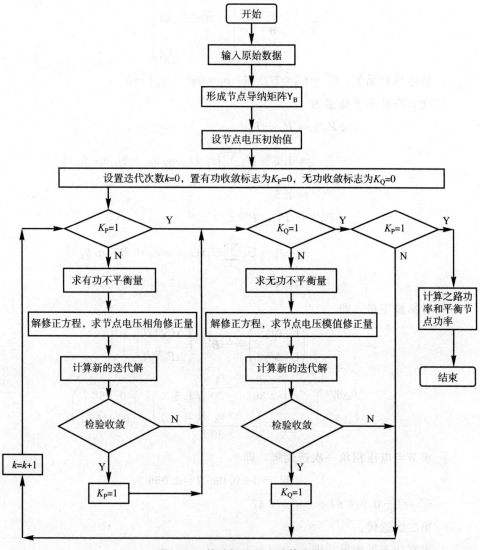

图 3-16 快速解耦潮流计算流程

**例 3-5** 对例 3-4，采用快速解耦算法进行网络的潮流计算。

**解：**形成导纳矩阵，即

$$Y_B = \begin{pmatrix} -j20 & j10 & j10 \\ j10 & -j20 & j10 \\ j10 & j10 & -j20 \end{pmatrix}$$

形成 $B'$、$B''$ 矩阵，即

$$B' = \begin{pmatrix} -20 & 10 \\ 10 & -20 \end{pmatrix}$$

由于此网络有 3 个节点，1 个平衡节点，2 个节点为 $PV$ 节点，没有 $PQ$ 节点，因此没有 $B''$ 阵。

求得 $\boldsymbol{B}'^{-1}$ 矩阵为

$$\boldsymbol{B}'^{-1} = \begin{pmatrix} -\dfrac{2}{30} & -\dfrac{1}{30} \\[2mm] -\dfrac{1}{30} & -\dfrac{2}{30} \end{pmatrix}$$

设电压初始值：$U_1 = U_2 = U_3 = 1$；$\theta_1 = 0$ $\theta_2^{(0)} = \theta_3^{(0)} = 0$

注入有功不平衡量为

$$\Delta P_2^{(0)} = P_2 - P_2^{(0)}$$

$$= 1.5 - U_2 \sum_{j=1}^{3} U_j (G_{2j} \cos\theta_{2j} + B_{2j} \sin\theta_{2j}) \Big|_0$$

$$= 1.5$$

$$\Delta P_3^{(0)} = P_3 - P_3^{(0)}$$

$$= -1 - U_3 \sum_{j=1}^{3} U_j (G_{3j} \cos\theta_{ij} + B_{3j} \sin\theta_{ij}) \Big|_0$$

$$= -1$$

计算修正量，即

$$\begin{pmatrix} U_2 \Delta\theta_2^{(0)} \\ U_3 \Delta\theta_3^{(0)} \end{pmatrix} = -\boldsymbol{B}'^{-1} \begin{pmatrix} \Delta P_2^{(0)}/U_2 \\ \Delta P_3^{(0)}/U_3 \end{pmatrix}$$

$$\begin{pmatrix} \Delta\theta_2^{(0)} \\ \Delta\theta_3^{(0)} \end{pmatrix} = -\begin{pmatrix} -\dfrac{2}{30} & -\dfrac{1}{30} \\[2mm] -\dfrac{1}{30} & -\dfrac{2}{30} \end{pmatrix} \begin{pmatrix} 1.5/1 \\ -1/1 \end{pmatrix} = \begin{pmatrix} 0.066\,7 \\ 0.016\,67 \end{pmatrix}$$

求节点电压相角一次迭代解，即

$$\theta_2^{(1)} = 0 + 0.066\,7 = 0.066\,7$$

$$\theta_3^{(1)} = 0 - 0.016\,67 = -0.016\,67$$

第二次迭代：

求有功不平衡量，即

$$\Delta P_2^{(1)} = P_2 - P_2^{(1)}$$

$$= 1.5 - U_2 \sum_{j=1}^{3} U_j (G_{2j} \cos\theta_{2j} + B_{2j} \sin\theta_{2j}) \Big|_1$$

$$= 0.000\,755\,5$$

$$\Delta P_3^{(1)} = P_3 - P_3^{(1)}$$

$$= -1 - U_3 \sum_{j=1}^{3} U_j (G_{3j} \cos\theta_{ij} + B_{3j} \sin\theta_{ij}) \Big|_1$$

$$= -0.000\,573$$

计算修正量，即

$$\begin{pmatrix} \Delta\theta_2^{(1)} \\ \Delta\theta_3^{(1)} \end{pmatrix} = -\begin{pmatrix} -\dfrac{2}{30} & -\dfrac{1}{30} \\ -\dfrac{1}{30} & -\dfrac{2}{30} \end{pmatrix}\begin{pmatrix} 0.000\ 755 \\ -0.000\ 573 \end{pmatrix}$$

$$= \begin{pmatrix} 0.000\ 031\ 2 \\ -0.000\ 013 \end{pmatrix}$$

$$\theta_2^{(2)} = \theta_2^{(1)} + \Delta\theta_2^{(1)} = 0.066\ 7 + 0.000\ 031\ 3 = 0.066\ 732$$

$$\theta_3^{(2)} = \theta_3^{(1)} + \Delta\theta_3^{(1)} = -0.016\ 67 - 0.000\ 013 = -0.016\ 683$$

此时

$$\Delta P_2^{(2)} = 0.000\ 009\ 13 < \varepsilon$$

$$\Delta P_3^{(2)} = -0.000\ 003\ 71 < \varepsilon$$

$$\Delta\theta_2^{(1)} = 0.000\ 031\ 3 < \varepsilon$$

$$\Delta\theta_2^{(1)} = -0.000\ 013 < \varepsilon$$

已满足收敛要求。

与牛顿-拉夫逊法潮流计算的二次迭代相比较，快速解耦算法的计算过程简单，结果相近。

# 3.9 配电网潮流计算

## 3.9.1 辐射形配电网潮流计算的特点

辐射形配电网的接线方式可以分为辐射式、链式和干线式 3 种，这种配电网通常只有一个电源，通过电网向多个负荷供电。

辐射形配电网潮流计算的特点如下。

（1）辐射形配电网支路数一定小于节点数，因此网络节点导纳矩阵的稀疏度很高。

（2）低压配电网由于线路电阻较大，一般不满足 $R \ll X$，因此通常不能采用快速解耦法进行网络潮流计算。

（3）对于末端负荷节点前的支路功率就是末端运算负荷功率，所以可直接求支路功率损耗和电压损耗。

因此，可以采用一种简单手算潮流计算的办法进行辐射形配电网的潮流计算，也称为前推回推潮流计算。

## 3.9.2 配电网的前推回推潮流计算方法

本节以图 3-17 所示的辐射形配电网及其等效网络为例，介绍前推回推潮流计算方法。

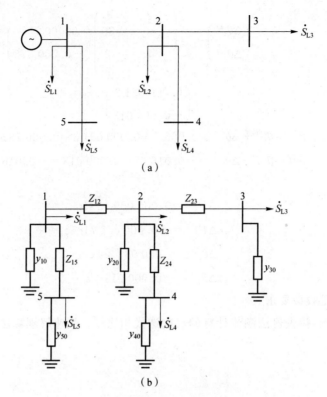

图 3-17　配电网及等效网络

（a）辐射形配电网；（b）等效网络

考虑对地导纳支路的影响，各节点的实际运算功率应为

$$\dot{S}_i = \dot{S}_{Li} + U_i^2 \overset{*}{y}_{i0} \tag{3-81}$$

等值网络中任一支路功率为

$$\dot{S}_{ij} = \dot{S}_j + \sum_{k \in C_j} S_{jk} + \Delta\dot{S}_{ij} = P_{ij} + jQ_{ij} \tag{3-82}$$

$$P_{ij} = P_j + \sum_{k \in C_j} P_{jk} + \Delta P_{ij} = P_j + \sum_{k \in C_j} P_{jk} + \frac{\left(P_j + \sum_{k \in C_j} P_{jk}\right)^2 + \left(Q_j + \sum_{k \in C_j} Q_{jk}\right)^2}{U_j^2} R_{ij}$$

$$Q_{ij} = Q_j + \sum_{k \in C_j} Q_{jk} + \Delta Q_{ij} = Q_j + \sum_{k \in C_j} Q_{jk} + \frac{\left(P_j + \sum_{k \in C_j} P_{jk}\right)^2 + \left(Q_j + \sum_{k \in C_j} Q_{jk}\right)^2}{U_j^2} X_{ij}$$

式中，$C_j$——除了节点 $i$ 外所有与 $j$ 节点相连的节点的集合；

$\quad\quad \sum_{k \in C_j} P_{jk}$、$\sum_{k \in C_j} Q_{jk}$——除了支路 $i$、$j$ 之外所有与 $j$ 节点相连的支路功率之和。

很明显，任一支路的始端功率与支路末端电压模值有关。因此，若已知网络末端电压，则很容易求得网络各段的功率损耗。

另外，若已知始端功率和始端电压，也容易求出各末端节点的电压，即

$$\dot{U}_j = \dot{U}_i - \Delta\dot{U}_{ij} \tag{3-83}$$

电压向量以极坐标表示为

其中，$U_j$ 和 $\theta_j$ 为 $\qquad \dot{U}_i = U_i \angle \theta \qquad \dot{U}_j = U_j \angle \theta_j$

$$\begin{cases} U_j = \sqrt{\left(U_i - \dfrac{P_{ij}R_{ij} + Q_{ij}X_{ij}}{U_i}\right)^2 + \left(\dfrac{P_{ij}X_{ij} - Q_{ij}R_{ij}}{U_i}\right)^2} \\[2em] \theta_j = \theta_i - \arctan \dfrac{\dfrac{P_{ij}X_{ij} - Q_{ij}R_{ij}}{U_i}}{U_i - \dfrac{P_{ij}R_{ij} + Q_{ij}X_{ij}}{U_i}} \end{cases} \qquad (3\text{-}84)$$

配电网的前推回推潮流就是根据手算潮流的方法得到的。前推是指已知各节点电压，计算全网的功率损耗，以得到起始点（电源点）的功率；回推是指根据各线路起始功率，逐段计算线路电压降落，以得到全网各节点的电压，再根据各节点电压修正得到各 $PV$ 节点的无功注入功率。

配电网的前推回推潮流计算的具体步骤如下。

（1）初始化：给定平衡节点（即电源点）电压，并为全网其他 $PQ$ 节点赋电压初始值 $U_i^{(0)}$，$PV$ 节点赋无功注入功率的初始功率 $Q_i^{(0)}$。

（2）计算各节点运算功率，即

$$S_i^{(0)} = \dot{S}_{Li} + U_i^{(0)2} \overset{*}{y}_{i0}$$

（3）从网络的末端开始，逐步前推，由节点电压 $U_j^{(0)}$，求全网各支路功率分布。前推过程为

$$P_{ij}^{(1)} = P_j^{(0)} + \sum_{k \in C_j} P_{jk}^{(1)} + P_{ij}^{(1)}$$

$$Q_{ij}^{(1)} = Q_j^{(0)} + \sum_{k \in C_j} Q_{jk}^{(1)} + Q_{ij}^{(1)}$$

（4）从始端出发，逐段回推，由支路功率求各节点电压 $U_i^{(1)}$。利用式（3-83）、式（3-84）可得

$$U_j = \sqrt{\left(U_i^{(1)} - \dfrac{P_{ij}^{(1)}R_{ij} + Q_{ij}^{(1)}X_{ij}}{U_i^{(1)}}\right)^2 + \left(\dfrac{P_{ij}^{(1)}X_{ij} - Q_{ij}^{(1)}R_{ij}}{U_i^{(1)}}\right)^2}$$

$$\theta_j^{(1)} = \theta_i^{(1)} - \arctan \dfrac{\dfrac{P_{ij}^{(1)}X_{ij} - Q_{ij}^{(1)}R_{ij}}{U_i^{(1)}}}{U_i^{(1)} - \dfrac{P_{ij}^{(1)}R_{ij} + Q_{ij}^{(1)}X_{ij}}{U_i^{(1)}}}$$

（5）利用求得的各节点电压修正 $PV$ 节点电压和无功功率为

$$\dot{U}_i^{(1)} = U_i^{(1)} \angle \theta_i^{(1)}$$

$$Q_i^{(1)} = U_i^{(1)} \sum_{j=1}^{n} U_j^{(1)} (G_{ij} \sin \theta_{ij}^{(1)} - B_{ij} \cos \theta_{ij}^{(1)})$$

（6）利用事先给定的收敛标准判断收敛与否，即是否满足

$$\begin{cases} |\Delta P_i^{(1)}| < \varepsilon_1 \\ |\Delta Q_i^{(1)}| < \varepsilon_1 \end{cases}$$

式中，$\Delta P_i^{(1)} = P_{is} - U_i^{(1)} \sum_{j=1}^{n} U_j^{(1)} (G_{ij} \cos \theta_{ij}^{(1)} + B_{ij} \sin \theta_{ij}^{(1)})$；

$\Delta Q_i^{(1)} = Q_{is} - U_i^{(1)} \sum_{j=1}^{n} U_j^{(1)} (G_{ij} \sin \theta_{ij}^{(1)} - B_{ij} \cos \theta_{ij}^{(1)})$。

(7) 如果不满足收敛标准，将各节点电压计算值作为新的初始值自第（2）步开始进入下一次迭代。

# 习题 3

3-1 今有一条 220 kV 电力线路供给地区负荷，采用 LGJJ-400 型号的导线，线路长 230 km，导线水平排列，线间距离为 6.5 m，线路末端负荷为 120 MV·A、$\cos\varphi=0.92$，末端电压为 209 kV。试求出线路始端电压及功率。

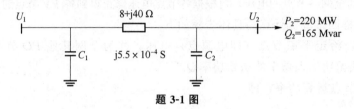

题 3-1 图

3-2 如题 3-2 图所示，单回 220 kV 架空输电线长 200 km，线路每千米参数为 $r_1=0.108\ \Omega/km$，$x_1=0.426\ \Omega/km$，$b_1=2.66\times10^{-6}\ S/km$，线路空载运行，末端电压 $U_2$ 为 205 kV，求线路送端电压 $U_1$。

3-3 如题 3-3 图所示，某负荷由发电厂母线经 110 kV 单线路供电，线路长 80 km，型号为 LGJ-95，线间几何均距为 5 m，发电厂母线电压 $U_1=116$ kV，受端负荷 $\dot{S}_L=15+j10$ MV·A，求输电线路的功率损耗及受端电压 $U_2$。

题 3-2 图　　　　　　　　　　　　　　　　题 3-3 图

3-4 有一条 110 kV 输电线路如题 3-4 图所示，由 A 向 B 输送功率。试求：

(1) 当受端 B 的电压保持在 110 kV 时，送端 A 的电压应是多少？并画出向量图。

(2) 如果输电线路多输送 5 MV·A 有功功率，则 A 处电压如何变化？

(3) 如果输电线路多输送 5 Mvar 无功功率，则 A 处电压又如何变化？

3-5 一条额定电压为 110 kV 的输电线路，采用 LGJ-150 导线架设，线间几何平均距离为 5 m，线路长度为 100 km，如题 3-5 图所示。已知线路末端负荷为 40+j30 MV·A，线路首端电压为 115 kV。试求正常运行时线路末端的电压。

题 3-4 图　　　　　　　　　　　　　　　　题 3-5 图

3-6 今有 110 kV 系统如题 3-6 图所示，系统经双回线路向变电所供电，变电所中装有两台变压器，变比为 115.5/11 kV。变压器并列运行，$P_s=133$ kW，$U_k\%=10.5$，$P_0=50$ kW，

$I_0\% = 3.5$。变压器低压侧的负荷为$(20+j15)MV \cdot A$，正常运行时负荷要求电压为$10.5\ kV$。线路单位长度电抗为，每台变压器容量为$20MVA$。求电源处母线上应有的电压和功率。

题 3-6 图

3-7 某回具有串联电容器的$110\ kV$供电线路，其参数和已知条件如题 3-7 图所示。试求节点 1、4 之间的电压损耗（忽略电压降落横分量）以及 2、3、4 各点的电压值。

题 3-7 图

3-8 某系统如题 3-8 图所示，变压器 $T_1$ 容量为 $31.5\ MV \cdot A$，变比为 $220 \pm 2 \times 2.5\%/38.5\ kV$；变压器 $T_2$ 容量为 $60\ MV \cdot A$，变比为 $220 \pm 2 \times 2.5\%/121/38.5\ kV$，设 $A$ 端电压维持 $242\ kV$，进行该电网的潮流计算，并在等值电路上标出各自潮流及各点电压。

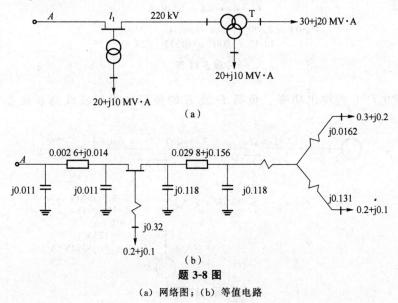

题 3-8 图

（a）网络图；（b）等值电路

3-9 由 $A$、$B$ 两端供电的电力网，其线路阻抗和负荷功率等如题 3-9 图示。试求当 $A$、$B$ 两端供电电压相等（即 $U_A = U_B$）时，各段线路的输送功率是多少（不计线路的功率损耗）？

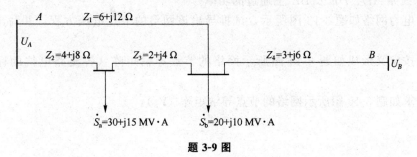

题 3-9 图

3-10 如题 3-10 图所示，$U_A = 117$ kV，试计算各点电压（忽略电压降的横分量）。

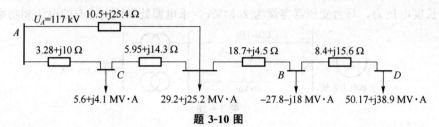

题 3-10 图

3-11 简化 10 kV 地方电网如题 3-11 图所示，它属于两端电压相等的均一网，各段采用铝导线型号，线段距离均标于图中，各段导线均为三角排列，几何均距相等，试求该电力网的功率分布及其中的最大电压损耗。

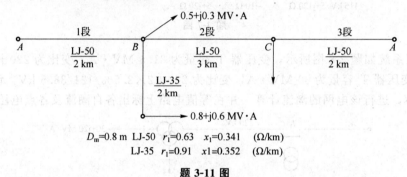

$D_m = 0.8$ m LJ-50 $r_1 = 0.63$ $x_1 = 0.341$ （Ω/km）

LJ-35 $r_1 = 0.91$ $x1 = 0.352$ （Ω/km）

题 3-11 图

3-12 发电厂 C 的输出功率、负荷 D 及 E 的负荷功率以及线路长度参数如题 3-12 图所示。

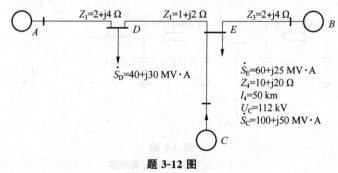

题 3-12 图

当 $\dot{U}_C = 112 \angle 0° $ kV，$\dot{U}_A = \dot{U}_B$，并计及线路 CE 上的功率损耗，但不计其他线路上功率损耗时，求线路 AD、DE 及 BE 上通过的功率。

3-13 电力网络如题 3-13 图所示，试推导出该网络的节点电压方程，并写出节点导纳矩阵。

3-14 按定义形成如题 3-14 图所示网络的节点导纳矩阵（各支路电抗的标幺值已给出）。

3-15 求如题 3-15 图所示网络的节点导纳矩阵（$Y_B$）。

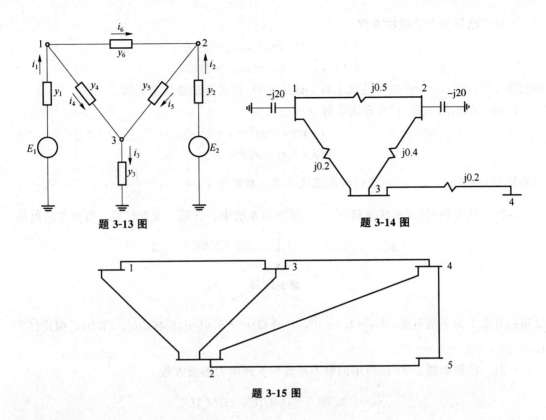

题 3-13 图

题 3-14 图

题 3-15 图

网络参数如下表：

| 母线编号 $i-j$ | 线路阻抗（标幺值）$Z$ | 线路充电容抗（标幺值）$X_c/2$ |
| --- | --- | --- |
| 1-2 | 0.02＋j0.06 | −j33.33 |
| 1-3 | 0.08＋j0.24 | −j40 |
| 2-3 | 0.06＋j0.18 | −j50 |
| 2-4 | 0.06＋j0.18 | −j50 |
| 2-5 | 0.04＋j0.12 | −j66.66 |
| 3-4 | 0.01＋j0.03 | −j100 |
| 4-5 | 0.08＋j0.24 | −j40 |

3-16　如题 3-16 图所示，各支路参数为标幺值，试写出该电路的节点导纳矩阵。

3-17　已知电网如题 3-17 图所示，各支路阻抗均已标于图中，试用支路追加法求节点阻抗矩阵（图中阻抗为标幺值）。

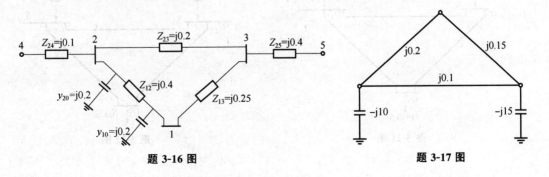

题 3-16 图

题 3-17 图

3-18 已知如下非线性方程

$$f_1(x_1, x_2) = 2x_1 + x_1 x_2 - 1 = 0$$

$$f_2(x_1, x_2) = 2x_2 - x_1 x_2 + 1 = 0$$

取初值 $x_1^{(0)} = 0$，$x_2^{(0)} = 0$ 进行迭代求解，试用牛顿-拉夫逊法迭代求真解。

3-19 试利用牛顿-拉夫逊法求解

$$f_1(x) = x_1^2 + x_2^2 - 1 = 0$$

$$f_2(x) = x_1 + x_2 = 0$$

起始猜测为 $x_1^0 = 1$、$x_2^0 = 0$，进行两次迭代（注：真解为 $x_1 = -x_2 = \dfrac{1}{\sqrt{2}}$）。

3-20 用牛顿-拉夫逊法求解题 3-20 图所示系统中，在第一次迭代后，节点 2 的电压。

**题 3-20 图**

已知：节点 1 为平衡节点，$\dot{U}_1 = 1.0\angle 0°$，$P_2 + Q_2 = -5.96 + j1.46$，$U_3 = 1.02$，假定 $\dot{U}_3^{(0)} = 1.02\angle 0°$，$\dot{U}_2^{(0)} = 1.0\angle 0°$。

3-21 已知如题 3-21 图所示的电力系统与下列电力潮流方程

$$\dot{S}_1 = j19.98U_1^2 - j10\dot{U}_1\overset{*}{U}_2 - j10\dot{U}_1\overset{*}{U}_3$$

$$\dot{S}_2 = -j10\dot{U}_2\overset{*}{U}_1 + j19.98U_2^2 - j10\dot{U}_2\overset{*}{U}_3$$

$$\dot{S}_3 = -j10\dot{U}_3\overset{*}{U}_1 - j10\dot{U}_3\overset{*}{U}_2 + j19.98U_3^2$$

试求 $\dot{U}_2^{(1)}$、$\dot{U}_3^{(1)}$，由 $\dot{U}_2^{(0)} = \dot{U}_3^{(0)} = 1\angle 0°$ 开始。

3-22 如题 3-22 图所示系统中，假定

$$\dot{S}_{D1} = 1 + j0, \quad \dot{U}_1 = 1\angle 0°$$

$$P_{G2} = 0.8, \quad U_2 = 1.0$$

$$\dot{S}_{D3} = 1.0 + j0.6$$

$$Z_l = j0.4 \ （所有线路）$$

试求 $\dot{U}_2$ 和 $\dot{U}_3$，只进行两次迭代，由 $\dot{U}_2^{(0)} = \dot{U}_3^{(0)} = 1\angle 0°$ 开始。

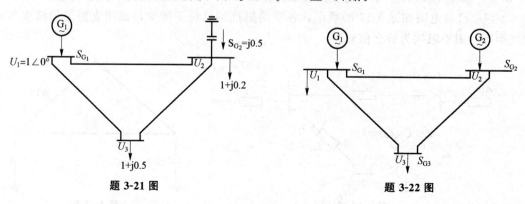

**题 3-21 图**      **题 3-22 图**

3-23 简单电力系统如题 3-23 图所示，试用牛顿-拉夫逊法计算该系统的潮流。

3-24 如题 3-24 图所示的简化系统，标幺阻抗参数均已标出，节点 1 为平衡点，$U_1 = 1.0$，$\delta_1 = 0°$；节点 2 为 $PV$ 节点，$P_2 = 0.8$，$U_2 = 1.0$，最大无功功率 $Q_{2max} = 2$；节点 3 为 $PQ$ 节点，$P3 + jQ3 = 2 + j1$。试用牛顿-拉夫逊法计算该系统的潮流。

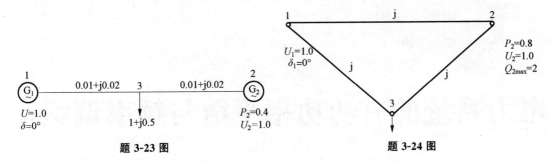

题 3-23 图　　　　　　　　　　　题 3-24 图

3-25 已知三节点的 110 kV 电力系统的接线图如图 3-25 所示，输电线均为 LGJ-185 水平排列，$D_m = 5$ m，不考虑线路对地电容影响，变电所 2 和 3 的负荷如图所示，母线 1 的电压维持在 118 kV 运行。试用牛顿-拉夫逊法求系统潮流分布（要求列出计算原始条件，计算步骤及框图）。

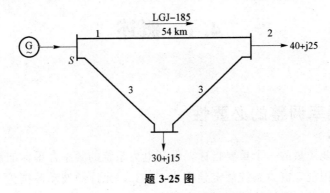

题 3-25 图

# 第 4 章

>>>>>

# 电力系统的有功功率平衡与频率调整

## 4.1 概述

### 4.1.1 频率调整的必要性

频率是衡量电能质量的一个重要指标，保证电力系统的频率合乎标准是系统运行调整的一项基本内容。我国规定电力系统额定频率为 50 Hz，允许的波动范围为 0.2～0.5 Hz，允许频率偏移的大小与电力系统管理与运行水平有关，它反映了一个国家的工业发展水平。一些工业发达的国家的频率偏移规定为 ±0.11 Hz，如美国。

当频率变化超出允许范围时，对用电设备的正常工作和电力系统的稳定运行，都会产生影响，甚至造成事故，具体如下。

（1）工业中普遍应用的异步电动机，其转速与电力系统频率有关。频率变化时将引起电动机转速变化，从而影响产品的质量，如纺织品、纸张等将产生瑕疵和厚薄不均的质量问题，从而出现残次品。

（2）现代工业、国防和科学研究部门广泛应用各种电子技术设备，系统频率的不稳定会影响这些电子设备的工作特性，从而降低精度造成误差。

（3）当电力系统低频率运行时，汽轮机低压级叶片将由于振动大而产生裂纹，缩短叶片寿命，严重时还会断裂。

（4）发电厂本身有许多由异步电动机拖动的重要设备，如给水泵、循环水泵、风机等。如果系统频率降低，则会使电动机输出功率减少，造成水压、风力不足，影响锅炉和发电机的正常运行；而如果发电机输出减少，则会使系统频率进一步下降，导致系统崩溃。

由此可见，要想保证电力系统的正常运行，必须将频率控制在所规定的范围内。这就要求电力系统对频率不断进行调整。

## 4.1.2　频率调整的方法

电力系统频率的变化是由于有功负荷变化引起的，而系统的负荷又时刻在不规则地变化着。系统实际的负荷变化曲线可以分解为 3 种具有不同变化规律的变动负荷：（1）负荷分量具有不同变化规律的变动负荷，其变动幅度小，为 0.1%～0.5%，变化周期短，一般在 10 s 以内；（2）负荷分量变动幅度较大，为 0.5%～1.5%，变化周期较长，一般为 10 s～3 min；（3）负荷分量是持续动负荷。

对于不同类型的负荷变化，采取的调频方法是不同的，前两种负荷的变化为随机的偶然性变化和冲击性变化，因此必须调整系统中电源的有功功率才能维持系统频率的稳定。第一种变化负荷由发电机组的调速器引起的频率偏移，称为频率的一次调整。第二种变化负荷由发电机组的调频器引起的频率偏移，称为频率的二次调整。第三种负荷的变化是可预测的，调度部门按经济调度的原则事先给各发电厂分配发电任务，各发电厂按给定的任务及时地满足系统负荷的需求，就可以维持频率的稳定。

系统频率主要通过发电机组原动机的自动调节转速系统（简称自动调速系统）来进行调节，其核心是调速器和调频器，也称为同步器。

# 4.2　电力系统的有功功率平衡

由电能供求的同时性可知，任何时候发电机发出的功率一定与电网所消耗的功率相平衡，即

$$\sum P_G = \sum P_L + \sum \Delta P_l + \sum \Delta P_g \tag{4-1}$$

式中，$P_G$——电网中所有发电机发出功率的总和；

　　　$P_L$——电网用户负荷的总和；

　　　$\Delta P_l$——网络中线路和变压器上的有功功率损耗；

　　　$\Delta P_g$——网络内发电厂本身的厂用电总和。

电能系统的负荷时刻都在变化，为了保证可靠供电和良好的电能质量，系统中的发电设备容量应大于系统的负荷。系统中的发电容量大于负荷的部分称为备用容量。

备用容量以热备用和冷备用的形式存在于系统中，热备用是指运行着的发电设备可能发出的最大功率与系统实际的负荷之差，也称为旋转备用；冷备用是指系统中那些未运行的发电设备可能发出的最大功率。检修中的发电设备不属于冷备用。

只有电力系统具备了足够的热备用，电力系统才能安全、正常运行，并保证用户良好的电能质量。

## 4.2.1　电力网负荷的功率-频率特性

负荷从系统吸取的有功功率的大小不仅与系统频率相关，也与负荷的电压等因素有关。

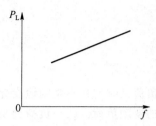

图 4-1 有功负荷的频率特性

假设除频率外，系统其他因素保持不变，负荷吸取的有功功率的大小随系统频率变化的静态关系，称为负荷的功率-频率静特性，简称负荷的功频静特性。

在电力系统运行中，允许频率变化的范围很小，在较小的频率变化范围内，实测得到负荷的功频静特性接近一条直线，如图 4-1 所示。

负荷的功频静特性斜率为

$$K_L = \frac{\Delta P_L}{\Delta f} \tag{4-2}$$

$K_L$ 称为负荷的单位调节功率，单位为 MW/Hz，它的标幺值表达式为

$$K_{L*} = \frac{\Delta P_{L*}}{\Delta f_*} = \frac{\Delta P_L/P_{LN}}{\Delta f/f_N} = K_L \frac{f_N}{P_{LN}} \tag{4-3}$$

式中，$\Delta P_L$——负荷变化量；

   $\Delta f$——系统率变化量；

   $f_N$——系统额定运行频率；

   $P_{LN}$——额定频率下的系统负荷。

$K_L$ 标志着随频率的升降负荷消耗功率增加或减少的程度，其标幺值在数值上就等于额定条件下负荷的频率调节效应，即在 $f_N$ 条件下负荷随频率变化的变化率。负荷吸取的功率增大，频率上升为正，反之为负。$K_L$ 始终为正值。

$K_{L*}$ 是电网调度部门掌握的一个数据，在实际系统中，需经过试验求得。一般系统为 1～3，通常取为 1.5。

## 4.2.2  发电机的功率-频率特性

发电机的功率-频率特性通常理解为发电机组中原动机机械功率的功频静特性。

发电机的频率调整是由原动机的调整系统来实现的。当原动机未配置自动调速系统时，其机械功率 $P_m$ 与角速率 $\omega$ 或频率 $f$ 的关系为

$$P_m = C_1\omega - C_2\omega^2 = C_1'f - C_2'f^2 \tag{4-4}$$

式中，各变量均为标幺值，$C_1$ 和 $C_2$ 等均为常数。

式(4-4)可以用图 4-2 所示的曲线表示。从图中可知，只有转速或频率处于额定情况时，机械功率 $P_m$ 才达到最大值。这时发电机的输出功率 $P_G$ 也最大。

原动机配置自动调速系统后，它的调速器随机组转速的变动不断改变进汽量或进水量，使原动机的运行点不断从一条功频静特性曲线向另一条功频静特性曲线过渡，如图 4-3(a)所示。图 4-3(a)中的曲线分别对应不同进汽量或进水量的发电机的静态频率特性。

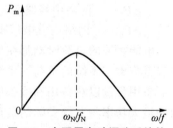

图 4-2 未配置自动调速系统的
原动机的功频静特性

这种频率随发电机功率增大而有所降低的特性，是线性的，称为发电机的功率-频率静特性，简称发电机的功频静特性，如图 4-3(b)所示。调速器系统又称为发电机组的频率一次调整系统，或一次调频系统，是自动进行的。

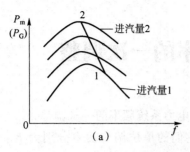
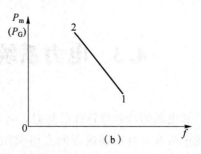

**图 4-3 发电机的功频静特性**

（a）功频静特性曲线；（b）有调速器时的功频静特性

发电机的功频静特性的直线的斜率为负数，即

$$K_G = -\frac{\Delta P_G}{\Delta f} \tag{4-5}$$

$K_G$ 称为发电机的单位调节功率，单位为 MW/Hz，功率增加和频率上升为正，反之为负，这样使 $K_G$ 始终为正数，它的标幺值表示为

$$K_{G*} = \frac{\Delta P_{G*}}{\Delta f_*} = \frac{\Delta P_G/P_{GN}}{\Delta f/f_N} = K_G \frac{f_N}{P_{GN}} \tag{4-6}$$

式中，$P_{GN}$——发电机的额定功率；

$f_N$——系统额定频率；

$\Delta P_G$——发电机功率变化量；

$\Delta f$——系统频率变化量。

发电机的单位调节功率的倒数称为发电机组的调差系数，其表达式为

$$\sigma = -\frac{\Delta f}{\Delta P_G} = -\frac{(f_N - f_0)}{(P_{GN} - 0)} = \frac{f_0 - f_N}{P_{GN}} \tag{4-7}$$

$$\sigma_* = \frac{1}{K_{G*}} = -\frac{\Delta f_*}{\Delta P_{G*}} \tag{4-8}$$

式中，$f_0$——空载时的频率；

$f_N$——额定功率 $P_{GN}$ 时的频率。

负号表示发电机输出功率的变化和频率变化的方向相反。

调差系数也可以用百分数形式表示，即

$$\sigma\% = -\frac{\Delta f/f_N}{\Delta P_G/P_{GN}} \times 100\% = -\frac{f_0 - f_N}{f_N} \times 100\% \tag{4-9}$$

发电机的调差系数 $\sigma\%$ 或单位调节功率 $K_{G*}$ 是可以整定的，一般整定为：汽轮发电机组 $\sigma\% = 4\% \sim 5\%$，水轮发电机组 $\sigma\% = 2\% \sim 4\%$。

发电机二次调频是通过调频器来实现的。调频器作用的效果就是改变发电机组的功频静特性，使由一次调整的功频静特性平行移动，如图 4-4 所示。

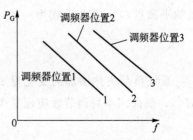

**图 4-4 有二次调整时的功频静特性**

# 4.3  电力系统频率的一次调整

当负荷和电源的功频静特性已知时，可以分析电力系统频率的一次调整。

当系统中装有 $n$ 台有调速器的发电机组时，它们的单位调节功率分别为 $K_{G1}$，$K_{G2}$，…，$K_{Gn}$。当系统的频率有 $\Delta f$ 的变动时，各发电机组将分别有 $\Delta P_{Gi}$ 的功率变化，即

$$K_{G1} = -\frac{\Delta P_{G1}}{\Delta f} \qquad \Delta P_{G1} = -K_{G1}\Delta f$$

$$K_{G1} = -\frac{\Delta P_{G1}}{\Delta f} \quad \rightarrow \quad \Delta P_{G1} = -K_{G1}\Delta f$$

$$\cdots \qquad \qquad \cdots$$

$$K_{Gn} = -\frac{\Delta P_{Gn}}{\Delta f} \quad \rightarrow \quad \Delta P_{Gn} = -K_{Gn}\Delta f$$

于是，当 $n$ 台机组参加调频时，可得

$$\Delta P_{GS} = \sum_{i=1}^{n} \Delta P_{Gi} = -\sum_{i=1}^{n} \Delta K_{Gi}\Delta f = -K_{GS}\Delta f \tag{4-10}$$

$$K_{GS} = \sum_{i=1}^{n} K_{Gi}$$

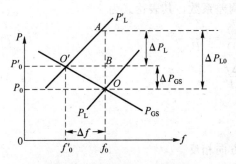

**图 4-5  系统频率的一次调整**

从而得到系统电源的功频特性如图 4-5 中的线 $P_{GS}$，$P_{GS}$ 特性与负荷功频特性曲线相交于 $O$ 点，$O$ 点是初始运行点，此时系统负荷 $\Delta P_{L0}$ 与发电机输出功率 $P_{GS0}$ 相平衡，系统的频率为 $P_0$，它们满足的关系为

$$\Delta P_{L0} = P_{GS0} = P_0 \tag{4-11}$$

若系统负荷突然增加 $\Delta P_{L0}$，即负荷的功频静特性突然向上移动 $\Delta P_{L0}$ 直至直线 $P'_L$，因为发电机功率不能随之立即变化，故使机组减速，频率降低，发电机调速器动作增发功率。负荷的功率也因它的调节效应，沿 $P'_L$ 直线降低，抵达到新的平衡点 $O'$。其关系式为

$$\Delta P_{GS} = -K_{GS}\Delta f \tag{4-12}$$

$$\Delta P_L = K_L \Delta f \tag{4-13}$$

系统负荷突然增加的变化量 $\Delta P_{L0}$ 应由两部分组成：发电机组因频率降低而增发的功率 $\Delta P_{GS}$，负荷因本身调节效应而减少的负荷 $\Delta P_L$。且满足以下关系

$$P'_0 = P_0 + \Delta P_{L0} + \Delta P_L$$

$$P'_0 = P_0 + \Delta P_{GS}$$

$$\Delta P_{L0} + \Delta P_L = \Delta P_{GS}$$

$$\Delta P_{L0} = \Delta P_{GS} - \Delta P_L$$
$$= -(K_{GS} + K_L)\,\Delta f$$
$$= -K_S \Delta f$$
$$K_S = (K_{GS} + K_L) \tag{4-14}$$

$K_S$ 称为系统的单位调节功率，单位为 MW/Hz。系统的单位调节功率由两部分组成：电源的单位调节功率和负荷的单位调节功率。因为负荷的单位调节功率是常数不可调，故要改变系统单位调节功率只能调节系统电源的单位调节功率。

将式（4-14）改写为

$$\Delta f = -\frac{\Delta P_{L0}}{K_S} \tag{4-15}$$

由上式可看到：系统负荷变化引起系统频率的变化量与系统的单位调节功率 $K_S$ 成反比。很明显，系统的 $K_S$ 越大，负荷变动引起频率变动的幅度越小，系统的电能质量越高。但发电机组的 $K_G$ 不能过大，否则调速系统将无法稳定工作。而且，由于系统中热备用是有一定比例的，加之系统中某些发电机是满载运行的，而这部分发电机功率将无法再增加，因此系统中的 $K_S$ 不可能很大。

**例 4-1** 某系统中发电机的容量和它们的调差系数分别为

水轮机组：100 MW/台×2；$\sigma\% = 2.5$

汽轮机组：100 MW/台×2；$\sigma\% = 4$

全系统总负荷为 320 MW，负荷单位调节功率 $K_{L*} = 1.5$，当系统负荷增加 40 MW 时，试求：(1) 各机组按平均分配负荷方式系统频率下降多少？(2) 汽轮机满载，水轮机每台带 60 MW 负荷的方式运行，系统的频率下降多少？

**解**：按 $K_G = \dfrac{P_{GN}}{f_N \sigma\%} \times 100$ 计算各种发电机组的 $K_G$。

水轮机组：　　$K_G = \dfrac{100}{50 \times 2.5} \times 100 \text{ MW/Hz} = 80 \text{ MW/Hz}$

2 台水轮机：　$K_G = 2 \times 80 \text{ MW/Hz} = 160 \text{ MW/Hz}$

汽轮机：　　　$K_G = \dfrac{100}{50 \times 4} \times 100 \text{ MW/Hz} = 50 \text{ MW/Hz}$

2 台汽轮机：　$K_G = 2 \times 50 \text{ MW/Hz} = 100 \text{ MW/Hz}$

负荷：　　　　$K_L = K_{L*} \dfrac{P_{LN}}{f_N} = 1.5 \times \dfrac{320}{50} \text{ MW/Hz} = 9.6 \text{ MW/Hz}$

(1) $K_S = (160 + 100 + 9.6) \text{MW/Hz} = 269.6 \text{ MW/Hz}$

$$\Delta f = -\frac{\Delta P}{K_S} = -\frac{40}{269.6} \text{Hz} = -0.148 \text{ Hz}$$

当系统负荷增加 40 MW 时，系统频率下降 0.148 Hz。

(2) $K_S = 160 + 9.6 \text{ MW/Hz} = 169.6 \text{ MW/Hz}$

$$\Delta f = -\frac{\Delta P}{K_S} = -\frac{40}{169.6} \text{Hz} = -0.236 \text{ Hz}$$

当系统负荷增加 40 MW 时，系统频率下降 0.236 Hz。

# 4.4　电力系统频率的二次调整

电力系统由于负荷变化引起频率的变化，当依靠一次调频作用不能将系统频率保持在允许范围内时，就需要由发电机组的调频器动作，使发电机组的功频静特性平行移动来改变发电机的有功功率，以保持系统的频率不变或将其保持在允许范围之内。这就是电力系统频率的二次调整。如图 4-6 所示，系统原来运行在 $O$ 点，负荷突然增加 $\Delta P_{L0}$ 后，如不进行二次调整，则会运行在 $O'$ 点，系统频率为 $f_0'$。这时进行二次调整，操作调频器增发功率，相当于发电机组的功频静特性由 $P_G$ 直线平移至 $P_G'$ 直线，则运行点又从 $O'$ 点转移到 $O''$ 点。$O''$ 点对应频率为 $f_0''$。显然，由于进行了二次调整，系统频率的下降减少了，发电机的功率增加了，系统的运行质量有了改善。

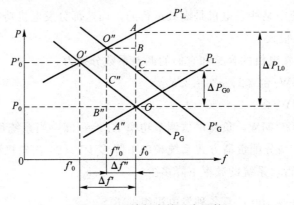

**图 4-6　系统频率的二次调整**

由图 4-6 可知，二次调整后，负荷的突变量由 3 部分组成，（1）由于进行了二次调整，发电机组增发的功率 $\Delta P_{G0}$（图中 $O'C'=OC$）；（2）调速器动作，发电机增发的功率满足 $-K_G\Delta f'' = -K_G$ $(f_0''-f_0)$（图中的 $BC$）；（3）负荷因本身调节效应而减少的负荷 $K_L\Delta f''=K_L(f_0''-f_0)$（图中的 $AB$）。于是得到

$$\begin{cases} \Delta P_{L0} - \Delta P_{G0} = -(K_G + K_L)\,\Delta f \\ \Delta f'' = \Delta f = -\dfrac{\Delta P_{L0} - \Delta P_{G0}}{K_G + K_L} = -\dfrac{\Delta P_{L0} - \Delta P_{G0}}{K_s} \end{cases} \tag{4-16}$$

如果 $\Delta P_{L0} = \Delta P_{G0}$，即发电机二次调频增发的功率等于负荷的突变量，则 $\Delta f = 0$，即实现了无差调节，系统频率不发生变化。

在电力系统中，一般将这种调频任务分配给一个或几个调频厂的发电机。如果调频厂不位于负荷中心，二次调整增发的功率就要通过连接在调频厂与系统间的联络线传送。当 $\Delta P_{G0}$ 较大时，可能使联络线上功率超出允许值，这就出现了在调整系统频率的同时控制联络线上功率的问题。

如图 4-7 所示，系统 A 和系统 B 经联络线组成互联系统。两系统联合前各自的单位调

节功率为 $K_A$、$K_B$，两个系统的负荷增量分别为 $\Delta P_{LA}$、$\Delta P_{LB}$，两个系统都有各自的调频厂，它们二次调频增发的功率分别为 $\Delta P_{GA}$、$\Delta P_{GB}$，联络线上的功率由 A 流向 B，$P_{AB}$ 为正。

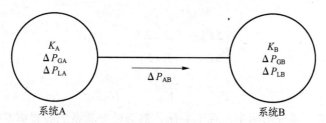

图 4-7　互联系统

联合后，将 A、B 系统看成一个整体，有

$$\Delta P_{LA}+\Delta P_{LB}-\Delta P_{GA}-\Delta P_{GB}=-(K_A+K_B)\,\Delta f$$

$$\Delta f=-\frac{(\Delta P_{LA}-\Delta P_{GA})+(\Delta P_{LB}-\Delta P_{GB})}{K_A+K_A} \tag{4-17}$$

对 A 系统单独分析，联络线功率变化量 $\Delta P_{AB}$ 相当于增加了一个负荷，即

$$\Delta P_{LA}+\Delta P_{AB}-\Delta P_{GA}=-K_A\Delta f$$

对 B 系统单独分析，联络线功率变化量 $\Delta P_{AB}$ 相当于增加了一个电源，即

$$\Delta P_{LA}-\Delta P_{AB}-\Delta P_{GB}=-K_B\Delta f$$

两式联立求解得

$$\Delta P_{AB}=\frac{K_A(\Delta P_{LB}-\Delta P_{GB})-K_B(\Delta P_{LA}-\Delta P_{GA})}{K_A+K_B} \tag{4-18}$$

令　　　　　　　$\Delta P_A=\Delta P_{LA}-\Delta P_{GA}$，$\Delta P_B=\Delta P_{LB}-\Delta P_{GB}$

$\Delta P_A$、$\Delta P_B$ 分别称为 A、B 系统的功率缺额，则式（4-17）、式（4-18）可写为

$$\Delta f=-\frac{\Delta P_B+\Delta P_A}{K_A+K_B} \tag{4-19}$$

$$\Delta P_{AB}=\frac{K_A\Delta P_B-K_B\Delta P_A}{K_A+K_B} \tag{4-20}$$

互联系统有以下 3 种常用的调整方式。

1）按频率的调整方式

采用按频率的调整方式是为了保持系统率不变，即 $\Delta f=0$。仍以 A、B 两系统为例来说明，当 $\Delta f=0$ 时，其关系式为

$$\Delta P_{AB}=-(\Delta P_{LA}-\Delta P_{GA})=-\Delta P_A \tag{4-21}$$

$$\Delta P_{AB}=\Delta P_{LB}-\Delta P_{GB}=\Delta P_B \tag{4-22}$$

联络线上功率仍存在，其变化量的大小取决于两系统的功率缺额。如果两系统均有二次调频且都能平衡各自负荷的变化量，即 $\Delta P_A=\Delta P_B=0$，则 $\Delta P_{AB}=0$。当只有一个系统出现大的负荷的变化量，而且又不能由本系统的二次调整补偿，需另一系统支援时，会产生联络线功率增量很大，从而超过允许值的情况。

采用按频率调整方式，只需要监视系统频率的变化。发电机组的调频装置按频率的偏移 $\Delta f$ 来调节，当 $\Delta f=0$ 时停止调频。

2）按联络线交换功率调整方式

采用按联络线交换功率调整方式是为了保持联络线功率不变，即 $\Delta P_{AB}=0$，而不控制系统频率。

$$\begin{cases} \Delta P_A = -K_A \Delta f \\ \Delta P_B = -K_B \Delta f \\ \Delta f = -\dfrac{\Delta P_A}{K_A} = -\dfrac{\Delta P_B}{K_B} \end{cases} \qquad (4\text{-}23)$$

上式表示不论哪一系统的功率出现不平衡，都会使互联系统的频率发生变化。

例如，A 系统有二次调频装置，而 B 系统没有，当 A、B 系统分别有负荷 $\Delta P_{LA}$、$\Delta P_{LB}$ 的变化时，因为 $\Delta P_{GB}=0$，所以

$$\Delta f = -\frac{\Delta P_{LB}}{K_B} \qquad (4\text{-}24)$$

使两系统的频率都下降，这时 A 系统二次调频增发的功率为

$$\Delta P_{GA} = \Delta P_{LA} + K_A \Delta f = \Delta P_{LA} - \frac{K_A}{K_B}\Delta P_{LB} \qquad (4\text{-}25)$$

说明 A 系统二次调频增发的 $\Delta P_{GA}$ 无须平衡 $\Delta P_{LA}$，这一部分由一次调整来完成。

采用这种调频方式，只需监视联络线功率，一旦 $\Delta P_{AB}=0$，调频则停止。

3）按频率及交换功率偏移的调整方式

按频率及交换功率偏移的调整方式要求各系统内部功率就地平衡，即 $\Delta P_A=0$、$\Delta P_B=0$，不管其他系统功率是否能平衡。如果 A、B 系统都有二次调频，实现了 $\Delta P_A=0$、$\Delta P_B=0$，则 $\Delta f=0$、$\Delta P_{AB}=0$。如果 A 系统有二次调频，而 B 系统没有，这时有

$$\begin{cases} \Delta P_A = 0 \\ \Delta f = -\dfrac{\Delta P_{LB}}{K_A+K_B} \\ \Delta P_{AB} = -K_A \Delta f \end{cases} \qquad (4\text{-}26)$$

即频率和联络线功率都出现偏移。

这种调整方式，既要监视系统频率的偏移，又要监视联络线功率的偏移。且因其既保证整个系统的频率质量，又不致引起联络线功率有较大的变化量，使用较广。

**例 4-2** 如图 4-8 所示互联系统，各系统以自身容量为基准的单位调节功率值也表示在图中。A 系统负荷变化为 100 MW，试计算下列情况下的频率偏差和联络线功率的变化量：（1）A、B 系统都参加一次调频；（2）A、B 系统参加一次调频，A 系统二次调增发功率 50 MW；（3）A、B 系统都参加一次调频，B 系统二次调频增发功率 100 MW。

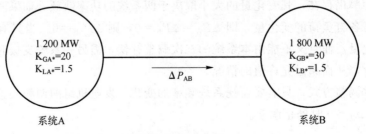

图 4-8　例 4-2 图

解：

$$K_{GA} = K_{GA*} P_{GAN} / f_N = (20 \times 1200 / 50) \text{MW/Hz} = 480 \text{ MW/Hz}$$
$$K_{GB} = K_{GB*} P_{GBN} / f_N = (30 \times 1800 / 50) \text{MW/Hz} = 960 \text{ MW/Hz}$$
$$K_{LB} = K_{LB*} P_{GBN} / f_N = (1.5 \times 1800 / 50) \text{MW/Hz} = 54 \text{ MW/Hz}$$
$$K_{LA} = K_{LA*} P_{GAN} / f_N = (1.5 \times 1200 / 50) \text{MW/Hz} = 36 \text{ MW/Hz}$$

（1）A、B 两系统都参加一次调频：

$$K_A = (480 + 36) \text{MW/Hz} = 516 \text{ MW/Hz}$$
$$K_B = (960 + 54) \text{MW/Hz} = 1014 \text{ MW/Hz}$$
$$\Delta P_A = 100 \text{ MW}$$

$$\Delta f = -\frac{\Delta P_B + \Delta P_A}{K_A + K_B} = -\frac{100 + 0}{516 + 1014} \text{ Hz} = -0.065 \text{ Hz}$$

$$\Delta P_{AB} = \frac{K_A \Delta P_B - K_B \Delta P_A}{K_A + K_B} = -\frac{1014 \times 100}{516 + 1014} \text{ MW} = -66.27 \text{ MW}$$

这种情况频率下降不大，B 系统通过联络线向 A 系统增发功率 $-66.27$ MW。

（2）A、B 系统参加一次调频：

$$K_A = 516 \text{ MW/Hz}, \quad K_B = 1014 \text{ MW/Hz}$$

A 系统二次调频增发功率 50 MW：

$$\Delta P_A = \Delta P_{LA} - \Delta P_{GA} = 100 - 50 \text{ MW} = 50 \text{ MW}$$
$$\Delta P_B = 0$$

$$\Delta f = -\frac{\Delta P_B + \Delta P_A}{K_A + K_B} = -\frac{50 + 0}{516 + 1014} \text{ Hz} = -0.033 \text{ Hz}$$

$$\Delta P_{AB} = \frac{K_A \Delta P_B - K_B \Delta P_A}{K_A + K_B} = -\frac{1014 \times 50}{516 + 1014} \text{ MW} = -33.14 \text{ MW}$$

这种情况由于 A 系统参加了二次调频，频率偏移减小。

（3）A、B 系统参加一次调频：

$$K_A = 516 \text{ MW/Hz}, \quad K_B = 1014 \text{ MW/Hz}$$
$$\Delta P_A = \Delta P_{LA} = 100 \text{ MW}$$

B 系统二次调频增发功率 100 MW：

$$\Delta P_B = \Delta P_{LB} - \Delta P_{GB} = -100 \text{ MW}$$

$$\Delta f = -\frac{\Delta P_B + \Delta P_A}{K_A + K_B} = -\frac{100 - 100}{516 + 1014} \text{ Hz} = 0$$

$$\Delta P_{AB} = \frac{K_A \Delta P_B - K_B \Delta P_A}{K_A + K_B} = -\frac{-100(1014 + 516)}{516 + 1014} \text{ MW} = -100 \text{ MW}$$

这种情况由于系统参加二次调频并实现了无差调节，但联络线功率变化过大，达到 100 MW。

# 4.5  电力系统有功功率的经济分配

## 4.5.1  忽略线损时电力系统有功经济分配

在只具有火电厂的电力系统中进行有功功率经济分配时，主要考虑的是使燃料费用最小。

火电厂燃料费用主要与发电机有功出力 $P_G$ 有关，而与无功出力 $Q_G$ 及电压等其他运行参数关系较小。因此，发电机组 $i$ 的燃料费用可写成函数式 $F_i(P_{Gi})$，整个系统单位时间的燃料费可写成

$$F = \sum_{i=1}^{m} F_i(P_{Gi}) = F_1(P_{G1}) + F_2(P_{G2}) + \cdots + F_m(P_{Gm}) \tag{4-27}$$

其中，$F$ 的单位为元/h，$m$ 为发电机数。

一般发电机组的燃料费用与有功出力的关系如图 4-9 所示。这种关系称为发电机组的燃料费用特性。在特性曲线上任一点 $\alpha$ 的斜率为

$$\frac{\mathrm{d}F}{\mathrm{d}P_G} = \tan\beta \tag{4-28}$$

它称为燃料费用微增率。

在进行有功经济分配时，应使全系统每小时的燃料费用为最小，即使 $F = F_{\min}$，并应满足：

(1) 电力系统有功功率必须平衡，在忽略网损时可以用发电机出力为变量的函数来表示，即

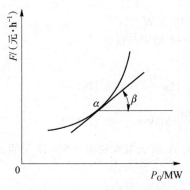

**图 4-9 发电机的燃料费用特性**

$$h(P_{G1}, P_{G2}, \cdots, P_{Gm}, P_D) = P_D - \sum_{i=1}^{m} P_{Gi} = 0 \tag{4-29}$$

式中，$P_D$——有功负荷的总和。

(2) 各发电机出力均不能越限，即

$$P_{Gi\min} \leqslant P_{Gi} \leqslant P_{Gi\max} \tag{4-30}$$

$$Q_{Gi\min} \leqslant Q_{Gi} \leqslant Q_{Gi\max} \tag{4-31}$$

(3) 系统各点的电压不能越限，即

$$U_{k\min} \leqslant U_k \leqslant U_{k\max} \quad (k=1,2,\cdots,n) \tag{4-32}$$

式中，$n$——系统节点总数。

当只考虑等式约束，而将不等约束作为校验条件来处理时，可以用拉格朗日函数，即

$$L = \sum_{i=1}^{m} F_i(P_{Gi}) - \lambda h(P_{G1}, P_{G2}, \cdots, P_{Gm}) \tag{4-33}$$

式中，$\lambda$——拉格朗日乘子。

拉格朗日函数 $L$ 的无不等约束条件极值的必要条件为

$$\frac{\partial L}{\partial P_{G1}} = \frac{\partial F_1}{\partial P_{G1}} - \lambda = 0$$

$$\frac{\partial L}{\partial P_2} = \frac{\partial F_2}{\partial P_{G2}} - \lambda = 0$$

$$\vdots$$

$$\frac{\partial L}{\partial P_{Gm}} = \frac{\partial F_m}{\partial P_{Gm}} - \lambda = 0$$

也可以得出以下关系

$$\frac{\partial F_1}{\partial P_{G1}} = \frac{\partial F_2}{\partial P_{G2}} = \cdots = \frac{\partial F_m}{\partial P_{Gm}} = \lambda$$

也可以写成

$$\frac{dF_1}{dP_{G1}} = \frac{dF_2}{dP_{G2}} = \cdots = \frac{dF_m}{dP_{Gm}} = \lambda \tag{4-34}$$

式中，$dF_i/dP_{Gi}$ 称为发电机 $i$ 的燃料微增率，单位为元/(kW·h)。

这就是多个火力发电厂在忽略线损时的经济功率分配等微增率准则。

以上只考虑了等式约束，对于不等式约束可以做一简单说明。当某一时刻已有一台机组满载，系统负荷继续增大时，除了这台机组仍保持满载外，其他机组可按"等微增率准则"继续进行功率分配。有关不等式约束方法可以参阅相关资料。

当系统中有水、火电厂时，一般应充分利用水库的水量发电。但水库的特点是在一定时段 $0 \to T$ 内，发电的用水量 $W_{jT}$ 是个定值，这是根据河流的水文资料与灌溉、航运等情况来定的。若第 $j$ 个水电站的用水量为

$$W_{jT} = \int_0^T w_j dt \tag{4-35}$$

式中，$W_{jT}$——水电站 $j$ 在时段 $0 \to T$ 内的总用水量，单位为 $m^3$；

　　　　$w_j$——水电站 $j(j = 1, 2, \cdots, u)$ 的单位时间用水量，单位为 $m^3/h$。

水、火电并列运行的功率经济分配，就是要在给定的水电站用水量的条件下，使系统中火电站的燃料费用最小。

假设 $m$ 个火电站在时段 $0 \to t$ 内消耗燃料费用的目标函数为

$$F_T = \sum_{i=1}^m \int_0^T F_i dt \quad (i = 1, 2, \cdots, m) \tag{4-36}$$

式中，$F_i$——火电厂 $i$ 在单位时间内的燃料费用，单位为元/h。

目标为

$$F_T = F_{T\min} \tag{4-37}$$

有两个等式约束，一个是在任意时刻 $t$，功率应该平衡，即

$$\sum_{i=1}^m P_{Git} + \sum_{j=1}^u P_{GHjt} - P_{Dt} = 0$$

另一个是在时段 $0 \to T$ 内，能量也应该平衡，即

$$\int_0^T \left( \sum_{i=1}^m P_{Git} + \sum_{j=1}^u P_{GHjt} - P_{Dt} \right) dt = 0$$

且应满足式（4-35）的条件，即

$$\int_0^T w_j dt - W_{jT} = 0 \quad (j = 1, 2, \cdots, u) \tag{4-38}$$

将目标函数和等式约束写成拉格朗日方程为

$$L = F_T - \int_0^T \lambda_t \left[ \left( \sum_{i=1}^m P_{Git} + \sum_{j=1}^u P_{GHjt} - P_{Dt} \right) \right] dt - \sum_{j=1}^u \lambda_{Hj} \left[ \int_0^T w_j dt - W_{jT} \right] \tag{4-39}$$

式中，$\lambda_t$——时刻 $t$ 火电厂的拉格朗日乘子，由于各时刻负荷不同，故 $\lambda_t$ 也不同；

　　　　$\lambda_{Hj}$——水电厂 $j$ 的拉格朗日乘子，在 $0 \to T$ 时段内可以用同一数值，但不同水电站数值不相同。

将式（4-36）代入式（4-39）并求其最小值，即取 $\delta L = 0$，得到 $L$ 的最小值条件为

$$\delta L = \int_0^T \left[ \frac{\partial F_i}{\partial P_{Git}} - \lambda_t \right] \delta P_{Git} dt + \int_0^T \left[ \lambda_{Hj} \frac{\partial w_j}{\partial P_{GHjt}} - \lambda_t \right] \delta P_{GHjt} dt$$

可见 $\delta L = 0$ 的条件为

$$\frac{\partial F_i}{\partial P_{Git}} - \lambda_t = 0$$

$$\lambda_{Hj} \frac{\partial w_j}{\partial P_{GHjt}} - \lambda_t = 0$$

也可以写成

$$\frac{dF_i}{dP_{Git}} = \lambda_{Hj} \frac{dw_j}{dP_{GHjt}} = \lambda_t \tag{4-40}$$

式中，$dF_i/dP_{Git}$——$i$ 火电厂的燃料微增率；

$dw_j/dP_{GHjt}$——$j$ 水电厂的耗水量微增率；

$\lambda_t$——$t$ 时刻火电厂的拉格朗日乘子。

这表示将水电站的耗水量微增率乘一个系数 $\lambda_{Hj}$ 后就折算成了系统全为火电厂时的等微增率准则。

求系数 $\lambda_{Hj}$ 的方法通常需要试探。先设定一个数值 $\lambda_{Hj}^{(0)}$，使水电站按此值在系统中分配负荷，得出水电站的日负荷曲线。再按负荷曲线求出其日用水量 $W_j^{(0)}$，将 $W_j^{(0)}$ 与给定的日用水量 $W_{jT}$ 做比较。若比给定值小，则相应减小 $\lambda_{Hj}$ 值，反之则要增大 $\lambda_{Hj}$ 值。经过若干次试探后，就可以求出正确的 $\lambda_{Hj}$ 值。当第 $k$ 次试探值 $\lambda_{Hj}^{(k)}$ 求出的 $W_j^{(k)}$ 满足

$$|W_j^{(k)} - W_{jT}| \leqslant \varepsilon$$

式中，$\varepsilon$——给定的小正数。

则认为 $\lambda_{Hj}^{(k)}$ 为正确值。

## 4.5.2　考虑线损后的有功经济分配

在电力系统中电能经输电和配电系统传输，其损耗可能占全系统有功功率的 20%～30%，因此在计算经济功率分配时，必须考虑这部分损耗 $\Delta P_L$，即应采用考虑线损后的电厂功率经济分配。为了讨论方便，可将水电厂以 $\lambda_{Hj}$ 来折算成火电厂，不再分开考虑。

目标函数

$$\sum_{i=1}^{m} F_i(P_{Gi}) \tag{4-41}$$

等式约束

$$h(P_{G1}, P_{G2}, \cdots, P_{Gm}, P_D, \Delta P_L) = \sum_{i=1}^{m} P_{Gi} - P_D - \Delta P_L = 0 \tag{4-42}$$

不等式约束仍按上一小节的方法单独处理。

于是拉格朗日方程为

$$L = \sum_{i=1}^{m} P_{Gi} - \lambda h(P_{G1}, P_{G2}, \cdots, P_{Gm}, P_D, \Delta P_L) \tag{4-43}$$

取上式偏导数并使之为 0，则有

$$\frac{\partial L}{\partial P_{Gi}} = \frac{\partial F_i}{\partial P_{Gi}} - \lambda \left(1 - \frac{\partial \Delta P_L}{\partial P_{Gi}}\right) = 0$$

得出

$$\frac{\partial F_i}{\partial P_{Gi}} = \lambda \left(1 - \frac{\partial \Delta P_L}{\partial P_{Gi}}\right)$$

$$\lambda=\frac{\partial F_i}{\partial P_{Gi}}\left[1\Big/\left(1-\frac{\partial \Delta P_L}{\partial P_{Gi}}\right)\right] \quad (i=1,2,\cdots,m) \tag{4-44}$$

即考虑了线损后，经济功率分配仍然可以用"等微增率准则"，不过将发电机的燃料费用微增率$\partial F_i/\partial P_{Gi}$用$1/(1-\partial \Delta P_L/\partial P_{Gi})$做修正，得出新的燃料费用微增率$\lambda$。

在应用式（4-44）时，必须先求出$\Delta P_L$的表达式才可以计算发电机$i$有功功率的线损微增率$\partial \Delta P_L/\partial P_{Gi}$。

# 习题 4

4-1　何为电力系统负荷的有功功率-频率静态特性？何为有功负荷的频率调整效应？

4-2　电力系统 A、B 孤立运行，系统 A 的频率为 49.86 Hz，单位调节功率为 2 000 MW/Hz，系统 B 的频率为 50 Hz，单位调节功率为 3 200 MW/Hz，现用联络线将两系统连接，若不计联络线的功率损耗，试计算联络线的功率和互联系统的频率。

4-3　某系统的额定频率是 50 Hz，总装机容量为 2 000 MW，调差系数为 5%，总负荷 $P_D=1\ 600$ MW，$K_D=50$ MW/Hz。在额定频率下运行时，增加负荷 430 MW，计算下列两种情况下的频率变化，并说明为什么？

（1）所有发电机仅参加一次调频；

（2）所有发电机均参加二次调频。

4-4　某电力系统有 3 台汽轮发电机组，每台额定功率为 300 MW，调差系数为 4%，有 2 台水轮发电机组，每台额定功率为 750 MW，调差系数为 3%。

（1）当系统总负荷为 1 800 MW，运行频率为 50 Hz，$K_{D*}=2$，负荷增加 400 MW 时，所有机组均参加一、二次调频，要使系统频率为 49.9 Hz，试求二次调频所承担的功率增量。

（2）当负荷增加 600 MW 时，所有机组均参加一次调频，试求系统频率及各机组所承担的功率增量。

4-5　三个电力系统联合运行，如题 4-5 图所示。已知它们的单位调节功率：$K_A=200$ MW/Hz，$K_B=80$ MW/Hz，$K_C=100$ MW/Hz。当系统 B 增加 200 MW 负荷时，3 个系统都参加一次调频，并且 C 系统部分机组参加二次调频，增发 70 MW 功率。求联合电力系统的频率偏移 $\Delta f$。

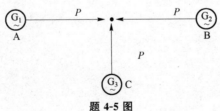

题 4-5 图

4-6　A、B 两系统，当 A 系统负荷增大 500 MW 时，若两系统通过联络线互联，B 系统向 A 系统输送的交换功率为 300 MW；如这时将联络线断开，A 系统的频率为 49 Hz，B 系统的频率为 50 Hz，试求：

（1）A、B 两系统的系统单位调节功率 $K_A$、$K_B$；

（2）A 系统负荷增大 750 MW 时，联合系统的频率变化量。

4-7　如题 4-7 图所示，将两个系统用一条联络线连接起来，A 系统的容量为 2 000 MW，发电机的单位调节功率 $K_{GA*}=30$，负荷的单位调节功率 $K_{LA*}=2$，B 系统的容量为 1 000 MW，$K_{GB*}=20$，$K_{LB*}=1.2$。正常运行时联络线上没有交换功率，当 A 系统负荷增加 100 MW，这时 A、B 两系统的机组都参加一次调频，且 A 系统部分机组参加二次调频，增发 50 MW。试计算系统的频率偏移及联络线上的交换功率。

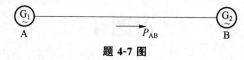

**题 4-7 图**

4-8　在如题 4-8 图所示的 A、B 两机系统中，负荷为 800 MW 时，频率为 50 Hz，若切除 50 MW 负荷后，系统的频率和发电机组的出力为多少？

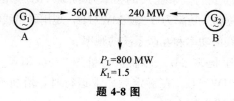

**题 4-8 图**

# 第5章

<<<<<<

# 电力系统的无功功率平衡与电压调整

## 5.1 电力系统的无功功率平衡

无功功率平衡是指要使系统的无功电源所发出的无功功率与系统的无功负荷及无功损耗相平衡。同时，为了运行的可靠性及适应系统负荷的发展，还要求系统有一定的无功备用。

**1. 电力系统的无功功率负荷及无功功率损耗**

无功功率负荷是滞后功率因数运行的用电设备所吸取的无功功率，其中主要是异步电动机的无功功率负荷，一般综合负荷的功率因数为 0.6～0.9。

电网中无功损耗一般有两部分：一是输电线路的无功损耗，输电线路上的串联电抗产生的无功损耗，其数值与线路上传输的电流的平方成正比；输电线路上还有并联电抗器，它消耗的无功功率与网络电压的平方成正比；输电线路上接入的并联电纳，也消耗容性的无功功率。二是变压器上的无功损耗，也分为两部分，即励磁支路损耗和绕组漏抗中的损耗。其中，励磁支路损耗的百分值基本上等于空载电流 $I_0$ 的百分值，为 1%～2%；绕组漏抗中的损耗，在变压器满载时，基本上等于短路电压 $U_S$ 的百分值，约为额定容量的 10%。

电力系统的无功损耗很大。从发电厂到用户，中间要经过多级变压，虽然每台变压器的无功损耗只占其容量的 10% 左右，但多级变压器的无功损耗总和就很大了，较系统中有功功率损耗大得多。

**2. 无功功率电源**

电力系统的无功功率电源包括同步发电机、调相机、电容器和静止无功补偿器。

同步发电机既是电力系统基本的有功功率电源，也是重要的无功功率电源。

调相机实质上就是空载运行的同步电动机，是电力系统中能大量吞吐无功的设备，在过激运行时向系统提供感性无功功率；在欠激运行时从系统吸取感性无功功率。改变调相机的励磁可以平滑地改变它的无功功率的大小及方向，但在欠激运行时，其容量约为过激运行时容量的 50%。此外，调相机在运行时有少量有功功率的损耗。

并联电容器只能向系统供给感性无功功率，它可以根据需要与许多电容器连接成组，因此其容量可大可小，可集中，也可分散。并联电容器供给的感性无功功率与其端电压平方成正比，即

$$Q_C = \frac{U^2}{X_C}$$

式中，$X_C$——电容器的容抗；

    $U$——端点电压。

静止补偿器由电容器和可调电抗器组成，电容器发出无功，电抗器吸收无功，利用控制回路可平滑地调节它的无功功率的大小。

### 3. 无功功率平衡

综合以上所述的无功负荷、无功损耗及无功电源，就可以得到系统的无功平衡，即

$$\sum Q_{DC} = \sum Q_L + \sum \Delta Q_L + \sum \Delta Q_T \tag{5-1}$$

式中，$\sum Q_L$——无功负荷总和；

    $\sum \Delta Q_L$——电力网线路的无功损耗之和；

    $\sum \Delta Q_T$——电网中所有变压器无功损耗之和。

无功功率电源 $\sum Q_{GC}$ 包括发电机发出的无功功率 $Q_G$，调相机发出的无功功率 $Q_{C1}$，并联电容器供给的无功功率 $Q_{C2}$ 和静止无功补偿器供给的无功功率 $Q_{C3}$ 等。其表达式为

$$\sum Q_{GC} = \sum Q_G + \sum Q_{C1} + \sum Q_{C2} + \sum Q_{C3} \tag{5-2}$$

无功功率平衡计算是指计算系统在最大无功负荷情况时的潮流分布，判断系统中无功功率能否平衡。

由于负荷功率因素一般为 0.6～0.9，系统中无功损耗又大，因此当要求发电机在额定功率因数条件下运行时，必须在负荷处配置一些无功补偿装置，使功率因数得以提高。一般地，由高压供电的负荷的功率因数应该在 0.9 以上，其余负荷的功率因数应为 0.85 以上。

无功备用容量一般取最大无功功率负荷的 7%～8%。

# 5.2   电力系统无功功率对电压的影响

在快速解耦潮流计算方法中，忽略了电压角度对节点注入无功功率的影响，以及电压幅值对节点注入有功功率的影响。由此可以看到，系统中无功的分布与电压之间存在着密切的关系。以电力线路为例，简单电力系统等效电路如图 5-1 所示。

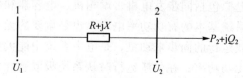

**图 5-1  简单电力系统等效电路**

线路电压降为

$$\Delta U_{12} = \frac{P_2 R + Q_2 X}{U_2}$$

$$\delta U_{12} = \frac{P_2 X + Q_2 R}{U_2}$$

以末端电压为参考相量，有

$$\dot{U}_1 = U_2 + \Delta U_{12} + j\delta U_{12}$$

$$= (U_2 + \Delta U_{12}) + j\delta U_{12}$$

$$\dot{U}_1 = U_1 \cos \delta_{12} + jU_1 \sin \delta_{12}$$

式中，$\delta_{12}$——始端电压与末端电压之间的相角差。

考虑高压线路 $R \ll X$，因而上式可简化为

$$U_1 \cos \delta_{12} = U_2 + \frac{Q_2 X}{U_2}$$

$$Q_2 = \frac{U_2}{X} (U_1 \cos \delta_{12} - U_2)$$

这说明输电线路上无功功率的大小和方向主要决定于始、末端电压的情况，一般线路始末端电压相角差 $\delta_{12}$ 很小，可认为 $\cos \delta_{12} \approx 1$，故 $Q_2$ 表达式为

$$Q_2 = \frac{U_2}{X} (U_1 - U_2) \tag{5-3}$$

线路上传输的无功功率与始、末端电压的差成正比，当负荷需要无功功率增大时，则必须提高始端电压或降低末端电压，但线路电压偏移不能超过允许范围。这时，只有对末端进行无功补偿才能满足负荷的需要。

电网中负荷从网络某点吸取无功功率的大小与网络的频率及该点的电压有关，当仅考虑电压时，电压变化对负荷吸取无功功率大小的变化特性，称为负荷的静态电压特性，即负荷的无功功率与端电压的关系。

系统中综合负荷的电压静态特性一般通过实测得到，如图 5-2 所示。

从图 5-2 中可以看到，负荷的无功功率是随电压降低而减小的。要维持负荷端的电压水平 $U_0$，必须向负荷提供所需要的无功功率 $Q_0$，当供应不足时，负荷端电压将被迫降至 $U_1$。当负荷增大时，无功负荷的电压静特性要平行上移，如图 5-2 中的虚线 $Q'_L(U)$ 所示，这时结果供给的无功功率不变，$Q_0$ 不变，那么负荷端电压也被迫降低至 $U'_0$。

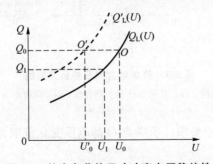

图 5-2　综合负荷的无功功率电压静特性

因此，为了保证电力系统的电压质量，网络中无功功率必须保持平衡。一旦无功功率不足，就会导致网络的电压水平降低。

# 5.3 电压监视点与电压管理

用电设备最理想的工作电压就是它的额定电压。但由于网络中线路与变压器上有功率损耗和电压损耗，而电压损耗与用户负荷大小、网络结构均有关系，所以负荷工作点的电压不可能一直保持在额定工作电压。电力网允许用户所在点的电压偏移保持在一定范围内。

电力系统中负荷点很多，不可能对每个一用户都进行电压监视，一般选定少数有代表性的发电厂、变电所作为电压监视的中枢点，使其电压质量满足要求，从而保证网络内其他用户都有良好的电压质量。

具体来说，电压监视中枢点一般选择在区域性发电厂的高压母线、枢纽变电所的二次母线以及有大量地方性负荷的发电厂母线和负荷端母线。

每个负荷点都允许电压有一定偏移，加上由负荷点至中枢点的电压损耗，可以得到每个负荷点对中枢点电压的要求。综合中枢点所接负荷对中枢点电压的要求，便可确定各中枢点电压的允许变化范围。

简单电力网如图 5-3(a)所示。中枢点 $O$ 向负荷点 $A$、负荷点 $B$ 供电。设两负荷点电压的允许偏移范围为 $\pm 5\%$。$A$、$B$ 的负荷曲线分别如图 5-3(b)、图 5-3(c)所示。在最大负荷 $\dot{S}_{Amax}$、$\dot{S}_{Bmax}$ 时，点 $O$ 至点 $A$、$B$ 的电压损耗分别为 $\Delta U_{Amax}$、$\Delta U_{Bmax}$，在最小负荷 $\dot{S}_{Amin}$、$\dot{S}_{Bmin}$ 时，点 $O$ 至点 $A$、$B$ 的电压损耗分别为 $\Delta U_{Amin}$、$\Delta U_{Bmin}$。

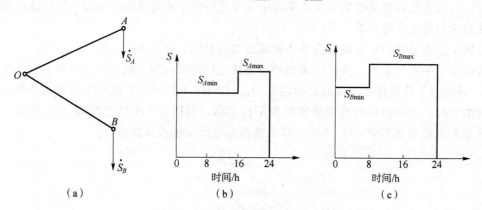

**图 5-3 简单电力网及各负荷曲线**

（a）简单电力网；（b）负荷点 $A$ 的负荷曲线；（c）负荷点 $B$ 的负荷曲线

那么满足负荷点 $A$ 的电压要求，所需点 $O$ 的电压变化范围为

0～16 时：

$$U_{Omax} = 1.05U_N + \Delta U_{Amin}$$

$$U_{Omin} = 0.95U_N + \Delta U_{Amin}$$

16～24 时：

$$U_{O\max}=1.05U_N+\Delta U_{A\max}$$
$$U_{O\min}=0.95U_N+\Delta U_{A\max}$$

假设

$$\Delta U_{A\max}=\Delta U_{B\max}=0.04U_N$$
$$\Delta U_{A\min}=\Delta U_{B\min}=0.01U_N$$

那么，点 $O$ 电压的变化范围应为

0～8 时：

$$U_{O\max}=1.05U_N+0.01U_N=1.06U_N$$
$$U_{O\min}=0.95U_N+0.01U_N=0.96U_N$$

8～16 时：

对点 $A$ 的负荷为

$$U_{O\max}=1.06U_N$$
$$U_{O\min}=0.96U_N$$

对点 $B$ 的负荷为

$$U_{O\max}=1.09U_N$$
$$U_{O\min}=0.99U_N$$

为了同时满足点 $A$、$B$ 负荷的电压要求，点 $O$ 的电压只能在$(1.06～0.99)U_N$ 之间变动，即

$$U_{O\max}=1.06U_N$$
$$U_{O\min}=0.99U_N$$

16～24 时：

$$U_{O\max}=1.09U_N$$
$$U_{O\min}=0.99U_N$$

以上计算结果如图 5-4 所示。

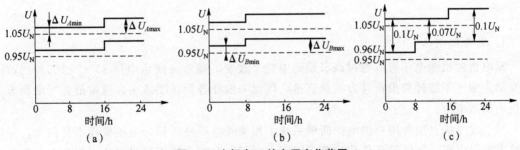

**图 5-4 中枢点 $O$ 的电压变化范围**

(a) 中枢点满足点 $A$ 负荷的电压变化范围；(b) 中枢点满足点 $B$ 负荷的电压变化范围；
(c) 中枢点同时满足点 $A$、$B$ 负荷的电压变化范围

假设：

$$\Delta U_{A\max}=0.04U_N$$
$$\Delta U_{A\min}=0.01U_N$$
$$\Delta U_{B\max}=0.08U_N$$
$$\Delta U_{B\min}=0.02U_N$$

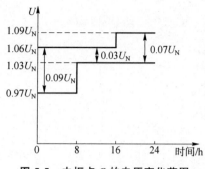

图 5-5 中枢点 $O$ 的电压变化范围

那么中枢点 $O$ 的电压的变化范围应如图 5-5 所示。

中枢点电压允许偏移范围的确定是以网络中电压损失最大的一点和电压损失最小的一点作为依据的。对于中枢电压调整，要视性质而定，一般按以下原则。

中枢点至各负荷点的线路较长，各负荷变化规律大致相同。当负荷的变动较大时，在最大负荷时提高中枢点的电压以抵偿线路上因最大负荷而增大的电压损耗。在最小负荷时，要将中枢点电压降低一些以防止负荷点的电压过高。这种高峰负荷时电压高于低谷时电压的调压称为"逆调压"。一般逆调压方式的中枢点，在最大负荷时保持电压为 $105\%U_N$；在最小负荷时，电压则下降到 $U_N$。

如负荷变动较小，线路上的电压损耗也较小，这种情况一般将中枢点电压保持在 $102\%\sim105\%U_N$ 的范围内，不必随负荷变化来调整中枢点的电压，但仍可保证负荷点的负荷质量，这种调压方式称为"恒调压"或"常调压"。

如果负荷变动很小，则线路上的电压损耗很小，或用户允许较大的电压偏差，则可采用"顺调压"的方式。在最大负荷时允许中枢点电压低一些，但一般不得低于 $102.5\%U_N$，在最小负荷时允许中枢点电压高一些，但一般不得高于 $107.5\%U_N$。

以上所述是系统正常运行时的调压方式。当系统中发生故障时，对电压质量的要求会允许适当降低，通常允许故障时的电压偏移较正常时再增大 5%，而且不同电压等级允许的偏差值是不同的。

# 5.4 电压调整的方法

## 1. 发电机调压

发电机的机端电压可以通过调节励磁电流来改变，通常在额定电压 95%～105% 的范围内变动。由于不需耗费投资且方式最直接，因此一般在各调压手段中，通常最先考虑调节发电机的机端电压。

对于发电机直接向用户供电的简单系统，如果线路不是很长，电压损耗不是很大，一般调整发电机电压，能够满足负荷的要求即可。对于大系统，特别是线路长、损耗大，单靠发电机调压已不能满足负荷的要求，才需采用其他调压措施。

## 2. 调节变压器分接头调压

双绕组变压器的高压绕组和三绕组变压器的高、中压绕组上通常有多个分接头可供选择。一般容量为 6 300 kV·A 以下的变压器，有 3 个分接头，分别为 $U_N$、$U_N(1\pm5\%)$，可调电压范围为 ±5%。其中，对应于 $U_N$ 的分接头称主抽头。容量在 8 000 kV·A 以上的变压器，有 5 个分接头，分别为 $U_N$、$U_N(1\pm2.5\%)$、$U_N(1\pm5\%)$。

普通变压器只能在停电情况下改变分接头，因此，合理选择变压器的分接头能在负荷最大、最小情况时，使运行电压都满足要求。

以图 5-6 所示降压变压器为例进行选择变压器分接头的说明。变压器的一次电压为 $\dot{U}_1$，二次电压为 $\dot{U}_2$，其本身的阻抗归算至高压侧为 $R_T+jX_T$。在最大负荷时，变压器阻抗上的电压降落为 $\Delta U_{max}$，一次电压为 $U_{1max}$，二次电压归算至一次侧的电压为 $U'_{2max}$，二次电压为 $U_{2max}$，其表达式为

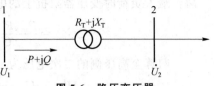

图 5-6 降压变压器

$$U'_{2max}=U_{1max}-\Delta U_{max}$$

$$U_{2max}=U'_{2max}\times k$$

式中，$k$——实际电压比，即选定高压侧分接头后的电压比。

如果高压侧在最大负荷时选定的分接头为 $U_{1maxt}$，则

$$k=\frac{U_{2N}}{U_{1maxt}}$$

式中，$U_{2N}$——变压器二次额定电压。

可得

$$U_{1maxt}=U'_{2max}\times\frac{U_{2N}}{U_{2max}} \tag{5-4}$$

$$=(U_{1max}-\Delta U_{max})\times\frac{U_{2N}}{U_{2max}}$$

同样，在最小负荷时，变压器阻抗上的电压降为 $\Delta U_{min}$，一次电压为 $U_{1min}$，二次电压为 $U_{2min}$，二次侧归算至一次侧的电压为 $U'_{2min}$。$U_{1mint}$ 为小负荷时选定的高压侧分接头，其表达式为

$$U_{1mint}=(U_{1min}-\Delta U_{min})\frac{U_{2N}}{U_{2min}} \tag{5-5}$$

普通变压器分接头不能带电切换，因此，选定的分接头应兼顾最大负荷及最小负荷的需要。通常，变压器高压侧的分接头应取 $U_{1mint}$ 和 $U_{1maxt}$ 的平均值，即

$$U_{1t}=\frac{U_{1mint}+U_{1maxt}}{2} \tag{5-6}$$

根据 $U_{1t}$ 选择最接近的分接头，按选定的分接头校验低压母线上的实际电压能够满足的要求。

如变压器为升压变压器时，计算方法基本相同。差别在于计算低压侧电压时，应将电压损耗和高压侧电压相加，才能得到归算至高压侧的电压。

**例 5-1** 某降压变压器归算至高压侧的参数、负荷、分接头范围标于图 5-7 中，最大负荷时高压侧电压为 110 kV，最小负荷时为 112 kV。低压侧母线电压要求满足顺调压方式。试选择变压器的分接头（不计变压器上的功率损耗）。

$$\dot{S}_{max}=30+j15\ \text{MV}\cdot\text{A}$$

$Z_T=2+j30\ \Omega$

$110\pm2\times2.5\%/11$

$$\dot{S}_{min}=12+j8\ \text{MV}\cdot\text{A}$$

图 5-7 例 5-1 图

**解：**最大负荷时变压器阻抗上的电压降为

$$\Delta U_{max}=\frac{P_{max}R+Q_{max}X}{U_{1max}}=\frac{30\times2+15\times30}{110}\ kV=4.64\ kV$$

归算至高压侧的二次电压为

$$U'_{2max}=U_{1max}-\Delta U_{max}=(110-4.64)kV=105.36\ kV$$

最小负荷时变压器阻抗上的电压降为

$$\Delta U_{min}=\frac{P_{min}R+Q_{min}X}{U_{1min}}=\frac{12\times2+8\times30}{112}\ kV=2.36\ kV$$

归算至高压侧的二次电压为

$$U'_{2max}=U_{1min}-\Delta U_{min}=(112-2.36)kV=109.64\ kV$$

由于二次电压要求满足顺调压要求，即最大负荷时，低压接头选择为

$$U_{1maxt}=U'_{2max}\times\frac{U_{2N}}{U_{2max}}=\frac{105.36\times11}{10.25}=113.1\ kV$$

最小负荷时，低压侧电压不得高于 10.75 kV，其分接头选择为

$$U_{1mint}=109.64\times\frac{11}{10.75}\ kV=112.19\ kV$$

取平均值为

$$U_{1t}=\frac{1}{2}(U_{1maxt}+U_{1mint})=\frac{113.2+112.19}{2}\ kV=112.7\ kV$$

选择最接近的分接头$(1+2.5\%)U_N=112.75\ kV$

检验大、小负荷时低压侧实际电压为

$$U_{2max}=105.46\times\frac{11}{112.75}\ kV=10.29\ kV>10.25\ kV$$

$$U_{2min}=109.64\times\frac{11}{112.75}\ kV=10.70\ kV<10.75\ kV$$

故满足要求，所选分接头合适。

**例 5-2**　一升压变压器，其归算至高压侧的参数、负荷、分接头范围如图 5-8 所示，最大负荷时高压母线电压为 120 kV，最小负荷时高压母线电压为 114 kV，发电机电压的调节范围为 6～6.6 kV，试选择变压器分接头。

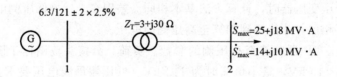

**图 5-8　例 5-2 图**

**解：**最大负荷时变压器的电压降为

$$\Delta U_{max}=\frac{P_{2max}R+Q_{2max}X}{U_{2max}}=\frac{25\times3+18\times30}{120}\ kV=5.125\ kV$$

归算至高压侧的低压侧电压为

$$U'_{1max}=U_{2max}+\Delta U_{max}=(120+5.125)kV=125.125\ kV$$

最小负荷时变压器电压降落为

$$\Delta U_{\min}=\frac{P_{2\min}R+Q_{2\min}X}{U_{2\min}}=\frac{14\times3+10\times30}{114}\,\text{kV}=3\,\text{kV}$$

归算至高压侧的低压侧电压为

$$U'_{1\min}=U_{2\min}+\Delta U_{\min}=(114+3)\text{kV}=117\,\text{kV}$$

假定最大负荷时发电机电压为 6.6 kV，最小负荷时电压为 6 kV，则有

$$U_{1\max t}=125.125\times\frac{6.3}{6.6}\,\text{kV}=119.43\,\text{kV}$$

$$U_{1\min t}=117\times\frac{6.3}{6}\,\text{kV}=122.85\,\text{kV}$$

$$U_t=\frac{U_{1\max t}+U_{1\min t}}{2}=\frac{119.43+122.85}{2}\,\text{kV}=121.14\,\text{kV}$$

选择最接近的分接头 121 kV，则校验最大负荷时发电机端实际电压为

$$125.125\times\frac{6.3}{121}\,\text{kV}=6.51\,\text{kV}$$

最小负荷时发电机端实际电压为

$$117\times\frac{6.3}{121}\,\text{kV}=6.09\,\text{kV}$$

均满足要求。

由于普通变压器改变分接头很不方便，因此电力系统中广泛使用有载调压变压器，可在带负荷的情况下改变分接头，从而在最大、最小负荷时选用不同的分接头以满足用户对电压的要求。

发电机调压和改变变压器分接头调压都只适用于系统中无功功率可以平衡且具有一定的储备的场合。

### 3. 改变电力网无功功率分布对电压的影响

对于无功功率不足的系统，必须增加无功功率电源。在负荷点适当地设置无功功率补偿容量，可以减少线路上传输的无功功率，降低线路上的功率损耗和电压损耗，从而提高负荷点的电压，改善电力系统的电压水平。

在如图 5-9 所示的简单供电系统中，$U_1$ 为线路始端电压，$U_2$ 为变电所低压侧电压，$Z_\Sigma$ 为包括变压器和线路在内的总阻抗，$S$ 为低压侧负荷，不计线路上的充电功率和变压器空载损耗。

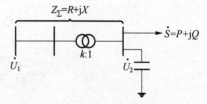

图 5-9　简单系统无功功率并联补偿

设补偿前后，线路始端电压 $U_1$ 不变。

补偿前 $U_1$ 为

$$U_1=U'_2+\frac{PR+QX}{U'_2}$$

补偿无功功率 $jQ_C$ 后，$U_1$ 为

$$U_1=U'_{2C}+\frac{PR+(Q-Q_C)X}{U'_{2C}}$$

因为补偿前后始端电压不变，所以

$$U_2' + \frac{PR+QX}{U_2'} = U_{2C}' + \frac{PR+(Q-Q_C)X}{U_{2C}'}$$

可得

$$Q_C = \frac{U_{2C}'}{X}\left[(U_{2C}'-U_2') + \left(\frac{PR+QX}{U_{2C}'} - \frac{PR+QX}{U_2'}\right)\right]$$

上式第二项很小，将其忽略后得

$$Q_C = \frac{U_{2C}'}{X}(U_{2C}'-U_2') = \frac{kU_{2C}}{X}(kU_{2C}-U_2')$$

式中，$U_{2C}$——变电所低压母线要求满足的电压；

$U_{2C}'$——未装补偿后计算出的低压侧电压归算至高压侧的值。

可以看到，无功补偿容量与补偿前后负荷端电压的差值有关，也与变压器的电压变比 $k$ 有关。因此，设置无功补偿装置，要和变压器调压结合起来，才可以充分发挥变压器的调压作用，同时充分利用无功补偿装置。

对于并联电容器，只能发出感性无功功率。因此，可按最大负荷时补偿装置全都投入，最小负荷时全部退出来选择变压器变比和补偿容量，即

$$Q_C = \frac{kU_{2Cmax}}{X}(kU_{2Cmax}-U_{2max}')$$

$$0 = \frac{kU_{2min}}{X}(kU_{2min}-U_{2min}')$$

$$kU_{2min} = U_{2min}'$$

$$k = \frac{U_t}{U_{2N}} = \frac{U_{2min}'}{U_{2min}}$$

对于同步调相机，过激运行时，可发出满额无功功率，欠激时可以吸收 50% 额定容量的无功。因此，可按最大负荷时过激满额运行，小负荷时欠激满额运行来选择变压器电压变比和补偿容量。

$$Q_C = \frac{kU_{2Cmax}}{X}(kU_{2Cmax}-U_{2max}')$$

$$-\frac{1}{2}Q_C = \frac{kU_{2Cmax}}{X}(kU_{2Cmax}-U_{2max}')$$

$$k = \frac{U_t}{U_{2N}} = \frac{U_{2Cmin}U_{2min}' + \frac{1}{2}U_{2Cmax}U_{2max}'}{U_{2min}^2 + \frac{1}{2}U_{2Cmax}^2}$$

对于静止补偿器，计算方法完全类似于调相机，但最小负荷时所能吸收无功的大小根据不同产品而定。

**例 5-3** 某简单电力系统如图 5-10 所示，负荷端电压要求保持在 10.5 kV，试确定无功补偿装置容量，并分别选择电容器、调相机。

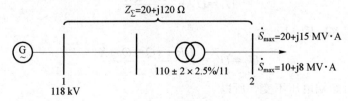

**图 5-10 例 5-3 图**

**解：** 求未经补偿时的 $U'_{2\max}$、$U'_{2\min}$ 线路上功率损耗：

$$\Delta \dot{S}_{\max} = \frac{P^2_{\max} + Q^2_{\max}}{U^2_N} Z_{\Sigma} = \frac{20^2 + 15^2}{110^2} \times (20 + j120)\ \text{MV} \cdot \text{A} = 1.03 + j6.2\ \text{MV} \cdot \text{A}$$

$$\Delta \dot{S}_{\min} = \frac{P^2_{\min} + Q^2_{\min}}{U^2_N} Z_{\Sigma} = \frac{10^2 + 8^2}{110^2} \times (20 + j120)\ \text{MV} \cdot \text{A} = 0.27 + j1.63\ \text{MV} \cdot \text{A}$$

$$\dot{S}_{1\max} = \dot{S}_{2\max} + \Delta \dot{S}_{\max} = (20 + j15 + 1.03 + j6.2)\ \text{MV} \cdot \text{A} = (21.03 + j21.2)\ \text{MV} \cdot \text{A}$$

$$\dot{S}_{1\min} = \dot{S}_{2\min} + \Delta \dot{S}_{\min} = (10 + j8 + 0.27 + j1.63)\ \text{MV} \cdot \text{A} = (10.27 + j9.63)\ \text{MV} \cdot \text{A}$$

$$U'_{2\max} = U_1 - \frac{P_{1\max}R + Q_{1\max}X}{U_1} = \left(118 - \frac{21.03 \times 20 + 21.2 \times 120}{118}\right) \text{kV} = 92.88\ \text{kV}$$

$$U'_{2\min} = U_1 - \frac{P_{1\min}R + Q_{1\min}X}{U_1} = \left(118 - \frac{10.27 \times 20 + 9.63 \times 120}{118}\right) \text{kV} = 106.47\ \text{kV}$$

① 选择电容器容量，即

$$k = \frac{U_t}{U_{2N}} = \frac{U'_{2\min}}{U_{2\min}}$$

$$U_t = U_{2N} \frac{U'_{2\min}}{U_{2\min}} = 11 \times \frac{106.47}{10.5}\ \text{kV} = 111.54\ \text{kV}$$

选用 2.5% 分接头，对应求得

$$k = \frac{110(1 + 2.5\%)}{11} = 10.25$$

$$Q_C = \frac{kU_{2C\max}(kU_{2C\max} - U'_{2\max})}{X}$$

$$= \frac{10.25 \times 10.5(10.25 \times 10.5 - 92.88)}{120}\ \text{Mvar} = 13.22\ \text{Mvar}$$

取 $Q_C = 13$ Mvar。

验算低压侧实际电压，最小负荷时电容器全部退出，即

$$U_{2\min} = 106.47 \times \frac{1}{10.25}\ \text{kV} = 10.39\ \text{kV}$$

最大负荷时，电容器全部投入，即

$$U_{2\text{Max}} = \frac{U'_{2C\max}}{K}$$

$$\Delta \dot{S}_{C\max} = \frac{P^2_{\max} + (Q_{\max} - Q_C)^2}{U^2_N} Z_{\Sigma}$$

$$= \frac{20^2 + (15 - 13)^2}{110^2} \times (20 + j120)\ \text{MV} \cdot \text{A} = 0.67 + j4.01\ \text{MV} \cdot \text{A}$$

$$U'_{2C\max} = \left(118 - \frac{20.67 \times 20 + 6.01 \times 120}{118}\right) \text{kV} = 108.38\ \text{kV}$$

$$U_{2\max} = \frac{U'_{2C\max}}{k} = \frac{108.38}{10.25}\ \text{kV} = 10.57\ \text{kV}$$

电压偏移：

最小负荷：$\dfrac{|10.39 - 10.5|}{10.5} \times 100\% = 1.05\% < 1.25\%$

最大负荷：$\dfrac{|10.57 - 10.5|}{10.5} \times 100\% = 0.67\% < 1.25\%$

故满足调压要求。

②选调相机的容量，即

$$k = \frac{U_{2Cmin}U'_{2min} + \frac{1}{2}U_{2Cmax}U'_{2max}}{U^2_{2Cmin} + \frac{1}{2}U^2_{2Cmax}} = \frac{10.5 \times 106.47 + \frac{1}{2} \times 10.5 \times 92.88}{10.5^2 + \frac{1}{2} \times 10.5^2} = 9.71$$

$$U_t = kU_{2N} = 9.71 \times 11 \text{ kV} = 106.79 \text{ kV}$$

选择 2.5%分接头，对应求得

$$k = \frac{110(1 - 2.5\%)}{11} = 9.75$$

$$Q_C = \frac{kU_{2Cmax}(kU_{2Cmax} - U'_{2Cmax})}{X}$$

$$= \frac{9.75 \times 10.5(9.75 \times 10.5 - 92.88)}{120} \text{ Mvar} = 8.1 \text{ Mvar}$$

故选用 7.5 Mvar 的调相机。

验算低压侧实际电压：

最大负荷：

$$\Delta \dot{S}_{Cmax} = \frac{P^2_{max} + (Q_{max} - Q_C)^2}{U^2_N} Z_{\Sigma}$$

$$= \frac{20^2 + (15 - 7.5)^2}{110^2} \times (20 + j120) \text{ MV} \cdot \text{A} = (0.75 + j4.52) \text{ MV} \cdot \text{A}$$

$$\dot{S}_{1Cmax} = \dot{S}_{2max} - jQ_C + \Delta \dot{S}_{Cmax} = (20.75 + j12.02) \text{ MV} \cdot \text{A}$$

$$U'_{2Cmax} = 118 - \frac{20.75 \times 20 + 12.02 \times 120}{118} \text{ kV} = 102.26 \text{ kV}$$

$$U_{2max} = \frac{U'_{2Cmax}}{k} = \frac{102.26}{9.75} \text{ kV} = 10.49 \text{ kV}$$

最小负荷：

$$\Delta \dot{S}_{Cmin} = \frac{P^2_{min} + (Q_{min} + \frac{1}{2}Q_C)^2}{U^2_N} Z_{\Sigma}$$

$$= \frac{10^2 + (8 + 3.75)^2}{110^2} \times (20 + j120) \text{ MV} \cdot \text{A} = (0.39 + j2.36) \text{ MV} \cdot \text{A}$$

$$\dot{S}_{1Cmin} = \dot{S}_{2min} + j\frac{1}{2}Q_C + \Delta \dot{S}_{Cmin} = (10.39 + j14.11) \text{ MV} \cdot \text{A}$$

$$U'_{2Cmin} = 118 - \frac{10.39 \times 20 + 14.14 \times 120}{118} \text{ kV} = 101.86 \text{ kV}$$

$$U_{2min} = \frac{U'_{2Cmin}}{k} = \frac{101.89}{9.75} \text{ kV} = 10.45 \text{ kV}$$

验算电压偏差：

最小负荷：$\dfrac{|10.5 - 10.49|}{10.5} \times 100\% = 0.095\%$

最大负荷：$\dfrac{|10.5 - 10.45|}{10.5} \times 100\% = 0.47\%$

故满足电压要求。

**4. 改变输电线路参数进行调压**

由电压损耗的公式可知，在传输功率不变的条件下电压损耗取决于线路参数 $R$ 和 $X$。因此，改变线路参数同样可以起到调压作用。

在低压网中，一般采用增大导线截面的办法改变线路电阻，以减少电压损耗。在高压网中，因为 $R \ll X$，所以通常用串联电容的办法改变线路电抗，以减少线路电压损耗，提高末端电压水平。

对于图 5-11 所示的电力线路，未装设串联电容器时的电压损耗为

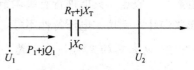

图 5-11 串联电容补偿

$$\Delta U = \frac{P_1 R + Q_1 X}{U_1} \qquad (5-7)$$

式中，$R$、$X$——线路阻抗。

当线路上装设串联电容 $X_C$ 后，有

$$\Delta U' = \frac{P_1 R + Q_1 (X - X_C)}{U_1} \qquad (5-8)$$

显然，装设串联电容器减小了电压损耗，提高了线路末端的电压水平。提高的数值为两者之差，即

$$\Delta U - \Delta U' = \frac{Q_1 X_C}{U_1} \qquad (5-9)$$

$$X_C = \frac{U_1 (\Delta U - \Delta U')}{Q_1} \qquad (5-10)$$

当始端电压恒定，线路末端电压所需提高的电压值确定后，就能计算出串联电容的容抗值，进而求得电容器的容量，即

$$Q_C = 3 I^2 X_C = \frac{P_1^2 + Q_1^2}{U_1^2} X_C \qquad (5-11)$$

式中，$I$——通过串联电容的最大负荷电流。

对于负荷波动大而频繁，且功率因数很低的线路，串联电容补偿的调压效果较好。对于负荷功率因数高的线路，线路电抗中的电压损耗所占的比重小，串联电容补偿的调压作用很小，不宜采用这种调压方法。

# 5.5 常用无功补偿的设备及其原理

## 5.5.1 电容器及其基本原理

### 1. 电容器无功补偿的基本原理

在 60 kV 及以下的电网中，常安装电力电容器组来进行无功补偿。这是目前最实用、最经济的方法，对提高负荷的功率因素、改善电压质量、减少网损、提高设备利用率及系统电压稳定性等具有十分重要的意义，已在工矿企业、民用建筑的供配电中得到了广泛使用。

电力电容器补偿的优点：有功损耗小，仅为额定容量的 0.4% 左右；无旋转部件，运行、安装、维护方便；安装容易，地点可方便增减；个别电容器组损坏，不影响整个电容器

组运行。缺点：只能进行有级调节，不能进行平滑调节；通风不良，运行温度过高时易发生膨胀爆炸；无功、电压特性不好，对短路稳定性差，切除后有残余电荷。

**2. 电容器的无功补偿方式**

电容器的无功补偿方式有个别补偿、分组补偿和集中补偿。

1）个别补偿

电容器直接装于用电设备附近，并接于电动机供电回路，适应于电动机容量较大，运行时间长且远离供电母线的场合。优点：不仅可减少配电网和变压器中的无功流动，减少有功损耗，还可减少车间线路的导线截面及车间变压器的容量。缺点：用电设备停运后，电容器也停运，故利用率低，投资大，不适用于变速运行、正反向运行、点动、堵转、反接制动的电动机。

2）分组补偿

电容器接在分组配电母线开关外侧，适用于负荷比较分散且补偿容量又较小的工厂。优点：有利于进行内部无功分区控制，实现无功负荷分区平衡，有利于车间加强无功管理，降低电耗和生产成本，电容器利用率高。缺点：维护不方便，若不分组，则可能过补或欠补。

3）集中补偿

电容器安装于变电站或用户降压变电站的高压母线，也可安装于用户总配电室的低压母线，适用于负荷较集中、离配电母线较近、补偿容量较大的场所。优点：易于实行自动投切，利用率高，维护方便，且当负荷变化时，能起到调压作用，改善电压质量。缺点：一次投资大，不能减少电力用户内部配电网的无功负荷和电能损耗。

综上所述，个别补偿、分组补偿和集中补偿的概念是相对而言的，三种方式各有利弊，应合理采用，使其优势互补。

## 5.5.2 静止无功补偿器及其基本原理

静止无功补偿器（Static Var Compensator，SVC）是20世纪70年代初期发展起来的新技术。"静止"是针对旋转的同步调相机而言的，国内多称其为动态无功补偿器，这是针对固定电容器组（Fixed Capacitor，FC）而言的。SVC通过控制晶闸管的导通角来快速调节并联电抗器的大小或投切电容器组，对调节负荷功率因数、稳定和平衡系统电压、消除流向系统的高次谐波电流、平衡三相负荷等有显著的作用；安装于高压输电系统中可用于控制长距离输电线路由负荷、空载效应等引起的动态过电压，改善系统的暂态稳定性，抑制系统的无功功率及电压振荡；具有价格适中、性能可靠等特点。SVC最基本的两种类型结构为晶闸管相控制电抗器型（TCR）和晶闸管投切电容器型（TSC）。TCR可以和TSC组成TCR+TSC，或者与FC组成TCR+FC，或者三者组成TCR+TSC+FC等混合型结构，对于负载补偿绝大多数采用TCR+FC型。以下就各类型结构及其特点进行说明。

**1. TCR型**

TCR是由一对相反极性并联的晶闸管和控制的电抗器串联组成的，图5-12为其电路原理图和电流波形图。VT1与VT2为两个反并联的晶闸管。

在电压的每个正的或负的半周期中，从电压峰值到电压过零点的间隔内，触发晶闸管承

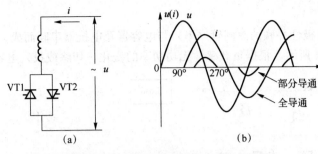

**图 5-12 TCR 的电路原理图和电流波形图**

(a) 电路原理图；(b) 电流波形图

受正向电压的晶闸管导通，电抗器进入投入状态。一般用控制角来表示晶闸管的触发瞬间，它是从电压过零点到触发时刻的角度，它的大小决定了流过电抗器电流的大小，相当于改变电抗器的电抗值。如果晶闸管在电源电压峰值时准确地导通，即其脉冲触发相角 $\alpha$ 为 90°时，为完全导通，则此时回路电流与晶闸管短路时相等，电流基本上是无功电流，滞后于电压约 90°，其中包含少量的同相分量，这是由电抗器和晶闸管的有功损耗引起的。当 $\alpha$ 为 90°～180°时，晶闸管为部分导通，此时的值以公式表达为

$$i(t) = \begin{cases} 0 & 0 < \omega t < \alpha \\ (\cos\alpha - \cos\omega t)\sqrt{2}U/X_L & \alpha \leqslant \omega t < 2\pi - \alpha \\ 0 & 2\pi - \alpha < \omega t < 3\pi/2 \end{cases} \tag{5-12}$$

式中，$\sqrt{2}U$——TCR 的交流端电压有效值；

$X_L$——电抗器的基频电抗，$\omega t$ 为晶闸管导通角。

将式（5-12）级数展开，可得 $i$ 的基频分量为

$$I_1 = \frac{2(\pi - \alpha) + \sin 2\alpha}{\pi X_L} U \tag{5-13}$$

因此，改变 $\alpha$ 的大小就控制了回路基频电流的大小，即控制了回路的基频感性无功输出的大小。对基波而言，晶闸管控制的电抗器可以看成一个可控电纳，其等效的电纳值和控制角 $\alpha$ 的关系为

$$B_L(\alpha) = -\frac{2(\pi - \alpha) + \sin 2\alpha}{\pi X_L} \tag{5-14}$$

$\alpha$ 与 $B_L$ 之间的关系曲线如图 5-13 所示。基于这种关系的控制称为相控。

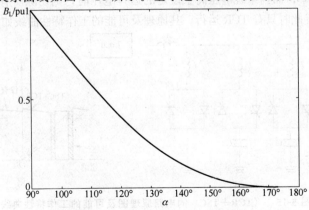

**图 5-13 $\alpha$ 与 $B_L$ 之间的关系曲线**

### 2. TSC 型

TSC 由一对相反极性并联的晶闸管（串）与电容器及电抗器串联而成，其电路原理图及工作特性曲线如图 5-14 所示，根据负载感性无功功率的变化，切除或投入电容器组。

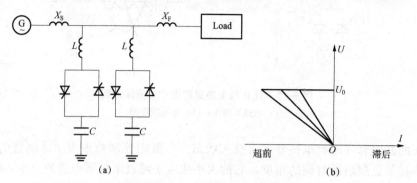

**图 5-14　TSC 的电路原理及工作特性曲线**

（a）电路原理图；（b）工作特性曲线

用反极性并联的晶闸管作为投切电容器的开关，比断路器开关响应更迅速，可靠性更高。电抗的作用是在电容器突然投入时，控制电流变化率 $di/dt$ 在晶闸管可以接受的范围之内。用晶闸管投切电容器组时，通常选取晶闸管阀两端电压过零点作为晶闸管的触发时刻，大大降低了合闸涌流和合闸过电压。在晶闸管两端电压为零时给予晶闸管触发脉冲，使其导通，电容器被投入；停止发出脉冲，晶闸管在电流过零时自然关断，电容器被切除。

TSC 的优点：TSC 中的电容器只有投入（晶闸管导通）和切除（晶闸管不导通）两个状态，所以不产生谐波；缺点：无功功率的补偿容量是跳跃的，大小等于单个电容器组的容量，且响应速度较差。此外，在负荷产生谐波电流大的场合，如冶金企业、电气化铁道等，TSC 的运行是不可靠的，因为谐波的注入会使并联电容器出现过流、过压及过热情况，从而导致电容器击穿、"鼓肚"甚至爆炸等危险。

### 3. TCR＋TSC 混合型

TCR＋TSC 混合型 SVC 装置一般使用几组电容器及一组晶闸管相控电抗器，其基本运行原理是：当系统电压低于设定的运行电压时，则根据需要补偿的容性无功量，投入适当组数的电容器组，并略有一点正偏差（过补偿），此时再用晶闸管相控电抗器的感性无功功率来抵消这部分过补偿的容性无功功率；而当系统电压高于设定的运行电压时，则切除所有的电容器组，TCR＋TSC 混合型 SVC 装置此时只有 TCR 运行。其原理及可能的工作特性曲线如图 5-15 所示。

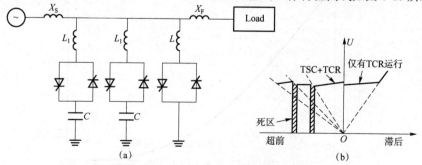

**图 5-15　（TCR＋TSC）的电路原理图及可能的工作特性曲线**

（a）电路原理图；（b）可能的工作特性曲线

在 TCR＋TSC 混合型 SVC 装置中，TCR 的运行特性会"插入"电容器特性之间。如果 TCR 的特性有一个小的正斜率，则合成的特性将如图 5-15 中的实线所示。从图 5-15 中可知，TCR 的电流额定值应当稍大于一组电容器在额定电压下的值，否则就会得到图 5-15 中阴影所示的死区。TCR、TSR、TCR＋TSR 的特点见表 5-1。

**表 5-1　TCR、TSR、TCR＋TSR 的特点**

| 型式 | 晶闸管控制电抗器（TCR） | 晶闸管投切电抗器（TSC） | 混合型静止补偿器（TCR＋TSC） |
|---|---|---|---|
| 响应速度 | 较快 | 较快 | 较快 |
| 吸收无功 | 连续 | 分级 | 连续 |
| 控制 | 较简单 | 较简单 | 较简单 |
| 谐波电流 | 大 | 无 | 大 |
| 分相调节 | 可以 | 有限 | 可以 |
| 损耗 | 中 | 小 | 小 |
| 噪声 | 小 | 小 | 小 |

## 5.5.3　静止无功发生器的基本原理

静止无功发生器（Static Var Generator，SVG）的基本原理是将自换相逆变器通过电抗器，或者直接并联在电网上，通过控制开关器件的通断，来调节逆变器交流侧输出电压的相位和幅值，或者直接控制其交流侧电流，使该电路吸收或发出所需无功电流，实现动态无功补偿的目的。

**1. 工作原理**

SVG 主电路通常分为电压型逆变器（Voltage Source Inverter，VSI）和电流型逆变器（Current Source Inverter，CSI）两种类型，电路基本结构分别如图 5-16(a)、(b)所示，直流侧分别采用电容和电感这两种不同的储能元件。VSI 中的储能元件电容器与 CSI 中的储能元件电感器相比，其储能效率、体积和价格都具有明显的优势。

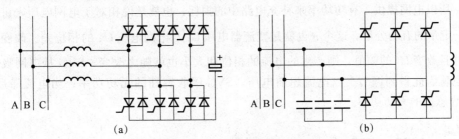

**图 5-16　SVG 的电路基本结构**

(a) 直流测电容结构；(b) 直流测电感结构

基于电压型逆变器 VSI 的 SVG 装置一般是由几个电平台阶合成阶梯波以逼近正弦波，即谐波少，因此不需要另加滤波电路。而基于电流型逆变器 CSI 的 SVG 装置在谐波电流消除方面有很大困难，且现有的半导体开关器件的开关频率限制了电流脉宽调制波的频率，从而会导致一些低阶谐波电流产生。所以，投入使用的 SVG 装置大都采用电压型逆变器。

电力系统分析与仿真

SVG 的工作原理可以用图 5-17 所示的单相等效电路图来说明。电网电压和 SVG 输出的交流电压分别用相量 $\dot{U}_S$ 和 $\dot{U}_I$ 表示，连接电抗 $X$ 上的电压 $\dot{U}_L$ 即为 $\dot{U}_I$ 和 $\dot{U}_S$ 的相量差，而连接电抗的电流是可以由其电压来控制的。这个电流就是 SVG 从电网吸收的电流 $\dot{I}$。因此，改变 SVG 交流侧输出电压 $\dot{U}_I$ 的幅值及其相对于 $\dot{U}_S$ 的相位，就可以改变连接电抗上的电压，从而控制 SVG 从电网吸收电流的相位和幅值，也就控制了 SVG 吸收无功功率的性质和大小。

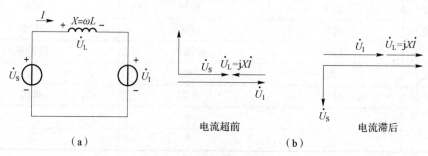

**图 5-17 SVG 等效电路及工作原理（不考虑损耗）**
（a）单相等效电路；（b）工作相量图

在图 5-17（a）所示的等效电路中，将所连接的电抗器视为纯电感，没有考虑其损耗，因此不必从电网吸收有功能量。在这种情况下，只需使 $\dot{U}_S$ 和 $\dot{U}_I$ 同相位，仅改变幅值的大小即可控制 SVG 从电网吸收的电流的相位和大小，从而也就控制了从电网吸收的无功功率的大小。如图 5-17（b）所示，当 $\dot{U}_I > \dot{U}_S$ 时，电流超前电压 90°，SVG 吸收容性的无功功率；当 $\dot{U}_I < \dot{U}_S$ 时，电流滞后电压 90°，SVG 吸收感性的无功功率。

考虑到连接电抗器的损耗和变流器本身的损耗（如管压降、线路电阻等），并将总的损耗集中作为连接电抗器的电阻考虑，则 SVG 的实际等效电路如图 5-18（a）所示，其电流超前和滞后工作的相量图分别如图 5-18（b）和图 5-18（c）所示。在这种情况下，变流器电压 $\dot{U}_I$ 与电流 $\dot{I}$ 相差 90°。因为变流器不需要有功功率，而电网电压 $\dot{U}_S$ 与电流 $\dot{I}$ 的相差则不再是 90°，而是比 90°小 $\delta$，所以电网提供了有功功率来补充电路中的损耗，也就是说相对于电网电压来讲，电流 $\dot{I}$ 中有一定量的有功分量。这个 $\delta$ 也就是变流器电压 $\dot{U}_I$ 与电网电压 $\dot{U}_S$ 的相位差。改变这个相位差，并且改变 $\dot{U}_I$ 的幅值，则产生的电流的相位和大小也就随之改变，SVG 从电网吸收的无功功率也就因此得到调节。当电流超前电压，SVG 吸收容性的无功功率；当电流滞后电压，SVG 吸收感性的无功功率。

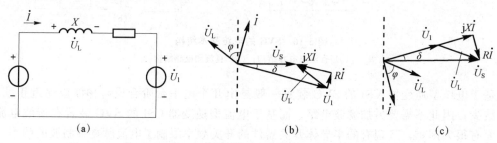

**图 5-18 SVG 的等数电路及工作原理（计及损耗）**
（a）SVG 的实际等效电路；（b）超前工作的相量图；（c）滞后工作的相量图

在图 5-18 中,将变流器本身的损耗也归算到了交流侧,并归入连接电抗器电阻中统一考虑。实际上,这部分损耗发生在变流器内部,应该由变流器从交流侧吸收一定有功能量来补充。因此,实际上变流器交流侧电压 $\dot{U}_1$ 与电流 $\dot{I}$ 的相位差并不是严格的 $90°$,而是比 $90°$ 略小。

**2. 工作特性**

根据上述对 SVG 工作原理的分析,可得其电压-电流特性曲线,如图 5-19 所示。从图 5-19 中可以看出,当电网电压下降、补偿器的电压-电流特性向下调整时,SVG 可以调整其变流器交流侧电压的幅值和相位,以使其所能提供的最大无功电流 $I_{Lmax}$ 和 $I_{Imax}$ 维持不变,仅受其电力半导体器件的电流容量限制。而对于传统的 SVC,由于其所能提供的最大电流分别受其并联电抗器和并联电容器的阻抗特性限制,所以会随着电压的降低而减小。因此,SVG 的运行范围比传统的 SVC 大,SVC 的运行范围是向下收缩的三角形区域,而 SVG 的运行范围是上下等宽的近似矩形的区域。这是 SVG 优越于传统 SVC 的一大特点。

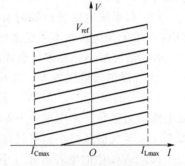

**图 5-19 SVG 的电压-电流特性曲线**

此外,对于那些以输电补偿为目的的 SVG 来讲,如果直流侧采用较大的储能电容,或者其他直流电源(如蓄电池组,采用电流型变流器时,直流侧用超导储能装置等),则 SVG 还可以在必要时短时间内向电网提供一定量的有功功率。这对于电力系统来说是非常有益的,也是传统的 SVC 装置所望尘莫及的。

对于装置中的谐波问题,SVG 可以采用桥式变流电路的多重化技术或 PWM 技术来进行处理,以消除次数较低的谐波,并使较高次数的谐波电流减小到可以接受的程度;也可以通过控制策略的优化,在检测无功电流的同时也检测谐波电流,对两者同时进行补偿。在平衡的三相电路中,无论负载的功率因数如何,三相瞬时功率之和在任何时刻都等于总的有功功率。各相的无功功率在交流侧来回往返而三相电源和负载之间没有无功流动,所以理论上讲,SVG 的桥式变流电路的直流侧可以不设储能元件。但考虑到变流电路吸收的电流的谐波成分及有功功率的损耗,其直流侧仍需要一定大小的电容作为储能元件,只是其容量远比 SVG 所能提供的无功容量要小得多。另外,SVG 连接电抗由于是滤除电流中高频成分,所以电感值也不大,这也是 SVG 的一个显著特点。

**3. 主要优点**

SVG 作为现代柔性交流输电系统的核心组成部分,与常规的无功补偿装置相比,具有以下优点。

(1)在提高系统的暂态稳定性、阻尼系统振荡等方面,SVG 的性能大大优于传统装置。

(2)SVG 采用数字控制技术,系统可靠性高,基本不需要维护,可以节省大量的维护费用。同时,可通过电网调度自动化系统实现无功潮流和电压的最优控制,是建设中的数字电力系统(DPS)的组成部分。

(3)控制灵活、调节范围广,在感性和容性运行工况下均可连续快速调节,响应速度可达毫秒(ms)级。

(4)静止运行,安全稳定,无大型转动设备,无磨损,无机械噪声,寿命长,环境影响小。

（5）体积小、损耗低。SVG 对电容器的容量要求不高，因此可以省去常规装置中的大电感、大电容及庞大的切换结构。

（6）静止无功发生器的连接电抗小。SVG 接入电网的连接电抗，其作用是滤除电流中存在的较高次谐波，另外起到将变流器和电网这两个交流电压源连接起来的作用，因此所需的电感量并不大，且远小于补偿容量相同的 TCR 等 SVC 装置所需的电感量。如果使用降压变压器将 SVG 连入电网，则可以利用降压变压器的漏抗，使所需的连接电抗进一步减小。

（7）对系统电压进行瞬时补偿，即使系统电压降低，仍然可以维持最大无功电流，即 SVG 产生无功电流基本不受系统电压的影响。

（8）谐波量小。在多种形式的 SVC 装置中，SVC 本身产生一定量的谐波，如 TCR 型的 5、7 次特征谐波量比较大，占基波值的 5%～10%；其他形式如 SR、TCT 等也产生 3、5、7、11 等次的谐波，这给 SVC 系统的滤波器设计带来许多困难。而 SVG 则可以采用桥式交流电路的多重化、多电平或 PWM 技术来进行处理，以消除次数较低的谐波，并使较高次数如 7、11 等次谐波减小到可以接受的程度。

（9）SVG 中的电容器容量小，在网络中普遍使用也不会产生谐振；而使用 SVC 或固定电容器补偿时，如果系统安装台数较多，则有可能会导致系统谐振的产生。

（10）SVG 的端电压对外部系统的运行条件和结构变化是不敏感的。当外部系统容量与补偿装置容量对比时，SVC 将会变得不稳定，而 SVG 仍然可以保持稳定，即输出稳定的系统电压。

（11）SVG 的直流侧采用较大的储能电容，或者其他直流电源（如蓄电池组）后，它不仅可以调节系统的无功功率，还可以调节系统的有功功率。这对于电力网来说是非常有益的，也是 SVC 装置所不能比的。

正因为上述优点，SVG 作为一种新型的无功调节装置，已经成为现代无功补偿装置的发展方向，也已成为国内外电力系统行业的重点研究课题之一。

## 5.5.4 有源电力滤波器及其基本原理

1. 有源电力滤波器的分类

有源电力滤波器（APF）的分类如图 5-20 所示。

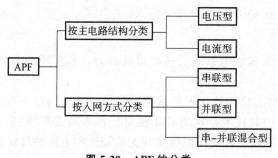

图 5-20 APF 的分类

1）按主电路结构分类

根据主电路储能元件的不同，APF 可分为电压型和电流型两种，其电路结构如图 5-21 所示。

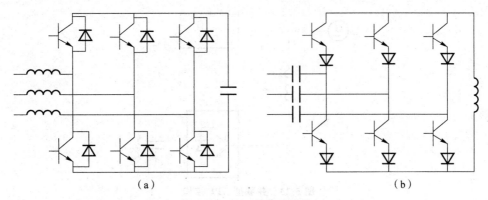

**图 5-21　APF 的电路结构**

（a）电压型；（b）电流型

APF 通过谐波检测得到的指令信号使三极管导通，从而补偿电网中的谐波电流。

电压型 APF 的主电路电流侧接有大电容，在正常工作时，其电压基本保持不变，且具有损耗小、效率高、初期投资小，可任意并联扩容，易于单机小型化，经济性好等优点，适用于电网级谐波补偿。目前 90％以上的 APF 为电压型，技术相对成熟、完善。

电流型 APF 的主电路直流侧接有大电感，在正常工作时，其电流基本保持不变，但由于其主电路直流侧始终有电流通过，而该电流将在电感的内阻上产生较大的损耗，不适用于大容量系统，因此目前使用较少。不过随着超导储能技术的不断发展，今后可能会有更多的电流型 APF 投入使用。

2）按接入电网方式分类

从接入电网的连接方式看，APF 可分为并联型、串联型和串-并联混合型三大类，具体种类划分如图 5-22 所示。

**图 5-22　APF 按接入电网方式分类**

并联型 APF 是有源电力滤波器中最基本的构成方式，如图 5-23 所示。APF 与系统并联等效为一个受控电流源，向系统注入与谐波电流大小相等、方向相反的电流，从而达到滤波的目的，主要适用于电流源型感性负载的谐波补偿。并联型 APF 通过耦合变压器或电感接入系统，不会对系统运行造成影响，具有投切方便、灵活及保护简单的优点。另外，并联型 APF 还可以并联使用以提供大的电流，可以应用于多种容量的场合。目前工业上已投入运行的 APF 多采用此方案。

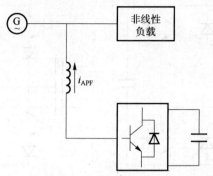

图 5-23　并联型 APF 结构

　　并联型 APF 又可以分为单独使用方式、与无源滤波器（PF）混合使用方式和注入电路方式 3 种。其中，并联型 APF 与 PF 混合使用方式又分为并联式和串联式两种，分别如图 5-24（a）和图 5-24（b）所示；注入电路方式分为串联谐振式和并联谐振式两种，分别如图 5-25（a）和图 5-25（b）所示。

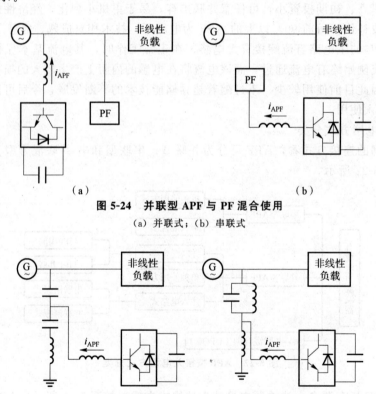

图 5-24　并联型 APF 与 PF 混合使用

（a）并联式；（b）串联式

图 5-25　并联型 APF 注入电路方式

（a）串联谐振式；（b）并联谐振式

　　串联型 APF 经耦合变压器串入系统，可等效为一个受控电压源，主要作用是消除电压源型谐波及系统侧电压谐波与电压波动对敏感负载的影响，其结构如图 5-26 所示。串联型 APF 的主要优点是能补偿电网谐波电压和三相不平衡电压，对电压敏感性负载尤为适用，可以为负载提供一个合适的系统电压。与并联型 APF 相比，其主要缺点是当流过很大的负载电流时，会使变压器的额定参数上升，体积变大；此外，串联型 APF 的投切和故障后的退出及保护也较为复杂。目前，串联型 APF 的应用较少。

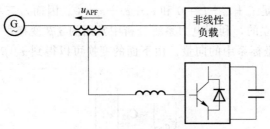

**图 5-26　串联型 APF 结构**

串联型 APF 可分为独立使用方式、与 PF 混合使用方式两种。其中，串联型 APF 与 PF 混合使用方式如图 5-27 所示。

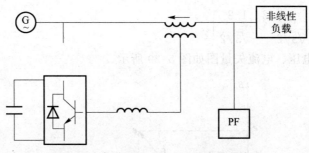

**图 5-27　串联型 APF 与 PF 混合使用方式**

串-并联混合型 APF 又称统一电能质量调节器（Unified Power Quality Controller, UPQC），它综合了串联型 APF 和并联型 APF 两种结构，充分发挥了两者各自的优点，并通过将两者组成一个完整的用户电力装置来解决电能质量的综合性问题，其结构如图 5-28 所示。并联型 APF 直接并入系统，起到补偿谐波电流、无功电流、三相不平衡及调节直流母线电压的作用；串联型 APF 通过耦合变压器串入系统，起到补偿谐波电压、消除系统不平衡、调节电压波动与电压闪变等作用。UPQC 同时具有并联型 APF 和串联型 APF 两者的优点，被认为是最理想的 APF 的结构，其主要缺点是成本较高和控制复杂。UPQC 的电路结构和控制方法是目前电力电子技术领域的一个研究热点。

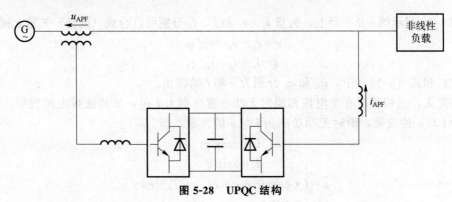

**图 5-28　UPQC 结构**

2. 有源电力滤波器谐波检测原理

三相电流、电压的瞬时值分别用 $i_a$、$i_b$、$i_c$ 和 $e_a$、$e_b$、$e_c$ 表示，由于是三相三线系统，所以三相电流与电压满足 $i_a+i_b+i_c=0$ 和 $e_a+e_b+e_c=0$。因而，三相三线系统中电流和电压实际上只有两项是独立的，利用电力系统分析中常用的 $\alpha$-$\beta$ 变换，可以将三相电流、电压信号变换为正交的 $\alpha$-$\beta$ 坐标系中的向量。由下面的变换可以得到 $\alpha$、$\beta$ 两相瞬时电压 $e_\alpha$、$e_\beta$ 和瞬时电流 $i_\alpha$、$i_\beta$，即

$$\begin{pmatrix} e_\alpha \\ e_\beta \end{pmatrix} = C_{32} \begin{pmatrix} e_a \\ e_b \\ e_c \end{pmatrix} \tag{5-15}$$

$$\begin{pmatrix} i_\alpha \\ i_\beta \end{pmatrix} = C_{32} \begin{pmatrix} i_a \\ i_b \\ i_c \end{pmatrix} \tag{5-16}$$

式中，$C_{32} = \sqrt{\dfrac{2}{3}} \begin{pmatrix} 1 & -1/2 & 1/2 \\ 0 & \sqrt{3}/2 & -\sqrt{3}/2 \end{pmatrix}$。

$\alpha$-$\beta$ 坐标系中的电压、电流矢量图如图 5-29 所示。

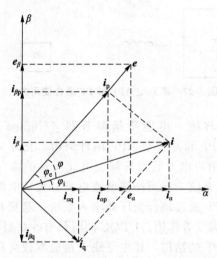

图 5-29　$\alpha$-$\beta$ 坐标系中的电压、电流矢量图

在图 5-29 所示的 $\alpha$-$\beta$ 平面上，矢量 $e_\alpha$、$e_\beta$ 和 $i_\alpha$、$i_\beta$ 分别可以合成（旋转）矢量 $e$ 和矢量 $i$。

$$e = e_\alpha + e_\beta = e\angle\varphi_e \tag{5-17}$$

$$i = i_\alpha + i_\beta = i\angle\varphi_i \tag{5-18}$$

式（5-17）和式（5-18）中，$\varphi_e$ 和 $\varphi_i$ 分别为 $e$ 和 $i$ 的辐角。

根据定义，三相瞬时有功电流和瞬时无功电流分别为 $i$ 在 $e$ 及其法线上的投影，瞬时有功功率为 $i$ 与 $e$ 的点乘，瞬时无功功率为 $i$ 与 $e$ 的叉乘，即

$$i_p = i\cos\varphi \tag{5-19}$$

$$i_q = i\sin\varphi \tag{5-20}$$

$$p = i \cdot e = ei\cos\varphi = ei_p = e_\alpha i_\alpha + e_\beta i_\beta \tag{5-21}$$

$$q = i \times e = ei\sin\varphi = ei_q = e_\beta i_\alpha + e_\alpha i_\beta \tag{5-22}$$

式中，$\varphi = \varphi_e - \varphi_i$。

将式（5-21）和式（5-22）写成矩阵形式，即

$$\begin{pmatrix} p \\ q \end{pmatrix} = \begin{pmatrix} ei_p \\ ei_q \end{pmatrix} = \begin{pmatrix} ei\cos(\varphi_e - \varphi_i) \\ ei\sin(\varphi_e - \varphi_i) \end{pmatrix} = \begin{pmatrix} e_\alpha & e_\beta \\ e_\beta & -e_\alpha \end{pmatrix} \begin{pmatrix} i_\alpha \\ i_\beta \end{pmatrix} = \boldsymbol{C}_{pq} \begin{pmatrix} i_\alpha \\ i_\beta \end{pmatrix} \tag{5-23}$$

假设三相电网电压平衡且无畸变，则 $e_a$、$e_b$、$e_c$ 可表示成

$$\begin{cases} e_a = E\sin\omega_1 t \\ e_b = E\sin\left(\omega_1 t - \dfrac{2}{3}\pi\right) \\ e_c = E\sin\left(\omega_1 t + \dfrac{2}{3}\pi\right) \end{cases} \tag{5-24}$$

式中，$E$——个相电压的幅值；

　　$\omega_1$——基波电压的角频率。

根据式（5-15）和式（5-24），得

$$\begin{pmatrix} e_\alpha \\ e_\beta \end{pmatrix} = \sqrt{\frac{2}{3}} \begin{pmatrix} 1 & -\dfrac{1}{2} & -\dfrac{1}{2} \\ 0 & \dfrac{\sqrt{3}}{2} & -\dfrac{\sqrt{3}}{2} \end{pmatrix} \begin{pmatrix} E\sin\omega_1 t \\ E\sin\left(\omega_1 t - \dfrac{2}{3}\pi\right) \\ E\sin\left(\omega_1 t + \dfrac{2}{3}\pi\right) \end{pmatrix} = \sqrt{\frac{2}{3}} E \begin{pmatrix} \sin\omega_1 t \\ -\cos\omega_1 t \end{pmatrix} = e \begin{pmatrix} \sin\omega_1 t \\ -\cos\omega_1 t \end{pmatrix}$$

$$\tag{5-25}$$

式中，$e$——$e$ 的模。

根据式（5-23）和式（5-25），得

$$\begin{pmatrix} i_p \\ i_q \end{pmatrix} = \begin{pmatrix} \dfrac{e_\alpha}{e} & \dfrac{e_\beta}{e} \\ \dfrac{e_\beta}{e} & -\dfrac{e_\alpha}{e} \end{pmatrix} \begin{pmatrix} i_\alpha \\ i_\beta \end{pmatrix} = \begin{pmatrix} \sin\omega_1 t & -\cos\omega_1 t \\ -\cos\omega_1 t & -\sin\omega_1 t \end{pmatrix} \begin{pmatrix} i_\alpha \\ i_\beta \end{pmatrix} = \boldsymbol{C} \begin{pmatrix} i_\alpha \\ i_\beta \end{pmatrix} \tag{5-26}$$

将 $i_p$、$i_q$ 分解为直流分量和交流分量，得

$$\begin{pmatrix} i_p \\ i_q \end{pmatrix} = \begin{pmatrix} \bar{i}_p \\ \bar{i}_q \end{pmatrix} + \begin{pmatrix} \tilde{i}_p \\ \tilde{i}_q \end{pmatrix} \tag{5-27}$$

式中，在三相电网电压对称且无畸变的情况下，$\bar{i}_p$ 和 $\bar{i}_q$ 分别对应基波正序无功电流和有功电流，$\tilde{i}_p$ 和 $\tilde{i}_q$ 对应负序和谐波电流。

对 $i_p$、$i_q$ 中各种电流分量进行反变换，由于 $\boldsymbol{C}^{-1} = \boldsymbol{C}$，得

在 $\alpha$-$\beta$ 坐标系下的基波正序有功电流为

$$\begin{pmatrix} i_{\alpha 1} \\ i_{\beta 1} \end{pmatrix} = \boldsymbol{C} \begin{pmatrix} i_p \\ 0 \end{pmatrix} \tag{5-28}$$

在 $\alpha$-$\beta$ 坐标系下的基波正序无功电流为

$$\begin{pmatrix} i_{\alpha r1} \\ i_{\beta r1} \end{pmatrix} = \boldsymbol{C} \begin{pmatrix} 0 \\ \bar{i}_p \end{pmatrix} \tag{5-29}$$

在 $\alpha$-$\beta$ 坐标系下的负序和谐波电流为

$$\begin{pmatrix} i_{\alpha h} \\ i_{\beta h} \end{pmatrix} = \boldsymbol{C} \begin{pmatrix} \tilde{i}_p \\ \tilde{i}_p \end{pmatrix} \tag{5-30}$$

在 $\alpha$-$\beta$ 坐标系下的广义无功电流为

$$\begin{pmatrix} i_{\alpha r} \\ i_{\beta r} \end{pmatrix} = C \begin{pmatrix} \tilde{i}_p \\ i_p \end{pmatrix} \tag{5-31}$$

将 $i_\alpha$ 和 $i_\beta$ 从两相正交坐标系反变换到 abc 三相坐标系，得

$$\begin{pmatrix} i_a \\ i_b \\ i_c \end{pmatrix} = \sqrt{\frac{2}{3}} \begin{pmatrix} 1 & 0 \\ -1/2 & \sqrt{3}/2 \\ -1/2 & -\sqrt{3}/2 \end{pmatrix} \begin{pmatrix} i_\alpha \\ i_\beta \end{pmatrix} \tag{5-32}$$

由式（5-16）和式（5-26），得

$$\begin{pmatrix} i_p \\ i_q \end{pmatrix} = \sqrt{\frac{2}{3}} \begin{pmatrix} \sin \omega_1 t & -\cos \omega_1 t \\ -\cos \omega_1 t & -\sin \omega_1 t \end{pmatrix} \begin{pmatrix} 1 & -1/2 & 1/2 \\ 0 & \sqrt{3}/2 & -\sqrt{3}/2 \end{pmatrix} \begin{pmatrix} i_a \\ i_b \\ i_c \end{pmatrix}$$

$$= \sqrt{\frac{2}{3}} \begin{pmatrix} \sin \omega_1 t & \sin(\omega_1 t - 2\pi/3) & \sin(\omega_1 t + 2\pi/3) \\ -\cos \omega_1 t & -\cos(\omega_1 t - 2\pi/3) & -\cos(\omega_1 t + 2\pi/3) \end{pmatrix} \begin{pmatrix} i_a \\ i_b \\ i_c \end{pmatrix} = C_{abc-pq} \begin{pmatrix} i_a \\ i_b \\ i_c \end{pmatrix} \tag{5-33}$$

$$\begin{pmatrix} i_a \\ i_b \\ i_c \end{pmatrix} = \sqrt{\frac{2}{3}} \begin{pmatrix} 1 & 0 \\ -1/2 & \sqrt{3}/2 \\ -1/2 & -\sqrt{3}/2 \end{pmatrix} \begin{pmatrix} \sin \omega_1 t & -\cos \omega_1 t \\ -\cos \omega_1 t & -\sin \omega_1 t \end{pmatrix} \begin{pmatrix} i_p \\ i_q \end{pmatrix} \tag{5-34}$$

$$= \sqrt{\frac{2}{3}} \begin{pmatrix} \sin \omega_1 t & -\cos \omega_1 t \\ \sin(\omega_1 t - 2\pi/3) & -\cos(\omega_1 t - 2\pi/3) \\ \sin(\omega_1 t + 2\pi/3) & -\cos(\omega_1 t + 2\pi/3) \end{pmatrix} \begin{pmatrix} i_p \\ i_q \end{pmatrix} = C_{pq-abc} \begin{pmatrix} i_p \\ i_q \end{pmatrix}$$

$i_p$-$i_q$ 算法是在假定电网为对称且无畸变的正弦波的情况下推导出来的。在实际电网中，电网电压经常会出现不对称和畸变现象，需要对算法采取一定的措施，才能准确地检测出不同的电流分量。

以瞬时无功理论为基础，计算出以 $p$、$q$ 或 $i_p$、$i_q$ 为出发点，分别可以得出三相电路谐波和无功电流检测的两种方法，分别称为 $p$-$q$ 检测法和 $i_p$-$i_q$ 检测法。

1）$p$-$q$ 检测法

$p$-$q$ 检测法原理如图 5-30 所示，图中 $C_{32} = \begin{pmatrix} 1 & -1/2 & 1/2 \\ 0 & \sqrt{3}/2 & -\sqrt{3}/2 \end{pmatrix}$；$C_{23} = C_{32}^T$；$C_{pq} = \begin{pmatrix} e_\alpha & e_\beta \\ e_\beta & -e_\alpha \end{pmatrix}$；$C_{pq}^{-1} = \frac{1}{e^2} \begin{pmatrix} e_\alpha & e_\beta \\ e_\beta & -e_\alpha \end{pmatrix} = \frac{C_{pq}}{e^2}$。

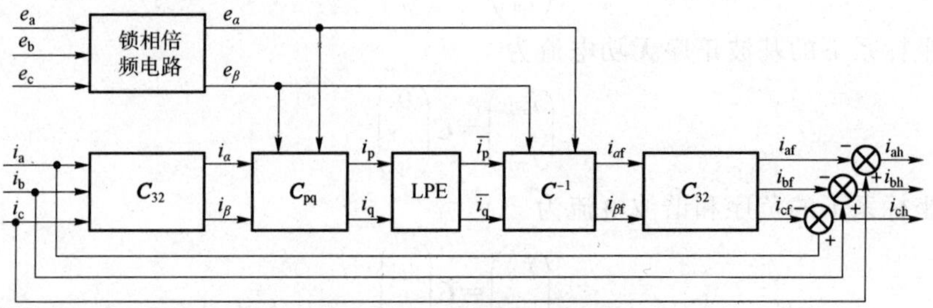

图 5-30 $p$-$q$ 检测法原理图

当 APF 只用于补偿谐波时，只需要检测出补偿对象的谐波电流。由式（5-16）和式（5-23）得出 $p$、$q$，经过低通滤波器（LPF）得到 $p$、$q$ 的直流分量 $\bar{p}$、$\bar{q}$。假设电网中三相电压对称且无畸变，$\bar{p}$ 是由基波有功电流和有功电压产生的，$\bar{q}$ 是由基波无功电流和无功电压产生的。因此，由 $\bar{p}$、$\bar{q}$ 可以计算出被检测电流 $i_a$、$i_b$、$i_c$ 基波分量 $i_{af}$、$i_{bf}$、$i_{cf}$。$i_{af}$、$i_{bf}$、$i_{cf}$ 可以表示为

$$\begin{pmatrix} i_{af} \\ i_{bf} \\ i_{cf} \end{pmatrix} = \boldsymbol{C}_{23}\boldsymbol{C}_{pq}^{-1} \begin{pmatrix} \bar{p} \\ \bar{q} \end{pmatrix} = \frac{1}{e^2}\boldsymbol{C}_{23}\boldsymbol{C}_{pq} \begin{pmatrix} \bar{p} \\ \bar{q} \end{pmatrix} \tag{5-35}$$

将 $i_{af}$、$i_{bf}$、$i_{cf}$ 分别减去 $i_a$、$i_b$、$i_c$ 得到与 $i_a$、$i_b$、$i_c$ 谐波分量大小相等、方向相反的 $i_{ah}$、$i_{bh}$、$i_{ch}$。

当 APF 用于补偿谐波和无功电流时，需要检测出补偿对象的谐波电流和无功电流。由于 $q$ 是由无功电流和无功电压产生的，所以必须将 $q$ 断开，经过低通滤波器（LPF）得到 $\bar{p}$，再由 $\bar{q}$ 计算出被检测电流 $i_a$、$i_b$、$i_c$，基波有功分量 $i_{apf}$、$i_{bpf}$、$i_{cpf}$，则 $i_{apf}$、$i_{bpf}$、$i_{cpf}$ 可表示为

$$\begin{pmatrix} i_{apf} \\ i_{bpf} \\ i_{cpf} \end{pmatrix} = \boldsymbol{C}_{23}\boldsymbol{C}_{pq}^{-1} \begin{pmatrix} \bar{p} \\ 0 \end{pmatrix} = \frac{1}{e^2}\boldsymbol{C}_{23}\boldsymbol{C}_{pq} \begin{pmatrix} \bar{p} \\ 0 \end{pmatrix} \tag{5-36}$$

将 $i_{apf}$、$i_{bpf}$、$i_{cpf}$ 分别减去 $i_a$、$i_b$、$i_c$ 得到与 $i_a$、$i_b$、$i_c$ 谐波分量和基波无功分量之和大小相等、方向相反的 $i_{ah}$、$i_{bh}$、$i_{ch}$。

2）$i_p\text{-}i_q$ 检测法

$i_p\text{-}i_q$ 检测法原理如图 5-31 所示，图中 $\boldsymbol{C}=\begin{pmatrix} \sin\omega t & -\cos\omega t \\ -\cos\omega t & -\sin\omega t \end{pmatrix}$；$\boldsymbol{C}=\boldsymbol{C}^{-1}$。

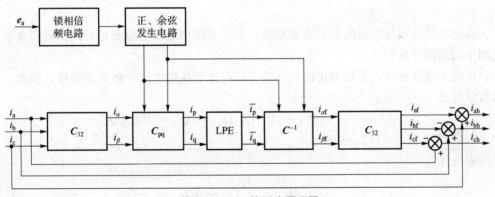

**图 5-31　$i_p\text{-}i_q$ 检测法原理图**

$i_p\text{-}i_q$ 检测法用到了与 a 相电压 $e_a$ 同相位的 $\sin\omega t$ 和对应的 $-\cos\omega t$，它们是由锁相倍频电路（PLL）和正、余弦发生电路实现的。被检测电流 $i_a$、$i_b$、$i_c$ 中的 $n$ 次正序和 $n$ 次负序谐波分量，经 $i_p\text{-}i_q$ 变换后，分别转变为 $i_p$、$i_q$ 中的 $(n-1)$ 次和 $(n+1)$ 次谐波分量，因此被检测电流 $i_a$、$i_b$、$i_c$ 中的正序基波分量转化成 $\bar{i}_p$、$\bar{i}_q$。由式（5-28）得出 $i_p$、$i_q$，经过低通滤波器（LPF）得出 $\bar{i}_p$、$\bar{i}_q$。$\bar{i}_p$、$\bar{i}_q$ 是由基波有功电流和基波无功电流产生的，因此，由 $\bar{i}_p$、$\bar{i}_q$ 可以计算出被检测电流 $i_a$、$i_b$、$i_c$ 基波分量 $i_{af}$、$i_{bf}$、$i_{cf}$，进而求得 $i_{ah}$、$i_{bh}$、$i_{ch}$。

**3. 电压型并联 APF 的结构与工作原理**

电压型并联 APE 的结构如图 5-32 所示。图 5-32 中，交流电网对非线性负载供电，非线性

负载为谐波源，产生谐波并且消耗无功功率。APF 由四部分组成：谐波电流检测电路、电流跟踪控制电路、主开关器件驱动电路和主电路。根据 APF 的补偿目的检测出负载电流中的谐波分量，同时还要检测直流侧母线电压。然后将这些信号输入电流跟踪控制电路，通过控制算法生成一系列 PWM 信号，以此作为补偿电流的指令信号。这些信号经过电平转换后输入主开关器件驱动电路，驱动主电路中的主开关器件。此时，APF 产生补偿电流并注入电网，该电流与非线性负载电流相位相反，幅值为负载电流中的谐波分量，从而达到滤除谐波的目的。

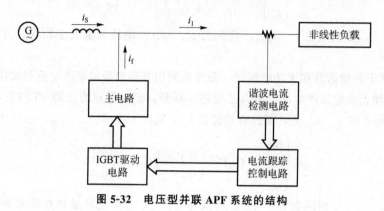

图 5-32　电压型并联 APF 系统的结构

# 5.6　电力系统无功功率经济分配

无功电流的分布与电压的关系非常密切，如果系统中无功电源充足，则要研究无功功率在电网中的经济分布。

在研究无功分布时，主要考虑的问题是无功在输电线路中产生的有功损耗，因此，目标函数可以写成

$$\Delta P_{L} = f(P_1, P_2, \cdots, P_n, Q_1, Q_2, \cdots, Q_n) = f(P_i, Q_i) \tag{5-37}$$

式中，$i$——节点数，$i = 1, 2, \cdots, n$。

约束条件为

$$\sum_{j=1}^{m} Q_{Gj} = \sum_{i=1}^{n} Q_{Di} + \Delta Q_{L} \tag{5-38}$$

$$Q_{Gj\min} \leqslant Q_{Gj} \leqslant Q_{Gj\max} \tag{5-39}$$

$$U_{i\min} \leqslant U_i \leqslant U_{i\max} \tag{5-40}$$

式中，$\Delta P_{L}$——线路中有功功率损耗；

$\Delta Q_{L}$——线路中无功功率损耗；

$P_1, P_2, \cdots, P_n$——节点 1→$n$ 的有功注入；

$Q_1, Q_2, \cdots, Q_n$——节点 1→$n$ 的无功注入；

$Q_{Gj}$——节点的无功电源，$j$ 为无功电源数，$j = 1, 2, \cdots, m$；

$Q_{Di}$——节点的无功负荷，$i = 1, 2, \cdots, n$。

和有功经济分配一样，应使目标函数最小，并将不等式约束作为校验条件来单独处理。

于是，拉格朗日方程式为

$$L = \Delta P_L + \lambda \left( \sum_{j=1}^{m} Q_{Gj} - \sum_{i=1}^{n} Q_{Di} - \Delta Q_L \right) \tag{5-41}$$

为求出无功经济分布，将上式对无功电源注入 $Q_{Gj}$ 取偏导数，可得到 $m$ 个方程式

$$\frac{\partial L}{\partial Q_{G1}} = \frac{\partial \Delta P_L}{\partial Q_{G1}} + \lambda \left( 1 - \frac{\partial \Delta Q_L}{\partial Q_{G1}} \right) = 0$$

$$\vdots \tag{5-42}$$

$$\frac{\partial L}{\partial Q_{Gm}} = \frac{\partial \Delta P_L}{\partial Q_{Gm}} + \lambda \left( 1 - \frac{\partial \Delta Q_L}{\partial Q_{Gm}} \right) = 0$$

再加

$$\frac{\partial L}{\partial \lambda} = \sum_{j=1}^{m} Q_{Gj} - \sum_{i=1}^{n} Q_{Di} - \Delta Q_L \tag{5-43}$$

其中共 $m+1$ 个方程，可以解出 $m$ 个 $Q_{Gj}$ 及一个 $\lambda$ 值。将式（5-42）改写成

$$\frac{\partial \Delta P_L}{\partial Q_{Gj}} \bigg/ \left( 1 - \frac{\partial \Delta Q_L}{\partial Q_{Gj}} \right) = -\lambda \tag{5-44}$$

从而得到无功功率经济分配的条件为

$$\frac{\partial \Delta P_L}{\partial Q_{G1}} \bigg/ \left( 1 - \frac{\partial \Delta Q_L}{\partial Q_{G1}} \right) = \frac{\partial \Delta P_L}{\partial Q_{G2}} \bigg/ \left( 1 - \frac{\partial \Delta Q_L}{\partial Q_{G2}} \right) = \cdots = \frac{\partial \Delta P_L}{\partial Q_{Gm}} \bigg/ \left( 1 - \frac{\partial \Delta Q_L}{\partial Q_{Gm}} \right) \tag{5-45}$$

式中，$\partial \Delta P_L / \partial Q_{Gj}$——无功电源无功变化时的有功损耗微增率；

$1/(1 - \partial \Delta Q_L / \partial Q_{Gj})$——无功网损修正系数。

式（5-45）为决定无功功率经济分布的判据。

在系统中，如果无功电源配备充足、布局合理时，无功功率经济分配的计算步骤为：

（1）按有功负荷经济分配的结果，给定平衡节点外各发电厂的有功注入及 $PV$ 节点处的电压与 $Q_{Di}$ 值并计算潮流。

（2）用求出的潮流决定各无功电流点的 $\lambda$ 值。若某点 $\lambda<0$，则表示要增大该电源的无功才可降低网损；而若 $\lambda>0$ 则应减少该电源无功注入。按此调整各点的无功出力，并再做一次潮流计算。

（3）按计算出的潮流再计算网损。检查平衡节点的有功注入，若是减小，则表示网损减小了。可继续以上步骤直到平衡节点的功率不再减小为止或满足式（5-45）时为止。

上述求解无功经济分配的方法，所有等式约束与不等式约束需在潮流计算中另外解决。

# 习题 5

5-1　电力系统中无功功率电源有哪些？其工作原理分别是什么？

5-2　什么是电压中枢点？电力系统中电压中枢点一般选在何处？

5-3　电力系统电压中枢点的调压方式有哪几种？其要求分别是什么？

5-4　电力系统常见的调压措施有哪些？

5-5　如题 5-5 图所示，两发电厂联合向一负荷供电，设发电厂母线电压均为 1.0；负荷功率 $\dot{S}_L = 1.2 + j0.7$，其有功部分由两厂平均负担。已知：$Z_1 = 0.1 + j0.4$，$Z_2 = 0.04 +$

j0.08。试按等网损微增率原则确定无功负荷是最优分配。

5-6 简化后的 110 kV 等值网络如题 5-6 图所示。图中标出各线段的电阻值及各结点无功负荷，设无功功率补偿电源总容量为 17 Mvar。试确定这些补偿容量的最优分布。

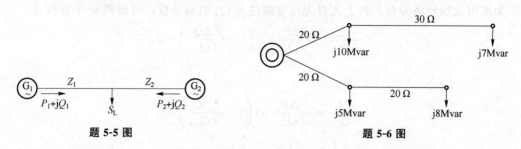

题 5-5 图　　　　　　　　　　　　　　　题 5-6 图

5-7 如题 5-7 所示，某降压变电所装设一台容量为 20 MV·A、电压为 110/11 kV 的变压器，要求变压器低压侧的偏移在大小负荷时分别不超过额定值的 2.5% 和 7.5%，最大负荷为 18 MV·A，最小负荷为 7 MV·A，$\cos \varphi = 0.8$，变压器高压侧的电压在任何运行情况下均维持 107.5 kV，变压器参数为：$U_k \% = 10.5$，$P_k = 163$ kW，激磁影响不计。试选择变压器的分接头。

5-8 如题 5-8 图所示，有一台降压变压器，其归算至高压侧的参数为 $R_T = 2.44$ Ω，$X_T = 40$ Ω，在最大负荷及最小负荷时通过变压器的功率分别为 $\dot{S}_{max} = (28+j14)$MV·A，$\dot{S}_{min} = (10+j6)$MV·A。最大负荷时高压侧电压为 113 kV，而此时低压允许电压为不小于 6 kV，最小负荷时高压侧电压为 115 kV，而此时低压允许电压为不大于 6.6 kV。试选择此变压器分接头。

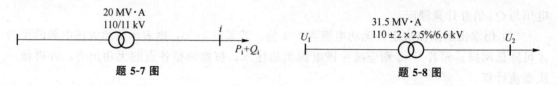

题 5-7 图　　　　　　　　　　　　　　　题 5-8 图

5-9 如题 5-9 图所示，某 110/11 kV 的区域性降压变电所有两台 32 MV·A 的变压器并联运行，两台变压器的阻抗 $Z_T = (0.94 + j21.7)$ Ω，设变电所低压母线最大负荷 42 MV·A（$\dot{S}_{max} = 38.6 + j18.3$），对应这时高压母线电压为 103 kV，最小负荷为 18 MV·A（$\dot{S}_{min} = 16.5 + 6.3$），电压为 108.5 kV。求变压器的变比，使低压侧母线电压在最大最小负荷下分别为 $U_{2max} = 10.5$ kV，$U_{2min} = 10$ kV。若采用有载调压，变压器分接头电压为 115 ± 9 × 1.78%/ 10.5 kV。

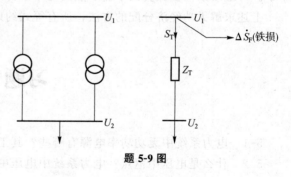

题 5-9 图

5-10 如题 5-10 所示，某水电厂通过 SFL₁—40000/110 型升压变压器与系统连接，最大负荷与最小负荷时高压母线的电压分别为 112.09 kV 及 115.45 kV，要求最大负荷时低压母线的电压不低于 10 kV，最小负荷时低压母线的电压不高于 11 kV，试选择变压器分接头。

5-11　某变电所装有两台变压器 $2\times$SFL$_1$-10000、110/10.5 如题 5-11 图所示。10 kV 侧的最大负荷为 $(15+j11.25)$ MV·A，接入补偿电容器 $-j11.25$ Mvar；最小负荷为 $(6+j4.5)$ MV·A，电容器退出，并切除一台变压器。已知一台变压器的阻抗为 $Z=(9.2+j127)$ Ω，高压母线最大负荷和最小负荷时的电压分别为 106.09 kV 和 110.87 kV。要求 10 kV 侧母线为顺调压，试选择变压器的分接头（变压器参数为 110 kV 侧的）。

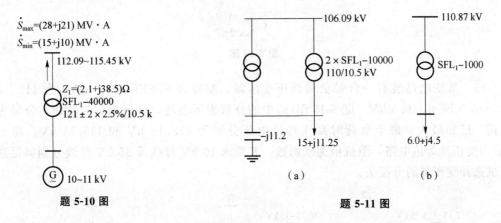

题 5-10 图　　　　　　　　　　　题 5-11 图

5-12　某变电所装有两台并联工作的降压器，电压为 $110\pm5\times2.5\%$/11 kV，每台变压器容量为 31.5 MV·A，变压器能带负荷调分接头，试选择分接头，保证变电所二次母线电压偏移不超过额定电压 $\pm5\%$ 的逆调压。已知变电所二次母线的最大负荷为 42 MV·A，$\cos\varphi=0.8$，最小负荷为 18 MV·A，$\cos\varphi=0.7$。变电所的高压母线电压最大负荷时为 103 kV，最小负荷时为 108.5 kV，变压器短路电压为 10.5%，短路功率为 200 kW。

5-13　某降压变电所如习题 5-13 图(a)所示、三绕组变压器的额定电压为 110/38.5/6.6 kV，各绕组最大负荷时流通的功率如习题 5-13 图（b）所示，最小负荷为最大负荷的二分之一。

设与该变压器相连的高压母线电压在最大、最小负荷时分别为 112 kV、115 kV，中、低压母线电压偏移在最大、最小负荷时分别为 0、7.5%。试选择该变压器高、中压绕组的分接头。

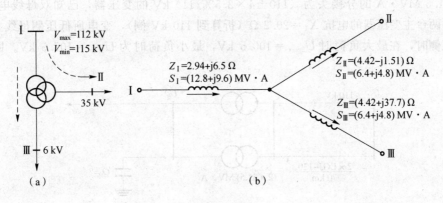

题 5-13 图

5-14　试选择如题 5-14 图所示的三绕组变压器分接头。变压器参数，最大、最小负荷的兆伏安数及对应的高压母线电压均标于图中，中压侧要求常调压，在最大、最小负荷时，电压均保持在 35（1+2.5%）kV，低压侧要求逆调压（变压器额定电压为：110/38.5/6.6 kV）。

注：（1）变压器参数为归算至高压侧的值；（2）计算时不计变压器功率损耗。

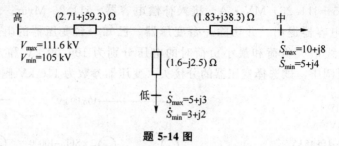

题 5-14 图

5-15 某变电站装有一台带负荷调压变压器，型号为 SFSEL-8000，抽头为 110±3×2.5%/38.5±5%/10.5 kV。题 5-15 图（a）中的分数表示潮流，分子为最大负荷，分母为最小负荷。已知最大、最小负荷时高压母线电压分别为 112.15 kV 和 115.73 kV。题 5-15 图（b）为变压器等值电路，阻抗值为欧姆数，若要求 10 kV 母线及 35 kV 母线分别满足逆调压，试选择变压器的分接头。

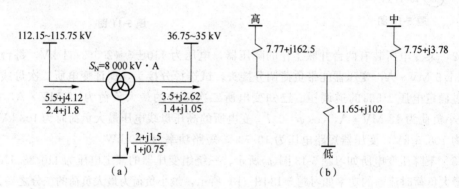

题 5-15 图

5-16 如题 5-16 图所示，一个地区变电所，由双回 110 kV 输电线供电，变电所装两台容量均为 31.5 MV·A 的分接头为（110±4×2.5%/11）kV 的变压器，已知双母线电抗 $X_L=14.6\ \Omega$，两台主变压器的电抗 $X_T=20.2\ \Omega$（折算到 110 kV 侧），变电所低压侧母线上的电压折至高压侧时，在最大负荷时 $U_{2\max}=100.5$ kV，最小负荷时为 $U_{2\min}=107.5$ kV。回答下列问题。

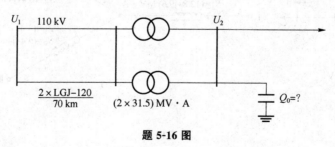

题 5-16 图

（1）并联电容时，容量和变比的选择怎样配合？并联调相机时，容量和变比的选择怎样配合？

（2）当变电所低压侧母线要求为最大负荷时 $U'_{2max}=10.5$ kV，最小负荷时 $U'_{2min}=10$ kV，求为保证调压要求所需的最小同步调相机容量 $Q_C$。

（3）为达到同样的调压目的，选静止电容器容量为多少？

5-17　如题 5-17 图所示，有两回 110 kV 的平行线路对某降压变电所供电，线长 70 km，导线型号 LGJ-120，变电所并联着两台 31.5 MV·A 的变压器，变比为 $(110\pm4\times2.5\%/11)$ kV。两回线电抗 $X'_L=14.6$ Ω，两台变压器电抗 $X'_T=20.2$ Ω，变电所低压折合到高压侧的电压在最大最小负荷时分别为 $U'_{2max}=100.5$ kV、$U'_{2min}=112$ kV，两回线完全对称。回答下列问题

（1）求能够保证变电所电压在允许的波动范围的调相机的最小功率（设调相机欠激运行，其容量不超过额定容量的 50%）。

（2）为达到同样的调压效果，在变电所并联一个电容器，电容器的容量应为多大？

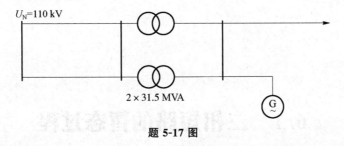

$U_N=110$ kV

$2\times31.5$ MVA

G
~

题 5-17 图

5-18　容量为 10 000 kV·A 的变电所，现有负荷恰为 10 000 kV·A，其功率因数为 0.8，如果该变电所再增功率因数为 0.6、功率为 1 000 kW 的负荷，为使变电所不过负荷，最小需要装置多少千乏的并联电容器？此时负荷（包括并列电容器）的功率因数是多少？

注：负荷所需要的无功都是感性的。

5-19　如题 5-19 图所示，由电站 1 向用户 2 供电，为了使 $U_2$ 能维持额定电压运行（$U_N=10$ kV），问用户处应装电力电容器的容量是多少（忽略电压降落的横分量 $\delta U$）？

5-20　设由电站 1 向用户 2 供电线路如题 5-20 所示，已知 $U_1=10.5$ kV，$P_L=1\,000$ kW，$\cos\varphi=0.8$，若将功率因数提高到 0.85，则装设多少容量的并联电容器，此时用户处的电压 $U_2$ 为多大？

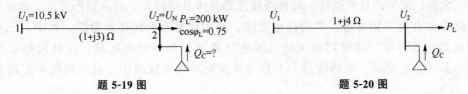

$U_1=10.5$ kV　　　　$U_2=U_N$ $P_L=200$ kW
1　　　　　　　　　　　2　$\cos\varphi_L=0.75$
　　$(1+j3)$ Ω
　　　　　　　　　　　　　$Q_C=?$

$U_1$　　　　$1+j4$ Ω　　　$U_2$
　　　　　　　　　　　　　$P_L$
　　　　　　　　　　　　　$Q_C$

题 5-19 图　　　　　　　　题 5-20 图

# 第6章

<<<<<<

# 电力系统故障分析

# 6.1　三相短路的暂态过程

## 6.1.1　短路的基本概念

电力系统的短路故障也称为横向故障，是相与相之间或相与地之间发生通路的故障；一相或两相断线的情况，为断线故障，也称纵向故障。本书内容着重介绍上述两种故障情况。

在电力系统可能发生的各种故障中，危害较大且发生概率较高的首推短路故障。

产生短路故障的主要原因是电力设备绝缘材料损坏。引起绝缘材料损坏的原因有：各种形式的过电压（如雷击过电压或操作过电压）引起的绝缘子、绝缘套管表面闪络；绝缘材料恶化等。此外，恶劣的自然条件、鸟兽跨接裸露导体及运行人员的误操作等也会造成短路。

短路故障分为三相短路、单相接地短路、两相短路及两相接地短路。其中，三相短路时三相电路仍然对称，称为对称短路；其余三类统称为不对称短路。各种短路示意图和代表符号如表6-1所示。短路故障大多数发生在架空输电线路中，且单相接地短路发生的概率达65%。

表 6-1　各种短路示意图和代表符号

| 短路种类 | 示意图 | 短路代表符号 |
|---|---|---|
| 三相短路 |  | $f^{(3)}$ |

续表

| 短路种类 | 示意图 | 短路代表符号 |
|---|---|---|
| 两相接地短路 | | $f^{(1,1)}$ |
| 两相短路 | | $f^{(2)}$ |
| 单相接地短路 | | $f^{(1)}$ |

在电力网络中，除了上述的同一地点的短路之外，还可能在不同地点发生短路，称为多重短路。

短路对电力系统的正常运行有很大影响，对电气设备有很大的危害，主要表现在以下 4 个方面。

(1) 发生短路时，短路回路中的电流大大增加。例如，在发电机端发生短路时，流过定子绕组的短路电流最大值可达发电机额定电流的 10～15 倍。过大的短路电流，其热效应会引起导体及其绝缘材料的损坏；同时电动力效应也可能使导体变形或损坏。

(2) 短路会引起电网中电压降低，导致部分用户的供电受到影响，用电设备不能正常工作。例如，系统中的主要负荷——异步电动机，其电磁转矩与电压的平方成正比，若电压下降，会导致电动机不能正常工作，甚至停机。

(3) 不对称短路所引起的不平衡电流，将产生不平衡磁通，会在邻近的平行通信线路内产生感应电动势，对通信系统造成干扰，从而威胁人身和设备安全。

(4) 短路可能会破坏系统的稳定性，造成严重后果。由于短路引起系统中功率分布的变化，发电机输出功率与输入功率不平衡，可能会引起并列运行的发电机失去同步，使系统瓦解，造成大面积停电。

在电力系统设计与运行时，要采取适当的措施降低短路故障的发生概率。例如，采用合理的防雷设施，加强运行维护管理等。同时，通过采用继电保护装置，迅速切除故障设备，保证无故障部分的安全运行。架空线路的短路故障大多是瞬时性的，如果故障线路与电源隔离，短路点电弧熄灭并去游离后，能恢复正常的绝缘能力。因此，架空线路普遍采用自动重合闸装置，发生短路时断路器迅速跳闸，经一定时间（0.4～1 s）后自动合闸。对于瞬时性故障，重合闸后即恢复正常运行；对于永久性故障，重合闸后会再次使断路器分断。线路上的电抗器，通常也是为限制短路电流而设计的。

在发电厂、变电所及整个电力系统的设计和运行中，短路计算是解决很多问题的基本计算，其计算目的如下。

(1) 选择有足够电动力稳定性和热稳定性的电气设备。例如，计算冲击电流以校验设备的电动力稳定性；计算短路电流周期分量以校验设备的热稳定性等。

（2）合理的配置继电保护及自动装置，并确定其参数。

（3）比较和评价电气主接线方案时，可以依据短路计算的结果，确定是否采取限制短路电流的措施，并对设备的造价进行评估，选择最佳的主接线方案。

此外，电力系统暂态稳定的计算、确定电力线路对邻近通信线路的干扰等，都要进行短路计算。

## 6.1.2　无限大功率电源供电系统的三相短路分析

### 1. 无限大功率电源的基本概念

在三相供电系统中，为了方便地分析电力系统的暂态过程，常常假设电源的容量为无限大，其电压和频率保持恒定，且内阻抗为 0。无限大功率电源是个相对概念，通常以供电电源（系统）的内阻抗与短路回路总阻抗的相对大小来判断电源是否为无限大功率电源。若电源的内阻抗小于短路回路总阻抗的 10%，即可以认为该电源为无限大电源。例如，多台发电机并联运行或短路点远离电源等情况，都可以看作无限大功率电源供电的系统。

在分析含有无限大功率电源的系统的电磁暂态过程中，可以获得物理概念，较易得到短路电流的周期分量、非周期分量、衰减时间常数与冲击电流等，为同步发电机暂态过程的分析打下基础。

### 2. 暂态过程分析

无限大功率电源供电的三相对称系统短路图如图 6-1 所示。

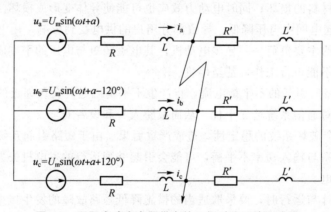

**图 6-1　无限大功率电源供电的三相对称系统短路图**

在短路发生前，电路处于稳定状态，假设 a 相电流为（注：分别用下标 $m(0)$、0 表示短路发生前、后）

$$i_a = I_{m(0)} \sin(\omega t + \theta - \varphi_{(0)})$$

式中，$I_{m(0)} = \dfrac{U_m}{\sqrt{(R+R')^2 + \omega^2 (L+L')^2}}$，$\varphi_{(0)} = \arctan \dfrac{\omega(L+L')}{R+R'}$。

$\varphi_{(0)}$ 的表达式中，$R+R'$、$L+L'$ 分别为短路前每相的电阻与电感。$\theta$ 为短路（或合闸）前瞬时电压的相位角，也称为合闸角。

假设系统在 $t=0$ 时，在 $f$ 点发生三相短路，将电路分为左右两个独立回路。右侧电路无电源供电；与无限大功率电源相连的左侧电路，由于短路导致电路参数突然变化（电阻、电感分别变为 $R$、$L$），电路中出现了暂态过程。由于电路仍然对称，以 a 相为例，满足

$$L \frac{di_a}{dt} + R i_a = U_m \sin(\omega t + \theta) \tag{6-1}$$

该方程为一阶常系数、线性、非齐次常微分方程。其解为短路时的全电流，包括稳态分量与暂态分量，又称为自由分量、直流分量或非周期分量。稳态分量即电路达到稳态时的短路电流 $i_{\infty a}$，又称为交流分量或周期分量 $i_{pa}$，其形式为

$$i_{pa} = i_{\infty a} = I_m \sin(\omega t + \theta - \varphi) \tag{6-2}$$

式中，$I_m = \dfrac{U_m}{\sqrt{R^2 + \omega^2 L^2}}$，$\varphi = \arctan \dfrac{\omega L}{R}$。

短路点左侧暂态电路的时间常数为 $T_a$，其值由电路参数决定，即

$$T_a = \frac{L}{R} \tag{6-3}$$

暂态分量设为 $i_{aa}$，其形式为

$$i_{aa} = A e^{-\frac{t}{T_a}}$$

暂态分量是按指数规律不断衰减的电流，衰减的速度与时间常数成正比。A 为待定积分常数，由电路的初始条件决定。

短路的全电流表达式为

$$i_a = i_{pa} + i_{aa} = I_m \sin(\omega t + \theta - \varphi) + A e^{-\frac{t}{T_a}} \tag{6-4}$$

根据电路理论中的换路定律，即短路前后瞬间电感电流值不跃变的原则，将 $t=0$ 分别代入式（6-4），即

$$i_{a(0)} = i_{a0} = I_{m(0)} \sin(\theta - \varphi_{(0)}) = I_m \sin(\theta - \varphi) + A$$

则 $A = I_{m(0)} \sin(\theta - \varphi_{(0)}) - I_m \sin(\theta - \varphi)$，因此暂态分量为

$$i_{aa} = [I_{m(0)} \sin(\theta - \varphi_{(0)}) - I_m \sin(\theta - \varphi)] e^{-\frac{t}{T_a}} \tag{6-5}$$

短路全电流为

$$i_a = I_m \sin(\omega t + \theta - \varphi) + [I_{m(0)} \sin(\theta - \varphi_{(0)}) - I_m \sin(\theta - \varphi)] e^{-\frac{t}{T_a}} \tag{6-6}$$

依据对称关系，可以得到 b、c 相短路电流的表达式为

$$i_b = I_m \sin(\omega t + \theta - 120° - \varphi) + [I_{m(0)} \sin(\theta - 120° - \varphi_{(0)}) - I_m \sin(\theta - 120° - \varphi)] e^{-\frac{t}{T_a}} \tag{6-7}$$

$$i_c = I_m \sin(\omega t + \theta + 120° - \varphi) + [I_{m(0)} \sin(\theta + 120° - \varphi_{(0)}) - I_m \sin(\theta + 120° - \varphi)] e^{-\frac{t}{T_a}} \tag{6-8}$$

可见，三相短路电流的周期分量是一组对称正弦量，其幅值 $I_m$ 由电源电压幅值及短路回路总阻抗决定，相位彼此相差120°；各相短路电流的非周期分量具有不同的初始值，并按照指数规定衰减，衰减的时间常数为 $T_a$。非周期分量衰减趋于 0，表明暂态过程结束。

**3. 短路冲击电流及短路功率的计算**

**1）短路冲击电流**

短路电流最大可能的瞬时值称为短路冲击电流，以 $i_{im}$ 表示。

以 a 相为例，由式（6-6）可见，短路电流周期分量的幅值一定，而非周期分量电流按指数规律衰减。如果非周期分量的初始值越大，则全电流的瞬时值越大，即存在短路冲击电流。由式（6-6）知，短路电流非周期分量的初始值为

$$i_{aa} = I_{m(0)} \sin(\theta - \varphi_{(0)}) - I_m \sin(\theta - \varphi)$$

由于短路前电流的幅值 $I_{m(0)}$ 远小于短路后电流的幅值 $I_m$，可以认为短路前电路为空载状态，即 $I_{m(0)} = 0$。若使 $i_{aa0}$ 有最大值，应有 $\theta - \varphi = -90°$。如果短路回路的感抗 $\omega L$ 远大于电阻 $R$，则 $\varphi \approx 90°$，$\theta \approx 0°$。

将 $I_{m(0)} = 0$、$\varphi \approx 90°$ 及 $\theta \approx 0°$ 代入短路全电流表达式（6-6），得

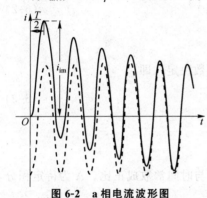

图 6-2　a 相电流波形图

$$i_a = -I_m \cos \omega t + I_m e^{-\frac{t}{T_a}} \tag{6-9}$$

其波形如图 6-2 所示。

从图中可见，短路电流的最大瞬时值，即短路冲击电流，在短路发生后约半个周期，即 0.01 s（设频率为 50 Hz）出现。在同一时间内，三相中仅有一相有最大值。由此可得冲击电流为

$$i_{im} = I_m + I_m e^{-\frac{0.01}{T_a}} = (1 + e^{-\frac{0.01}{T_a}}) I_m = K_{im} I_m \tag{6-10}$$

式中，$K_{im}$ 称为冲击系数，即冲击电流值相对于故障后周期电流幅值的倍数。其值与时间常数 $T_a$ 有关，通常取为 1.8~1.9。

冲击电流主要用于检验电气设备和载流导体的动稳定性。

2）短路全电流有效值

在短路暂态过程中，任一时刻 $t$ 的短路电流有效值 $I_t$，是指以时刻 $t$ 为中心的一个周期内瞬时电流的均方根值，即

$$I_t = \sqrt{\frac{1}{T} \int_{t-\frac{T}{2}}^{t+\frac{T}{2}} i^2 \, \mathrm{d}t} = \sqrt{\frac{1}{T} \int_{t-\frac{T}{2}}^{t+\frac{T}{2}} (i_{pt} + i_{at})^2 \, \mathrm{d}t}$$

假设周期分量 $i_{pt}$ 在计算周期内幅值恒定，$t$ 时刻的周期电流有效值为

$$I_{pt} = \frac{I_{ptm}}{\sqrt{2}}$$

假设非周期分量 $i_{at}$ 在以时间 $t$ 为中心的一个周期内不变，因此其有效值等于瞬时值，即

$$i_{at} = I_{at}$$

则时刻 $t$ 短路全电流的有效值为

$$I_t = \sqrt{I_{pt}^2 + I_{at}^2} \tag{6-11}$$

短路全电流的最大有效值 $I_{im}$ 也发生在短路后半个周期，其值为

$$I_{im} = \sqrt{\left(\frac{I_m}{\sqrt{2}}\right)^2 + i_{at(t=0.01)}^2}$$

将式（6-10）中的非周期分量 $i_{at(t=0.01)}$ 代入，得

$$I_{im} = \sqrt{\left(\frac{I_m}{\sqrt{2}}\right)^2 + I_m^2 (K_{im} - 1)^2} \tag{6-12}$$

$$= \frac{I_m}{\sqrt{2}} \sqrt{1 + 2(K_{im} - 1)^2}$$

3）短路功率

短路功率也称为短路容量，等于短路电流有效值与短路点的正常工作电压（一般为平均额定电压）的乘积，$t$ 时刻的短路功率为

$$S_t = \sqrt{3} U_{av} I_t \tag{6-13}$$

用标幺值表示时，有

$$S_{t*} = \frac{\sqrt{3} U_{av} I_t}{\sqrt{3} U_B I_B} = I_{t*} \tag{6-14}$$

在短路电流的实用计算中，常用短路周期分量电流的初始有效值来计算短路功率，主要用于检验开关的切断能力。

# 6.2　三相对称短路电流的实用计算

## 6.2.1　起始次暂态电流和冲击电流的计算

电力系统分为简单系统和复杂系统。首先分析简单系统发生三相短路时起始次暂态电流 $I''$ 的情况。

根据不同的要求，将 $I''$ 的计算分为精确计算和近似计算两种。后一种计算是工程上常用的计算方法，常采用网络化简的方法对网络进行分解合成。

图 6-3 所示为两台发电机向负荷供电的简单系统（图示为单相图）。

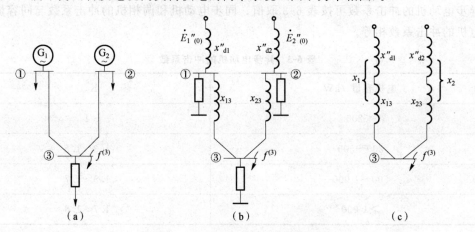

**图 6-3　简单系统 $I''$ 冲击电流的计算**

（a）系统图；（b）等值电路；（c）简化等值电路

母线①、②、③均接有综合性负荷。假设在母线③处发生三相短路，该系统的系统图如图 6-3（a）所示；图 6-3（b）为系统的等值电路。按前述的近似计算条件，$E''_{(0)} \approx 1$，忽略负荷，将网络进一步化简，如图 6-3（c）所示。短路点的电流可以表示为

$$I''_f = \frac{1}{x_1} + \frac{1}{x_2} \tag{6-15}$$

如果短路为非金属型短路，设经过 $Z_f$ 发生短路，则短路点电流的相量形式为

$$\dot{I}''_f = \frac{1}{j\,x_\Sigma + Z_f} \tag{6-16}$$

因此，发电机供给的短路冲击电流的表达式为

$$i_{imG} = \sqrt{2}\,K_{imG}\,I''_G \tag{6-17}$$

不同短路点的冲击系数可以按照表 6-2 选取。

表 6-2　不同短路点的冲击系数

| 短路点 | 冲击系数 |
|---|---|
| 发电机端 | 1.90 |
| 发电厂高压侧母线 | 1.85 |
| 远离发电厂的地点 | 1.80 |

当短路点附近有大容量的异步电动机时，应计入它能提供的冲击电流。此外，系统中的同步电动机和同步调相机也可能会向系统供给冲击电流。综合上述各种因素，冲击电流的表达式为

$$i_{im} = \sqrt{2}\,K_{imG}\,I''_G + \sqrt{2}\,K_{imLD}\,I''_{LD} \tag{6-18}$$

式中，第一项为同步发电机提供的冲击电流；第二项为负荷提供的冲击电流，包括异步电动机、同步电动机和同步调相机提供的冲击电流。

异步电动机的冲击系数可按表 6-3 取值；同步电动机和调相机的冲击系数与同容量的同步发电机的冲击系数相等。

表 6-3　异步电动机的冲击系数

| 电机容量 /kW | $K_{imM}$ |
|---|---|
| <200 | 1 |
| 200～500 | 1.3～1.5 |
| 500～1 000 | 1.5～1.7 |
| >1 000 | 1.7～1.8 |

## 6.2.2　实用计算方法

在实际电力系统中，当发生突然三相短路时，同步发电机内部也会出现暂态过程。近似认为转子保持同步转速，频率恒定。同步发电机在三相突然短路后，短路电流中含有基频交流分量、直流分量和倍频交流分量。基频交流分量的衰减规律与转子绕组中的直

流分量衰减规律一致。对于无阻尼绕组的电机，只有励磁绕组中含有直流自由分量，衰减时间常数为励磁绕组的时间常数 $T'_d$；对于计及阻尼绕组的电机，定子交轴基频电流的衰减时间常数为交轴阻尼绕组的时间常数 $T''_q$，定子直轴基频电流的衰减时间常数为 $T'_d$ 及 $T''_q$。定子电流中的非周期分量及倍频分量与转子电流的基频分量对应，衰减时间常数取决于定子绕组的时间常数 $T_a$。该计算过程较为复杂，而更为简单的近似计算法，即实用计算法是通过以下假设条件来进行的：

（1）不计元件的电阻与并联导纳；

（2）不考虑负荷电流的影响；

（3）不考虑短路电流的正常分量；

（4）取短路前电压为 1。

在上述条件成立时，短路电流计算变成了稳态短路的简单计算，即

$$\dot{I}_f = \frac{1}{X_{ff}}$$

式中，$X_{ff}$——从电源到短路点的等效电抗。

在求出 $\dot{I}_f$ 后，再用电流按电抗反比分布的方法来得到各支路上通过的电流数值。

# 6.3　不对称短路分析

## 6.3.1　对称分量法

对称分量法是由 G. Hommel 在 1910 年提出的，它在电力系统分析和计算中得到了广泛的应用。电力系统在正常运行时是三相对称的，当发生不对称故障时，电源电动势及其阻抗仍然对称，但是故障点处的三相阻抗是不对称的。通常采用对称分量法对此类电路进行分析。

对称分量法就是将一组不对称的三相相量分解为三组对称的三相相量，或者将三组对称的三相相量合成为一组不对称的三相相量的方法。相量的合成如图 6-4 所示。

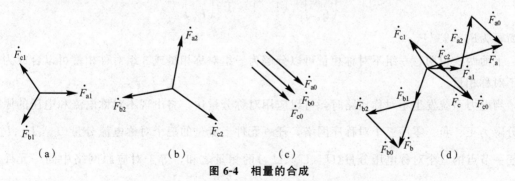

**图 6-4　相量的合成**

（a）正序分量；（b）负序分量；（c）零序分量；（d）合成相量

图 6-4(a)、(b)、(c)分别表示三组对称的三相相量，图(a)中相量 $\dot{F}_{a1}$、$\dot{F}_{b1}$、$\dot{F}_{c1}$ 幅值相等，相位彼此相差120°，且 a 超前 b，b 超前 c，称为正序；图(b)中相量 $\dot{F}_{a2}$、$\dot{F}_{b2}$、$\dot{F}_{c2}$ 幅值相等，相位关系与正序相反，称为负序；图(c)中相量 $\dot{F}_{a0}$、$\dot{F}_{b0}$、$\dot{F}_{c0}$ 幅值和相位均相等，称为零序，分别用下标1、2、0表示正、负、零序分量。在图(d)中，将上述三组对称的各序相量分别进行相量合成，得到一组不对称的相量 $\dot{F}_{a}$、$\dot{F}_{b}$、$\dot{F}_{c}$，且满足

$$\begin{cases} \dot{F}_{a} = \dot{F}_{a1} + \dot{F}_{a2} + \dot{F}_{a0} \\ \dot{F}_{b} = \dot{F}_{b1} + \dot{F}_{b2} + \dot{F}_{b0} \\ \dot{F}_{c} = \dot{F}_{c1} + \dot{F}_{c2} + \dot{F}_{c0} \end{cases} \tag{6-19}$$

由电路理论知识可知

$$\dot{F}_{b1} = e^{j240°} \dot{F}_{a1} = \alpha^2 \dot{F}_{a1}$$

$$\dot{F}_{c1} = e^{j120°} \dot{F}_{a1} = \alpha \dot{F}_{a1}$$

$$\dot{F}_{b2} = e^{j120°} \dot{F}_{a2} = \alpha \dot{F}_{a2} \tag{6-20}$$

$$\dot{F}_{c2} = e^{j240°} \dot{F}_{a2} = \alpha^2 \dot{F}_{a2}$$

$$\dot{F}_{a0} = \dot{F}_{b0} = \dot{F}_{c0}$$

式中，$\alpha = e^{j120°} = -\dfrac{1}{2} + j\dfrac{\sqrt{3}}{2}$，$\alpha^2 = e^{j240°} = -\dfrac{1}{2} - j\dfrac{\sqrt{3}}{2}$。

将一组不对称相量 a 相的各序分量表示为

$$\begin{pmatrix} \dot{F}_{a} \\ \dot{F}_{b} \\ \dot{F}_{c} \end{pmatrix} = \begin{pmatrix} 1 & 1 & 1 \\ \alpha^2 & \alpha & 1 \\ \alpha & \alpha^2 & 1 \end{pmatrix} \begin{pmatrix} \dot{F}_{a1} \\ \dot{F}_{a2} \\ \dot{F}_{a0} \end{pmatrix} \tag{6-21}$$

或简写为 $F_p = T F_s$，其逆关系为

$$\begin{pmatrix} \dot{F}_{a1} \\ \dot{F}_{a2} \\ \dot{F}_{a0} \end{pmatrix} = \begin{pmatrix} 1 & \alpha & \alpha^2 \\ 1 & \alpha^2 & \alpha \\ 1 & 1 & 1 \end{pmatrix} \begin{pmatrix} \dot{F}_{a} \\ \dot{F}_{b} \\ \dot{F}_{c} \end{pmatrix} \tag{6-22}$$

或简写为 $F_s = T^{-1} F_p$。

上面两式说明，一组不对称相量可以分解为三组对称相量或3组对称相量可以合成为一组不对称相量。

当电力系统发生不对称短路时，可以应用对称分量法，将出现不对称电流和电压的原网络分解为正、负、零序三个对称序网络，任一元件上流过的三个对称电流分量（$\dot{I}_{a1}$、$\dot{I}_{a2}$、$\dot{I}_{a0}$）或任一节点的三个对称电压分量（$\dot{U}_{a1}$、$\dot{U}_{a2}$、$\dot{U}_{a0}$）的相量之和，等于对应原网络中同一元件上流过的电流相量（$\dot{I}_{a}$）或同一节点上的电压相量（$\dot{U}_{a}$）。

对称分量法的实质是叠加定理在电力系统中的应用，因此只适用于线性系统的分析。

## 6.3.2　对称分量法在不对称故障分析中的应用

对于三相对称的元件，各序分量是独立的，即正序电压只与正序电流有关，负序及零序电压只与相应的序电流有关。如果该元件流过三相正序电流，则元件上的三相电压降也是正序的。下面以一回三相对称输电线路为例说明。

设输电线路末端发生了不对称短路，则由于三相输电线是对称元件，每相自阻抗相等，为 $Z_s$；任意两相间的互阻抗设为 $Z_m$。发生不对称短路后，线路上流过三相不对称的电流，则三相电压降也是不对的。它们之间的关系用矩阵方程表示为

$$\begin{pmatrix} \Delta \dot{U}_a \\ \Delta \dot{U}_b \\ \Delta \dot{U}_c \end{pmatrix} = \begin{pmatrix} Z_s & Z_m & Z_m \\ Z_m & Z_s & Z_m \\ Z_m & Z_m & Z_s \end{pmatrix} \begin{pmatrix} \dot{I}_a \\ \dot{I}_b \\ \dot{I}_c \end{pmatrix}$$

即

$$\Delta \boldsymbol{U}_{abc} = \boldsymbol{Z} \boldsymbol{I}_{abc}$$

应用式（6-21）变换为对称分量，则

$$\boldsymbol{T} \Delta \boldsymbol{U}_{120} = \boldsymbol{Z} \boldsymbol{T} \boldsymbol{I}_{120}$$

得 $\Delta \boldsymbol{U}_{120} = \boldsymbol{T}^{-1} \boldsymbol{Z} \boldsymbol{T} \boldsymbol{I}_{120} = \boldsymbol{Z}_{120} \boldsymbol{I}_{120}$，$\boldsymbol{Z}_{120}$ 为序阻抗矩阵，展开得

$$\boldsymbol{Z}_{120} = \boldsymbol{T}^{-1} \boldsymbol{Z} \boldsymbol{T} = \begin{pmatrix} Z_s - Z_m & & \\ & Z_s - Z_m & \\ & & Z_s - Z_m \end{pmatrix} = \begin{pmatrix} Z_1 & & \\ & Z_2 & \\ & & Z_0 \end{pmatrix}$$

式中，$Z_1 = Z_s - Z_m$，$Z_2 = Z_s - Z_m$，$Z_0 = Z_0 + 2Z_m$——线路的正序、负序、零序阻抗。

所谓元件的序阻抗，即该元件通过某序电流时，产生相应的序电压与该序电流的比值。静止的元件，如线路、变压器，正序和负序阻抗相等；对于旋转设备，各序电流会引起不同的电磁过程，三序阻抗总是不相等的。a 相电压降的序分量可以表示为

$$\Delta \dot{U}_{a1} = Z_1 \dot{I}_{a1}$$

$$\Delta \dot{U}_{a2} = Z_2 \dot{I}_{a2}$$

$$\Delta \dot{U}_{a0} = Z_0 \dot{I}_{a0}$$

同理可得 b、c 两相电压降的序分量。可见，对于三相对称元件中的不对称电流电压的计算，可以分解成三组对称的分量，分别进行计算。

如果电路中的元件三相阻抗不对称，则应用对称分量法并不能简化对问题的分析。

下面结合图 6-5 所示简单系统中发生 a 相短路接地的情况，介绍应用对称分量法如何分析短路电流及短路点电压（指基频分量）。故障前网络是三相对称的，图 6-5(a)为系统图。故障点 $f$ 发生的不对称短路，使 $f$ 点的三相对地电压 $\dot{U}_{fa}$、$\dot{U}_{fb}$、$\dot{U}_{fc}$ 和由 $f$ 点流出的三相电流（即短路电流）$\dot{I}_{fa}$、$\dot{I}_{fb}$、$\dot{I}_{fc}$ 均为三相不对称量，而发电机的电动势仍为三相对称的正序电动势，各元件的三相参数依旧对称。

应用对称分量法将故障处电压分解为正序、负序、零序三组对称分量，如图 6-5(b)所示。故障网络分解为三个独立的序网络，即正序网络、负序网络和零序网络。在正序网络中

包含有发电机的正序电源电动势和故障点正序电压分量，网络中流有正序电流，对应的各元件阻抗皆为正序阻抗；在负序网络或零序网络中，由于发电机没有负序和零序电动势，因而只有故障点电压的负序和零序电动势，网络中流有负序或零序电流，对应的各元件阻抗为负序或零序阻抗。由于各序本身对称，故可以只取一相来计算，通常选取 a 相为基准相，如图 6-6 为 a 相正序、负序、零序网络。

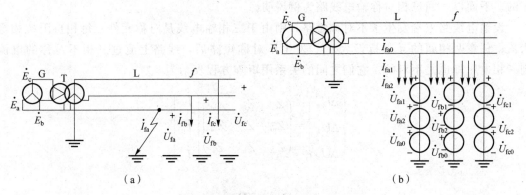

**图 6-5 简单系统不对称短路分析**

（a）a 相接地时的系统图；（b）用对称分量法分解故障处电压

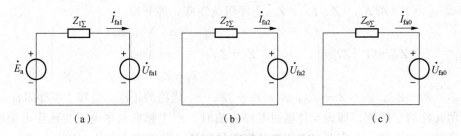

**图 6-6 a 相正序、负序、零序网络**

（a）正序网络；（b）负序网络；（c）零序网络

在正序网络和负序网络中，因三相对称，流过中性线的电流为零，故可将中性点的接地阻抗 $Z_N$ 略去；在零序网络中，中性线电流为三倍零序电流，故在单相零序网络中接入 $3Z_N$ 的接地阻抗。因此，a 相的电压平衡关系为

$$\dot{E}_a - \dot{U}_{fa1} = Z_{1\Sigma}\dot{I}_{fa1},\ 0 - \dot{U}_{fa2} = Z_{2\Sigma}\dot{I}_{fa2},\ 0 - \dot{U}_{fa0} = Z_{0\Sigma}\dot{I}_{fa0}$$

结合故障的性质，即故障点 a 相接地，则有

$$\dot{U}_{fa} = 0,\quad \dot{I}_{fb} = \dot{I}_{fc} = 0$$

用对称分量法展开得

$$\dot{U}_{fa1} + \dot{U}_{fa2} + \dot{U}_{fa0} = 0$$

$$\alpha^2 \dot{I}_{fa1} + \alpha \dot{I}_{fa2} + \dot{I}_{fa0} = 0$$

$$\alpha \dot{I}_{fa1} + \alpha^2 \dot{I}_{fa2} + \dot{I}_{fa0} = 0$$

联立求解，即可得到短路点处的 a 相各电压和电流的序分量。最后，依据式（6-21）将各序分量进行合成，求得各相的电压、电流。

### 6.3.3 简单不对称故障的分析和计算

电力系统简单不对称故障包括单相接地短路、两相短路、两相接地短路、单相断线及两相断线等，其主要的分析方法为对称分量法。

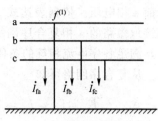

图6-7 a相接地短路示意

如图6-7所示，当系统在 $f$ 点发生不对称短路时，以 a相为例，用 $\dot{U}_{fa(0)}$ 代替 $\dot{E}_\Sigma$，表示 $f$ 点正常时的电压，根据其简化的正序、负序及零序网络可知，故障点处的三序电压平衡方式方程为

$$\begin{cases} \dot{U}_{fa1} = \dot{U}_{fa(0)} - jx_{1\Sigma} \dot{I}_{fa1} \\ \dot{U}_{fa2} = -jx_{2\Sigma} \dot{I}_{fa2} \\ \dot{U}_{fa0} = -jx_{0\Sigma} \dot{I}_{fa0} \end{cases} \tag{6-23}$$

下面结合各种简单不对称短路及断线情况，分析其电流和电压的特点。取流向短路点的电流方向为正方向，选取 a 相正序电流作为基准电流。

**1. 单相接地短路**

短路点 $f$ 的边界条件为

$$\begin{cases} \dot{U}_{fa} = 0 \\ \dot{I}_{fb} = \dot{I}_{fc} = 0 \end{cases} \tag{6-24}$$

将电压用正序、负序、零序分量表示为

$$\dot{U}_{fa} = \dot{U}_{fa1} + \dot{U}_{fa2} + \dot{U}_{fa0} = 0 \tag{6-25}$$

由式（6-22）得 a 相电流的各序分量为

$$\begin{pmatrix} \dot{I}_{fa1} \\ \dot{I}_{fa2} \\ \dot{I}_{fa0} \end{pmatrix} = \frac{1}{3} \begin{pmatrix} 1 & \alpha & \alpha^2 \\ 1 & \alpha^2 & \alpha \\ 1 & 1 & 1 \end{pmatrix} \begin{pmatrix} \dot{I}_{fa} \\ 0 \\ 0 \end{pmatrix} = \frac{\dot{I}_{fa}}{3} \begin{pmatrix} 1 \\ 1 \\ 1 \end{pmatrix} \tag{6-26}$$

因此，用序分量表示的短路点边界条件为

$$\begin{cases} \dot{U}_{fa1} + \dot{U}_{fa2} + \dot{U}_{fa0} = 0 \\ \dot{I}_{fa1} = \dot{I}_{fa2} = \dot{I}_{fa0} = \frac{1}{3} \dot{I}_{fa} \end{cases} \tag{6-27}$$

联立求解式（6-23）和（6-27），可以解出故障相电压与电流的各序分量 $\dot{I}_{fa1}$、$\dot{I}_{fa2}$、$\dot{I}_{fa0}$ 及 $\dot{U}_{fa1}$、$\dot{U}_{fa2}$、$\dot{U}_{fa0}$。进一步通过序分量合成，即可求出故障相电流 $\dot{I}_{fa}$ 及非故障相电压。但此方法比较烦琐，不适合工程计算。

工程上常采用复合序网的方法进行不对称故障的计算。结合故障类型，绘制出正序、负序及零序网络，利用故障点边界条件的序分量形式，将各序网络在故障端口联系起来，构成复合序网络，$\dot{U}_{fa(0)}$ 为故障前 a 相电压。依据表达式（6-27）的边界条件制定的单相接地短路的 a 相复合序网络如图 6-8 所示，各序网络串接，满足各序电流相等的条件。

从复合序网络可知

$$\dot{I}_{fa1} = \dot{I}_{fa2} = \dot{I}_{fa0} = \frac{\dot{U}_{fa(0)}}{j(x_{1\Sigma} + x_{2\Sigma} + x_{0\Sigma})} \qquad (6\text{-}28)$$

因此，短路点的故障相电流为

$$\dot{I}_{fa} = \dot{I}_{fa1} + \dot{I}_{fa2} + \dot{I}_{fa0} = \frac{3\dot{U}_{fa(0)}}{j(x_{1\Sigma} + x_{2\Sigma} + x_{0\Sigma})} \qquad (6\text{-}29)$$

根据方程组（6-23）可以求得故障相电压的序分量 $\dot{U}_{fa1}$、$\dot{U}_{fa2}$、$\dot{U}_{fa0}$。依据复合序网络及各对称分量间的关系，短路点处非故障相电压为

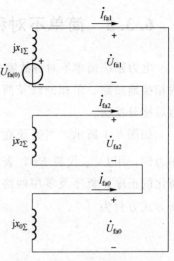

**图 6-8　a 相接地短路复合序网络**

$$\begin{aligned}
\dot{U}_{fb} &= \alpha^2 \dot{U}_{fa1} + \alpha \dot{U}_{fa2} + \dot{U}_{fa0} \\
&= \alpha^2 \left[ j(x_{2\Sigma} + x_{0\Sigma}) \dot{I}_{fa1} \right] + \alpha(-jx_{2\Sigma}\dot{I}_{fa1}) + (-jx_{0\Sigma}\dot{I}_{fa1}) \\
&= j\left[ (\alpha^2 - \alpha)x_{2\Sigma} + (\alpha^2 - 1)x_{0\Sigma} \right]\dot{I}_{fa1}
\end{aligned} \qquad (6\text{-}30)$$

同理

$$\begin{aligned}
\dot{U}_{fc} &= \alpha \dot{U}_{fa1} + \alpha^2 \dot{U}_{fa2} + \dot{U}_{fa0} \\
&= j\left[ (\alpha - \alpha^2)x_{2\Sigma} + (\alpha - 1)x_{0\Sigma} \right]\dot{I}_{fa1}
\end{aligned} \qquad (6\text{-}31)$$

选取故障相电流的正序分量 $\dot{I}_{fa1}$ 为参考相量，做出短路点处的电流及电压的相量图，如图 6-9 所示。由图可见，$\dot{I}_{fa1}$、$\dot{I}_{fa2}$ 与 $\dot{I}_{fa0}$ 大小相等且方向相同，$\dot{U}_{fa1}$ 超前 $\dot{I}_{fa1}$ 90°、$\dot{U}_{fa2}$ 与 $\dot{U}_{fa0}$ 滞后 $\dot{I}_{fa1}$ 90°。同一相序的各分量应满足对称关系，且符合短路的边界条件。

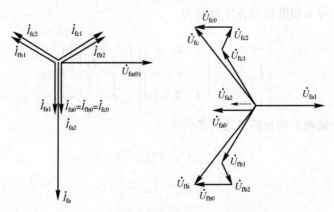

**图 6-9　a 相接地故障处电压、电流相量图**

非故障相电压 $\dot{U}_{fb}$ 与 $\dot{U}_{fc}$ 大小相等，其相量间的夹角与比值 $x_{0\Sigma}/x_{2\Sigma}$ 有关。当 $x_{0\Sigma} \to 0$ 时，相当于短路发生在直接接地系统的中性点附近，$\dot{U}_{fa(0)} \to 0$，$\dot{U}_{fb}$ 与 $\dot{U}_{fc}$ 反相，电压数值分别为

$\dfrac{\sqrt{3}}{2}\dot{U}_{\text{fb}(0)}$ 与 $\dfrac{\sqrt{3}}{2}\dot{U}_{\text{fc}(0)}$；当 $x_{0\Sigma}\to\infty$ 时，即在不接地系统中发生单相接地短路，短路电流为零，非故障相电压上升为线电压，即故障前相应相电压的 $\sqrt{3}$ 倍，二者夹角为 $60°$。

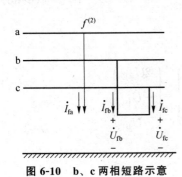

图 6-10　b、c 两相短路示意

### 2. 两相短路

设系统在 $f$ 处发生两相（b、c 相）短路（$f^{(2)}$），如图 6-10 所示。

短路点的边界条件为

$$\dot{I}_{\text{fa}}=0,\quad \dot{I}_{\text{fb}}=-\dot{I}_{\text{fc}},\quad \dot{U}_{\text{fb}}=\dot{U}_{\text{fc}} \tag{6-32}$$

非故障相电流的正、负、零序分量为

$$\begin{pmatrix}\dot{I}_{\text{fa1}}\\ \dot{I}_{\text{fa2}}\\ \dot{I}_{\text{fa0}}\end{pmatrix}=\frac{1}{3}\begin{pmatrix}1 & \alpha & \alpha^2\\ 1 & \alpha^2 & \alpha\\ 1 & 1 & 1\end{pmatrix}\begin{pmatrix}0\\ \dot{I}_{\text{fb}}\\ -\dot{I}_{\text{fb}}\end{pmatrix}=\frac{\text{j}\dot{I}_{\text{fb}}}{\sqrt{3}}\begin{pmatrix}1\\ -1\\ 0\end{pmatrix}$$

即

$$\dot{I}_{\text{fa1}}=-\dot{I}_{\text{fa2}},\quad \dot{I}_{\text{fa0}}=0$$

说明发生两相短路时，无零序电流的通路，$x_{0\Sigma}\to\infty$。

因为 $\dot{U}_{\text{fb}}=\dot{U}_{\text{fc}}$，用对称分量法展开：$\alpha^2\dot{U}_{\text{fa1}}+\alpha\dot{U}_{\text{fa2}}+\dot{U}_{\text{fa0}}=\alpha\dot{U}_{\text{fa1}}+\alpha^2\dot{U}_{\text{fa2}}+\dot{U}_{\text{fa0}}$，可得 $\dot{U}_{\text{fa1}}=\dot{U}_{\text{fa2}}$。

可见，用序分量表示的短路点边界条件为

$$\begin{cases}\dot{I}_{\text{fa0}}=0,\ \dot{I}_{\text{fa1}}=-\dot{I}_{\text{fa2}}\\ \dot{U}_{\text{fa1}}=\dot{U}_{\text{fa2}}\end{cases} \tag{6-33}$$

由此，绘制两相短路时的复合序网络如图 6-11 所示，正序网络与负序网络在故障点处并联，无零序网络。

从复合序网络可以直接求出正、负序电流分量为

$$\dot{I}_{\text{fa1}}=-\dot{I}_{\text{fa2}}=\frac{\dot{U}_{\text{fa}(0)}}{\text{j}(x_{1\Sigma}+x_{2\Sigma})} \tag{6-34}$$

利用序分量求得 b、c 相短路时各相电流为

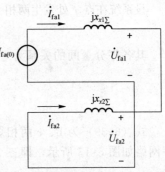

图 6-11　b、c 两相短路复合序网络

$$\begin{pmatrix}\dot{I}_{\text{fa}}\\ \dot{I}_{\text{fb}}\\ \dot{I}_{\text{fc}}\end{pmatrix}=\begin{pmatrix}1 & 1 & 1\\ \alpha^2 & \alpha & 1\\ \alpha & \alpha^2 & 1\end{pmatrix}\begin{pmatrix}\dot{I}_{\text{fa1}}\\ \dot{I}_{\text{fa2}}\\ 0\end{pmatrix}=\begin{pmatrix}0\\ (\alpha^2-\alpha)\dot{I}_{\text{fa1}}\\ (\alpha-\alpha^2)\dot{I}_{\text{fa1}}\end{pmatrix}$$

$$=\begin{pmatrix}0\\ -\text{j}\sqrt{3}\dot{I}_{\text{fa1}}\\ \text{j}\sqrt{3}\dot{I}_{\text{fa1}}\end{pmatrix}=\begin{pmatrix}0\\ -\dfrac{\sqrt{3}\dot{U}_{\text{fa}(0)}}{x_{1\Sigma}+x_{2\Sigma}}\\ \dfrac{\sqrt{3}\dot{U}_{\text{fa}(0)}}{x_{1\Sigma}+x_{2\Sigma}}\end{pmatrix} \tag{6-35}$$

由故障相电流 $\dot{I}_{\text{fb}}$、$\dot{I}_{\text{fc}}$ 的数值可知，当 $x_{1\Sigma}=x_{2\Sigma}$ 时，两相短路电流是三相短路电流的 $\sqrt{3}/2$ 倍。

---

短路点 $f$ 处 a 相电压的序分量为

$$\begin{cases} \dot{U}_{fa1} = \dot{U}_{fa2} = -j\dot{I}_{fa2}x_{2\Sigma} = \dfrac{\dot{U}_{fa(0)}}{(x_{1\Sigma}+x_{2\Sigma})}x_{2\Sigma} \\ \dot{U}_{fa0} = 0 \end{cases} \tag{6-36}$$

短路点的各相电压为

$$\begin{pmatrix} \dot{U}_{fa} \\ \dot{U}_{fb} \\ \dot{U}_{fc} \end{pmatrix} = \begin{pmatrix} 1 & 1 & 1 \\ \alpha^2 & \alpha & 1 \\ \alpha & \alpha^2 & 1 \end{pmatrix} \begin{pmatrix} \dot{U}_{fa1} \\ \dot{U}_{fa2} \\ \dot{U}_{fa0} \end{pmatrix} = \begin{pmatrix} 2\dot{U}_{fa1} \\ (\alpha^2+\alpha)\dot{U}_{fa1} \\ (\alpha^2+\alpha)\dot{U}_{fa1} \end{pmatrix} = \begin{pmatrix} 2\dot{U}_{fa1} \\ -\dot{U}_{fa1} \\ -\dot{U}_{fa1} \end{pmatrix}$$

若 $x_{1\Sigma}=x_{2\Sigma}$，则有

$$\begin{pmatrix} \dot{U}_{fa} \\ \dot{U}_{fb} \\ \dot{U}_{fc} \end{pmatrix} = \begin{pmatrix} 2\times\dfrac{\dot{U}_{fa(0)}}{2x_{1\Sigma}}x_{1\Sigma} \\ \dfrac{\dot{U}_{fa(0)}}{2x_{1\Sigma}}x_{1\Sigma} \\ -\dfrac{\dot{U}_{fa(0)}}{2x_{1\Sigma}}x_{1\Sigma} \end{pmatrix} = \begin{pmatrix} \dot{U}_{fa(0)} \\ -\dfrac{1}{2}\dot{U}_{fa(0)} \\ -\dfrac{1}{2}\dot{U}_{fa(0)} \end{pmatrix} \tag{6-37}$$

式（6-37）表明非故障相电压在短路前后不变，故障相电压幅值降低 1/2。

### 3. 两相短路接地

设系统在点 $f$ 处发生两相（b、c）短路接地（$f^{(1)}$），如图 6-12 所示。短路点的边界条件为

$$\dot{I}_{fa}=0, \quad \dot{U}_{fb}=\dot{U}_{fc}=0 \tag{6-38}$$

其各序分量间的关系为

$$\begin{cases} \dot{I}_{fa1}+\dot{I}_{fa2}+\dot{I}_{fa0}=0 \\ \dot{U}_{fa1}=\dot{U}_{fa2}=\dot{U}_{fa0} \end{cases} \tag{6-39}$$

式（6-39）为 b、c 两相短路接地时的序分量形式的边界条件。满足该边界条件的复合序网络如图 6-13 所示，即三个序网络在故障点并联。

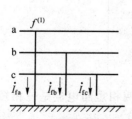

图 6-12　b、c 两相短路接地示意

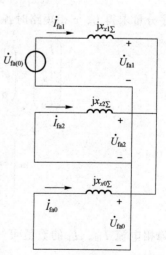

图 6-13　b、c 两相短路接地复合序网络

从复合序网络可以方便地求得非故障相（a相）电流及电压的各序分量，即

$$\begin{cases} \dot{I}_{fa1} = \dfrac{\dot{U}_{fa(0)}}{j\left(x_{1\Sigma} + \dfrac{x_{2\Sigma}x_{0\Sigma}}{x_{2\Sigma}+x_{0\Sigma}}\right)} \\[3mm] \dot{I}_{fa2} = \dfrac{x_{0\Sigma}}{j(x_{2\Sigma}+x_{0\Sigma})}\dot{I}_{fa1} \\[3mm] \dot{I}_{fa0} = \dfrac{x_{2\Sigma}}{x_{2\Sigma}+x_{0\Sigma}}\dot{I}_{fa1} \end{cases} \tag{6-40}$$

短路点的各相电流可由序分量合成得到，即

$$\begin{cases} \dot{I}_{fa} = 0 \\[2mm] \dot{I}_{fb} = \alpha^2\dot{I}_{fa1} + \alpha\dot{I}_{fa2} + \dot{I}_{fa0} = \alpha^2\dot{I}_{fa1} - \alpha\dfrac{x_{0\Sigma}}{x_{2\Sigma}+x_{0\Sigma}}\dot{I}_{fa1} - \dfrac{x_{2\Sigma}}{x_{2\Sigma}+x_{0\Sigma}}\dot{I}_{fa1} \\[3mm] \quad = \dot{I}_{fa1}\left(\alpha^2 - \dfrac{x_{2\Sigma}+\alpha^2 x_{0\Sigma}}{x_{2\Sigma}+x_{0\Sigma}}\right) \\[3mm] \dot{I}_{fc} = \alpha\dot{I}_{fa1} + \alpha^2\dot{I}_{fa2} + \dot{I}_{fa0} = \dot{I}_{fa1}\left(\alpha - \dfrac{x_{2\Sigma}+\alpha^2 x_{0\Sigma}}{x_{2\Sigma}+x_{0\Sigma}}\right) \end{cases} \tag{6-41}$$

故障相电流的有效值为

$$I_{fb} = I_{fc} = \sqrt{3} \times \sqrt{1 - \dfrac{x_{2\Sigma}x_{0\Sigma}}{(x_{2\Sigma}+x_{0\Sigma})^2}}\, I_{fa1} \tag{6-42}$$

$$= \sqrt{3} \times \sqrt{1 - \dfrac{x_{2\Sigma}x_{0\Sigma}}{(x_{2\Sigma}+x_{0\Sigma})^2}} \times \dfrac{U_{fa(0)}}{\left(x_{1\Sigma} + \dfrac{x_{2\Sigma}x_{0\Sigma}}{x_{2\Sigma}+x_{0\Sigma}}\right)}$$

如果 $x_{1\Sigma} = x_{2\Sigma}$，令 $k = x_{0\Sigma}/x_{2\Sigma}$，上式可化为

$$I_{fb} = I_{fc} = \sqrt{3} \times \sqrt{1 - \dfrac{x_{1\Sigma}x_{0\Sigma}}{(x_{1\Sigma}+x_{0\Sigma})^2}} \times \dfrac{1}{1 + \dfrac{x_{0\Sigma}}{x_{2\Sigma}+x_{0\Sigma}}}I_f^{(3)} \tag{6-43}$$

$$= \sqrt{3} \times \sqrt{1 - \dfrac{k}{(1+k)^2}} \times \dfrac{1+k}{1+2k}I_f^{(3)}$$

式中，$I_f^{(3)} = \dfrac{U_{fa(0)}}{x_{1\Sigma}}$——$f$ 点三相短路电流。

分析以下 3 种情况：

（1）当 $k=0$，即 $x_{0\Sigma}=0$ 时，两相接地短路的故障相电流最大，$I_{fb} = I_{fc} = \sqrt{3}\,I_f^{(3)}$；

（2）当 $k=1$，即 $x_{0\Sigma}=x_{1\Sigma}$ 时，$I_{fb} = I_{fc} = I_f^{(3)}$；

（3）当 $k \to \infty$，即 $x_{0\Sigma} \to \infty$ 时，故障相电流最小，$I_{fb} = I_{fc} = \dfrac{\sqrt{3}}{2}I_f^{(3)}$。

由故障相流入大地中的电流为

$$\dot{I}_g = \dot{I}_{fb} + \dot{I}_{fc} = -3\dfrac{x_{2\Sigma}}{x_{2\Sigma}+x_{0\Sigma}}\dot{I}_{fa1} = 3\dot{I}_{fa0} \tag{6-44}$$

三相零序电流分量通过大地形成回路。

通过复合序网求得短路点处电压的各序分量为

$$\dot{U}_{fa1}=\dot{U}_{fa2}=\dot{U}_{fa0}=j\dot{I}_{fa1}\times\frac{x_{2\Sigma}x_{0\Sigma}}{x_{2\Sigma}+x_{0\Sigma}} \tag{6-45}$$

因此，短路点处故障相电压为

$$\dot{U}_{fb}=\dot{U}_{fc}=0$$

非故障相电压为

$$\dot{U}_{fa}=\dot{U}_{fa1}+\dot{U}_{fa2}+\dot{U}_{fa0}=3\dot{U}_{fa1}$$

若 $x_{1\Sigma}=x_{2\Sigma}$，非故障相电压为

$$\dot{U}_{fa}=3\frac{x_{0\Sigma}}{x_{1\Sigma}+2x_{0\Sigma}}\dot{U}_{fa(0)}=3\frac{k}{1+2k}\dot{U}_{fa(0)} \tag{6-46}$$

分析以下 3 种情况：

(1) 当 $k=0$，即 $x_{0\Sigma}=0$ 时，非故障相电压为 0；

(2) 当 $k=1$，即 $x_{0\Sigma}=x_{1\Sigma}$ 时，$\dot{U}_{fa}=\dot{U}_{fa(0)}$，非故障相电压在短路前后不变；

(3) 当 $k\to\infty$，$\dot{U}_{fa}=1.5\dot{U}_{fa(0)}$ 时，即对于中性点不接地系统，非故障相电压升高最多，为正常电压的 1.5 倍。

**4. 正序等效定则的应用**

结合以上 3 种不对称短路情况下短路电流正序分量的计算，即式（6-28）、式（6-34）、式（6-40），可以发现 a 相电流正序分量具有如下规律，即

$$\dot{I}_{fa1}^{(n)}=\frac{\dot{U}_{fa(0)}}{j(x_{1\Sigma}+x_{\Delta}^{(n)})} \tag{6-47}$$

式中，$n$ 代表短路的类型；$x_{\Delta}^{(n)}$ 表示附加电抗，其值随短路的类型不同而不同。

故障相电流可以写为

$$I_f=M^{(n)}I_{fa1} \tag{6-48}$$

式中，$M^{(n)}$ 为故障相短路电流相对于正序电流分量的倍数，其值与短路类型有关。

正序等效定则是指在简单不对称短路的情况下，短路点电流的正序分量与在短路点各相中接入附加电抗 $x_{\Delta}^{(n)}$ 而发生三相短路时的电流相等。

简单短路的 $\dot{I}_{fa1}$、$x_{\Delta}^{(n)}$ 及 $M^{(n)}$ 如表 6-4 所示。

表 6-4　简单短路的 $\dot{I}_{fa1}$、$x_{\Delta}^{(n)}$ 及 $M^{(n)}$

| 短路类型 | $\dot{I}_{fa1}$ | $x_{\Delta}^{(n)}$ | $M^{(n)}$ |
|---|---|---|---|
| $f^{(3)}$ | $\dfrac{\dot{U}_{fa(0)}}{jx_{1\Sigma}}$ | 0 | 1 |
| $f^{(1)}$ | $\dfrac{\dot{U}_{fa(0)}}{j(x_{1\Sigma}+x_{2\Sigma}+x_{0\Sigma})}$ | $x_{2\Sigma}+x_{0\Sigma}$ | 3 |
| $f^{(2)}$ | $\dfrac{\dot{U}_{fa(0)}}{j(x_{1\Sigma}+x_{2\Sigma})}$ | $x_{2\Sigma}$ | $\sqrt{3}$ |
| $f^{(1,1)}$ | $\dfrac{\dot{U}_{fa(0)}}{j\left(x_{1\Sigma}+\dfrac{x_{0\Sigma}x_{2\Sigma}}{x_{0\Sigma}+x_{2\Sigma}}\right)}$ | $\dfrac{x_{0\Sigma}x_{2\Sigma}}{x_{0\Sigma}+x_{2\Sigma}}$ | $\sqrt{3}\sqrt{1-\dfrac{x_{0\Sigma}x_{2\Sigma}}{(x_{0\Sigma}+x_{2\Sigma})^2}}$ |

简单不对称短路电流的计算步骤如下：

（1）根据故障类型，做出相应的序网；

（2）计算系统对短路点的正序、负序、零序等效电抗；

（3）计算附加电抗 $x_\Delta^{(n)}$；

（4）依据式（6-47）计算短路点的正序电流；

（5）依据式（6-48）计算短路点的故障相电流；

（6）进一步求得其他待求量。

如果要求计算某时刻的电流（电压），可以在正序网络中的故障点 $f$ 处接附加电抗 $x_\Delta^{(n)}$，然后应用计算曲线，求得经 $x_\Delta^{(n)}$ 发生三相短路时任意时刻的电流，即为 $f$ 点不对称短路时的正序电流。

# 习题 6

6-1　什么是横向故障？什么是纵向故障？

6-2　无限大容量电源供电系统发生对称三相短路时，短路电流含哪些分量？这些分量都衰减吗？

6-3　无穷大功率电源供电系统发生三相短路时，短路点获得冲击电流的条件是什么？三相能同时得到冲击电流吗？

6-4　如题 6-4 图所示，系统线路长为 40 km，单位长度电抗为 $x=0.4\ \Omega/\mathrm{km}$。电源为恒定电源，当变压器低压母线发生三相短路时，若短路前变压器空载，试计算短路电流周期分量的有效值、短路冲击电流及短路功率（取 $S_B=100\ \mathrm{MV \cdot A}$；$U_B=U_{av}$；冲击系数 $K_M=1.8$）。

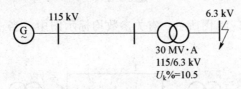

115 kV　　　　　6.3 kV

30 MV·A
115/6.3 kV
$U_k\%=10.5$

题 6-4 图

6-5　已知发电机短路前满载运行，以本身额定值为基准的标幺值参数为：$U_{(0)}=1$、$I_{(0)}=1$、$\cos\varphi_{(0)}=0.8$、$X_d''=0.125$，取 $K_M=1.9$（冲击系数）。发电机的额定相电流为 3.44 kA。求发生三相短路时，短路瞬间的起始次暂态电流及冲击电流的有名值。

6-6　同步发电机运行情况为：机端电压 $U=1.0$，输出功率 $P=0.8$，功率因数为 0.8，电机参数：$X_d=1.2$，$X_d''=0.24$，$X_q''=X_q=0.8$。试计算机端发生三相短路时的短路电流 $I_d''$，并画出正常运行（故障前）的向量图。

6-7　电力系统接线如题 6-7 图所示。其中：

发电机 $G_1$：$S_{N1}=\infty$；

$X_d''=0$，$E_*''=1$；

发电机 $G_2$：$S_{N2}=100/0.85$；

$X_d''=0.125$，$E_*''=1$；

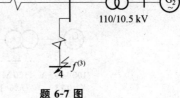

110/10.5 kV

题 6-7 图

变压器 $T_1$：$S_{NT1} = 120$ MV·A，$U_k\% = 10.5$；

线路 $l_1$：$l_1 = 50$ km，$x_1 = 0.4$ Ω/km；线路 $l_2$：$l_2 = 40$ km，$x_2 = 0.4$ Ω/km。

当母线 4 发生三相短路时，求短路点短路电流周期分量有效值 $I''$、冲击电流 $i_M$ 及母线 2 上的电压（$S_B = 100$ MV·A，$U_B = U_{av}$）。

6-8  如题 6-8 图所示，设两发电机暂态电势 $E'_* = 1.0$，在 $f$ 点发生两相短路接地故障，试计算故障处的各相电流。

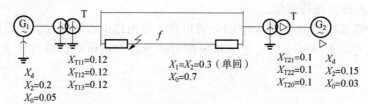

$X_d$
$X_2 = 0.2$
$X_0 = 0.05$

$X_{T11} = 0.12$
$X_{T12} = 0.12$
$X_{T13} = 0.12$

$X_1 = X_2 = 0.3$（单回）
$X_0 = 0.7$

$X_{T21} = 0.1$
$X_{T22} = 0.1$
$X_{T20} = 0.1$

$X_d$
$X_2 = 0.15$
$X_0 = 0.03$

题 6-8 图

6-9  系统接线如题 6-9 图所示，各元件参数均已知。当 $f$ 点分别发生 $f^{(3)}$、$f^{(2)}$、$f^{(1)}$、$f^{(1 \cdot 1)}$ 短路时，求短路点的各相短路电流。

G：$60$ MV·A  $X''_d = X_2 = 0.13$，$\dot{E}'' = j1$；

$T_1$：$60$ MV·A  $U_{k1-2}\% = 18$，$U_{k1-3}\% = 10$，$U_{k2-3}\% = 8$，$10.5/37/115$ kV；

$T_2$：$31.5$ MV·A  $U_k\% = 10.5$，$115/6.3$ kV；

$X$：$x_1 = x_2 = 0.4$ Ω/km，$x_0 = 3x_1$，$1 = 100$ km。

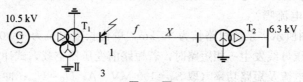

题 6-9 图

6-10  系统接线如题 6-10 图所示，有关参数均标示图中，当 $f$ 点发生两相短路时，试求短路点处电流稳态值。

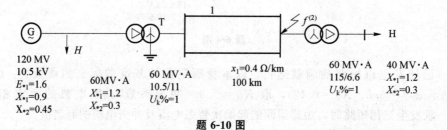

120 MV
10.5 kV
$E_{*1} = 1.6$
$X_{*1} = 0.9$
$X_{*2} = 0.45$

60 MV·A
$X_{*1} = 1.2$
$X_{*2} = 0.3$

60 MV·A
10.5/11
$U_k\% = 1$

$x_1 = 0.4$ Ω/km
100 km

60 MV·A
115/6.6
$U_k\% = 1$

40 MV·A
$X_{*1} = 1.2$
$X_{*2} = 0.3$

题 6-10 图

6-11  系统接线及参数如题 6-11 图所示，设发电机 $G_1$ 与 $G_2$ 的电势幅值相等，但相位相差 30°，试绘出在 $f^{(1)}$ 点 a 相断开时的复合序网，并计算流经发电机 $G_1$ 的负序电流。

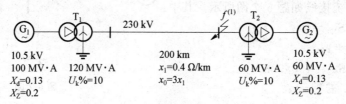

10.5 kV
100 MV·A
$X_d = 0.13$
$X_Z = 0.2$

120 MV·A
$U_k\% = 10$

230 kV
200 km
$x_1 = 0.4$ Ω/km
$x_0 = 3x_1$

60 MV·A
$U_k\% = 10$

10.5 kV
60 MV·A
$X_d = 0.13$
$X_Z = 0.2$

题 6-11 图

# 第7章

# 电力系统机电暂态稳定性

## 7.1　电力系统稳定性概述

在分析电力系统电磁暂态的过程中，假设旋转电机的转速保持不变，在此前提条件下，重点研究暂态过程中电流、电压的变化。而在分析机电暂态过程中，分析的重点则是旋转电机的机械运动，因此，不能再假设旋转电机的转速不变。电力系统机电暂态过程的工程技术问题主要是电力系统的稳定性问题。电力系统稳定性是电力系统的属性，更是电力系统中各同步发电机在受到扰动后保持或恢复同步运行的能力。保证电力系统稳定性是电力系统正常运行的必要条件。当各发电机在同步运行条件下，即电力系统稳定运行状态下，发电机发出的功率为定值，各母线（节点）的电压和各输电线路输送的功率为定值，各发电机的电动势相量相互间的相角差、发电机电动势与各母线电压相量的相角差以及各母线电压的相角差保持恒定。如果电力系统中各发电机不能保持同步运行，则发电机发出的功率不是定值，系统中各母线（节点）的电压和输电线路的功率也不是定值，并将发生大幅度的摆动。若电力系统的控制装置不能使各发电机恢复同步，也不能使各母线（节点）电压恢复到扰动前相近的值，则电力系统中各发电机将失去同步状态，电力系统也会失去稳定性。

发电机在电力系统受到扰动后保持同步的能力，由电磁力矩决定。而电磁力矩包括同步力矩和阻尼力矩，三者之间的关系为

$$\Delta T_e = T_S \Delta\delta + T_D \Delta\omega$$

式中，$\Delta T_e$——电磁力矩；

$T_S \Delta\delta$——同步力矩，与功角变动量 $\Delta\delta$ 同相，$T_S$ 为同步力矩系数；

$T_D \Delta\omega$——阻尼力矩，与角速度偏差量 $\Delta\omega$ 同相，$T_D$ 为阻尼力矩系数。

电力系统的稳定性由各发电机的同步力矩和阻尼力矩的大小及正负决定。若没有足够的同步力矩，则会造成转子滑行失步；若没有足够的阻尼力矩，则会造成振荡失步或低频振荡。

电力系统稳定性一般分为功角稳定性和电压稳定性。

我国通常将电力系统功角稳定性分为静态稳定、暂态稳定和动态稳定，其具体如下。

（1）电力系统静态稳定是指电力系统受到小干扰后、不发生非周期性的失步，自动恢复到起始运行状态的能力。小干扰是指在这种干扰作用下，系统状态变量的变化量很小，允许将描述系统的状态方程线性化。

（2）电力系统暂态稳定是指电力系统受到大干扰后，各同步发电机保持同步运行并过渡或恢复到原来稳态运行方式的能力，通常指第一或第二振荡周期不失步。由于受到的是大干扰，故系统的状态方程不能线性化。此外，在受到大干扰的过程中往往伴随着系统结构和参数的改变，也就是说系统的状态方程是有变化的。

（3）电力系统动态稳定指的是电力系统受到小的或大的干扰后，不发生振幅不断增大的振荡而失步。

电力系统电压稳定性是电力系统在给定的运行条件下，受到扰动后，系统中所有母线电压继续保持可接受水平的能力。当电力系统受到扰动、增加负荷或改变运行条件使系统中的母线或负荷节点形成渐近的、不可控制的电压降落时，系统就会处于电压不稳定状态。

# 7.2 简单电力系统的静态稳定

设简单电力系统如图 7-1(a)所示，一台隐极式发电机经由变压器 T1、双回输电线路 L、变压器 T2 与无限大系统相连。由于不考虑励磁调节装置的作用，故空载电动势为常数。下面分析该系统在运行过程中受到微小扰动后的静态稳定性。

该系统等值电路如图 7-1(b)所示，其等效电抗为

$$x_{d\Sigma} = x_d + x_{T1} + \frac{x_L}{2} + x_{T2} \tag{7-1}$$

该系统的功角特性关系为

$$P_{Eq} = \frac{E_q U}{X_{d\Sigma}} \sin \delta \tag{7-2}$$

根据上式，得该系统的功角特性曲线如图 7-2 所示，是一个正弦曲线。

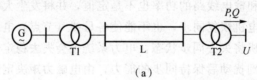

（a）

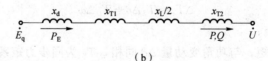

（b）

**图 7-1 简单电力系统**

（a）系统图；（b）等值电路

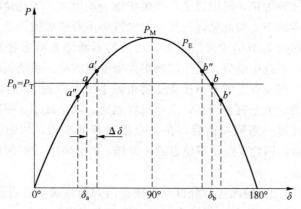

图 7-2　简单电力系统功角特性曲线

若不计原动机调速器的作用，则原动机的输入功率 $P_T$ 不变，略去摩擦、风阻损耗和定子回路中的电阻损耗，并设此时发电机向系统输送的有功功率为 $P_0$，则原动机的输入机械功率 $P_T$ 与发电机输出电磁功率 $P_0$ 相等，即 $P_0 = P_T$。在功角特性曲线上，满足功率平衡条件的运行点有两个，即运行点 $a$、$b$，与其相对应的功率角（功角）分别为 $\delta_a$、$\delta_b$。下面分析系统在两个点运行时的稳定情况。

在 $a$ 点，系统保持稳定运行，与之相对应的功角为 $\delta_a$。若此时系统中出现一个微小的、瞬时的扰动，该功率角增加一个微小增量 $\Delta\delta$，则发电机输出的电磁功率达到与图中 $a'$ 点相对应的值。但此时发电机输入的机械功率 $P_T$ 不变，因此 $a'$ 点输出的电磁功率将大于输入的机械功率，即转子的过剩转矩为负值，由转子运动方程可知，发电机转子将减速，$\delta$ 将减小。由于在运动中存在阻尼作用，经过一系列衰减的振荡后，最后稳定在 $a$ 点，如图 7-3(a) 中实线所示。同理，当发电机受到的扰动使 $\delta_a$ 减小了 $\Delta\delta$，运行点从 $a$ 点运行到 $a''$ 点，则 $a''$ 点输出的电磁功率将小于输入的机械功率，转子的过剩转矩为正值，由转子运动方程可知，发电机将被加速，功率角将增大，经过一系列衰减的振荡后，最后又稳定在 $a$ 点，如图 7-3(a) 中虚线所示，从以上分析可以看出，运行于 $a$ 点的系统在受到微小扰动后能恢复到原来的运行状态，所以说，$a$ 点是静态稳定运行点。但 $a$ 点不是唯一的稳定运行点，当 $0° < \delta < 90°$ 时，曲线上的点皆为静态稳定运行点。

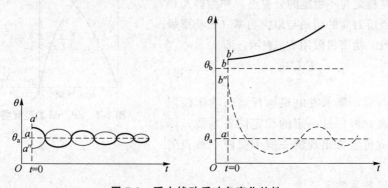

图 7-3　受小扰动后功角变化特性

（a）在 $a$ 点运行；（b）在 $b$ 点运行

在 $b$ 点，系统处于稳定运行状态，所对应的功角为 $\delta_b$，当系统受到瞬时的微小扰动后，功角 $\delta_b$ 有一个微小的增量 $\Delta\delta$，相应地运行点从 $b$ 点转移到 $b'$ 点，即发电机输出的电磁功率小于机械功率，过剩转矩为正，机组加速，功角将进一步增大。当功角增大后，与之对应的输出电磁功率将进一步减小，如此循环往复，发电机将不断被加速，功角不断增大，运行点将不能再回到 $b$ 点，如图 7-3（b）中实线所示。功角的不断增大标志着发电机与无限大系统非周期性地失去同步，系统中电流、电压和功率大幅度地波动，系统无法正常运行，最终将导致系统瓦解。同样，当 $b$ 点受到微小扰动使功角减小一个微量 $\Delta\delta$ 时，输出的电磁功率将增加到 $b''$ 点相对应的值，大于机械功率，发电机将减速，功角减小，一直减小到小于 $\delta_a$，转子又获得加速，最后经过一系列振荡后，在 $a$ 点抵达新的平衡，如图 7-3（b）中虚线所示，运行点也不再回到 $b$ 点，因此 $b$ 点是不稳定的。同样，$\delta$ 在 $90°\sim180°$ 的范围内，曲线上的点都不是静态稳定运行点。

下面根据 $a$、$b$ 点的运行情况进行分析，以便找出判断系统是否稳定的规律。$a$、$b$ 两点所对应的电磁功率均为 $P_E$，这是它们的共同点。但 $a$ 点对应的功角小于 $90°$，并且在该点受到扰动后，随着功角的增大或减小。电磁功率也随之增大或减小。也就是说，变量 $\Delta\delta$ 与 $\Delta P_E$ 的符号相同，即 $\Delta P_E/\Delta\delta>0$，或写成 $\mathrm{d}P_E/\mathrm{d}\delta>0$。而 $b$ 点对应的功角大于 $90°$，该点受到扰动后，随着功角的增大或减小，电磁功率随之减小或增大，换句话说，变量 $\Delta\delta$ 与 $\Delta P_E$ 的符号相反，即 $\Delta P_E/\Delta\delta<0$，或写成 $\mathrm{d}P_E/\mathrm{d}\delta<0$。

通过以上分析得出结论：对上述简单电力系统，当 $0°<\delta<90°$ 时，电力系统可保持静态稳定运行，在此范围内，$\mathrm{d}P_E/\mathrm{d}\delta>0$；当 $90°<\delta<180°$ 时，电力系统不能保持静态稳定运行，在此范围内，$\mathrm{d}P_E/\mathrm{d}\delta<0$。综上可得电力系统静态稳定的实用判据为

$$\frac{\mathrm{d}P_E}{\mathrm{d}\delta}>0 \tag{7-3}$$

式（7-3）的大小还可说明发电机维持同步运行的能力，即保持静态稳定的程度。由式（7-2）可得

$$\frac{\mathrm{d}P_E}{\mathrm{d}\delta}=\frac{E_q U}{x_{d\Sigma}}\cos\delta \tag{7-4}$$

图 7-4 为 $\mathrm{d}P_E/\mathrm{d}\delta$ 的变化特性曲线，当 $\delta$ 小于 $90°$ 时，$\mathrm{d}P_E/\mathrm{d}\delta$ 为正值，在此范围内，发电机的运行是稳定的，$\delta$ 愈接近 $90°$，数值愈小，稳定程度越低。当 $\delta$ 等于 $90°$ 时，是稳定与不稳定的分界点，称为静态稳定极限，且该点所对应的功角与最大功率（或功率极限）的功角一致。功率极限用 $P_M$ 表示，即

$$P_M=\frac{E_q U}{x_d} \tag{7-5}$$

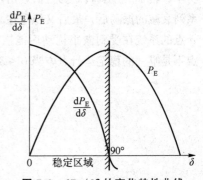

图 7-4　$\mathrm{d}P_E/\mathrm{d}\delta$ 的变化特性曲线

在实际运行时，要求发电机运行点与功率极限要有一定的距离，即保持一定的稳定储备系数，以便系统有能力应付经常出现的一些干扰而不致丧失静态稳定。

静态稳定储备系数定义为

$$K_p\%=\frac{P_M-P_{E(0)}}{P_{E(0)}}\times100\% \tag{7-6}$$

我国现行的《电力系统安全稳定导则》（GB 38755—2019）中规定：在正常运行方式下，电力系统按功角判据计算的静态稳定储备系数 $K_p$ 应满足 $15\%\sim20\%$；在故障后运行方

式和特殊运行方式下，$K_p$ 不得低于 10%。

如果发电机是凸极机，只有在其功角特性曲线的上升部分运行时系统是稳定的，在 $dP_E/d\delta$ 等于 0 处是静稳定极限，此时 $\delta$ 略小于 90°。当然，静稳定极限与功率极限也是一致的。

# 7.3　负荷的静态稳定

负荷稳定性是当电力系统中电压或频率发生微小变化时，负荷和电源的无功功率和有功功率保持平衡或恢复平衡的能力。负荷稳定性和发电机组并列运行的稳定性密切相关，负荷稳定性的破坏会引起系统"电压崩溃"或"频率崩溃"，从而引起电力系统的瓦解。

## 7.3.1　静态电压特性

静态电压特性是指当电压缓慢变化进入稳态时，系统中无功功率随电压变化的规律。

1. 电源的静态电压特性

1）同步发电机

发电机输出的有功功率取决于原动机输入的机械功率（忽略有功损耗），当输入的机械功率不变时，发电机输出的有功功率不变。根据功角特性曲线，当 $E_q$ 不变时，发电机端电压下降使功角 $\delta_a$ 增大，由原来的 $\delta_a$ 增大至 $\delta_b$ 或者 $\delta_c$，如图 7-5 所示。

隐极式同步发电机的无功功率功角特性为

$$Q_E = -\frac{U^2}{x_d} + \frac{E_q U}{x_d}\cos\delta \tag{7-7}$$

当式（7-7）中第一部分 $\frac{U^2}{x_d} \propto U^2$ 的 $U$ 下降时，$\frac{U^2}{x_d}$ 下降；当第二部分 $U$ 下降且 $\delta$ 增大时，$\frac{E_q U}{x_d}\cos\delta$ 减小。此外，发电机输出的无功功率是增大还是减小，还要看同步电抗 $x_d$ 和空载电动势 $E_q$ 的大小。一般来说，$x_d$ 大的发电机输出的无功功率将减小；而 $x_d$ 小的发电机输出的无功功率将增大，如图 7-6 中实线所示。当发电机有自动调节励磁装置时，由于端电压下降时空载电动势将有所增大，因此发电机输出的无功功率较没有自动调节励磁装置时略大，如图 7-6 中虚线所示。

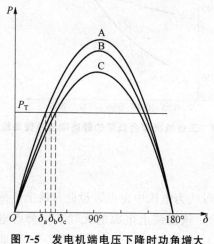

图 7-5　发电机端电压下降时功角增大

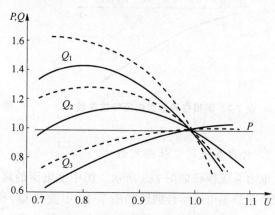

图 7-6　同步发电机的静态特性曲线

$Q_1$、$Q_2$、$Q_3$ 对应不同的电抗 $X_{d1} < X_{d2} < X_{d3}$

2）调相机

将调相机看成是功角为零的发电机，它没有有功的输入和输出，它输出的无功功率为

$$Q_E \approx \frac{E_q U}{x_d} - \frac{U^2}{x_d} \tag{7-8}$$

由上式得 $Q_E$ 随电压 $U$ 的变化率为

$$\frac{\partial Q_E}{\partial U} = \frac{E_q}{x_d} - \frac{2U}{x_d} = \frac{E_q - 2U}{x_d} \tag{7-9}$$

分析上式，有如下结论：

（1）当过励运行时，若 $E_q > 2U$，则 $\frac{\partial Q_E}{\partial U} > 0$，调相机输出的无功功率随端电压的下降而减小；

（2）当过励运行时，若 $U < E_q < 2U$，则调相机输出的无功功率将随端电压的下降而增大；

（3）当欠励运行时，若 $E_q < U$，$\frac{\partial(-Q_E)}{\partial U} > 0$，则调相机输出的无功功率将随端电压的下降而减小，如图 7-7 所示。

3）电容器

根据用于并联补偿的电容器输出的无功功率 $Q = \frac{U^2}{x_c}$ 可知，电容器的静态电压特性曲线是一过原点的抛物线，其有功功率损耗近似为 0。

**2. 负荷的静态电压特性**

电力系统多使用异步电动机，此外还有同步电动机、电热炉、整流设备、照明等。根据工业城市电力系统中的综合负荷绘制了静态电压特性曲线，如图 7-8 所示。

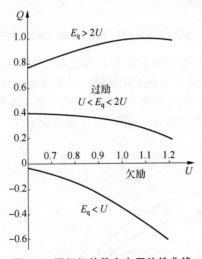

图 7-7　调相机的静态电压特性曲线

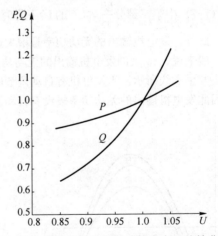

图 7-8　工业城市综合负荷的静态电压特性曲线

**3. 电力系统的电压稳定性**

电力系统接线如图 7-9 所示。图中变电所的高压母线为电压中枢点，设此母线上负荷的无功功率静态电压特性曲线如图 7-10 中曲线 $Q_L$ 所示，该母线上电源的无功功率静态电压特性曲线如图中曲线 $Q_G$ 所示。$Q_G$ 与 $Q_L$ 的差值为 $\Delta Q$，即 $\Delta Q = Q_G - Q_L$，如图 7-10 中曲线 $\Delta Q$ 所示。

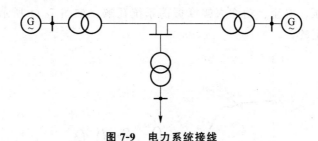

**图 7-9　电力系统接线**

当正常运行时，中枢点上输入、输出的无功功率平衡，即正常运行点应该是曲线 $Q_G$ 与 $Q_L$ 的交点，即交点 $a$ 和 $b$，下面分别分析 $a$、$b$ 两点是否能稳定运行。

$a$ 点，当系统中出现微小扰动使电压上升一个微量 $\Delta U''$ 时，负荷需要的无功功率是 $a''_1$ 对应的值，而电源供应的无功功率为 $a''_2$ 对应的值。由于 $a''_1 > a''_2$，因此发电厂将向中枢点输送更多的无功功率。随着输送无功功率的增加，系统的电压降低，中枢点电压恢复到原来的值。

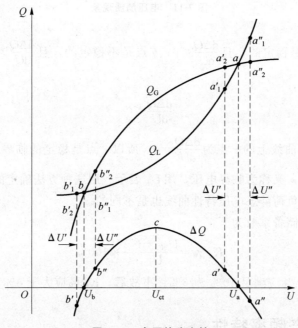

**图 7-10　电压的稳定性**

同理，当系统中出现的微小扰动使电压下降一个微量 $\Delta U'$ 时，负荷需要的无功功率是 $a'_1$ 对应的值，电源供应的无功功率是 $a'_2$ 对应的值。由于 $a'_1 < a'_2$，因此各发电厂向中枢点输送的无功功率将减小，从而使输电系统中的电压升高，中枢点的电压又恢复到原始值。由此可以说明，在 $a$ 点运行时，静态是稳定的。

而 $b$ 点与 $a$ 点不同，当扰动使电压上升一个微量 $\Delta U''$ 时，负荷需求的无功功率是 $b''_1$ 对应的值，电源供应的无功功率是 $b''_2$ 对应的值。由于 $b''_1 < b''_2$，因此各发电厂向中枢点输送的无功功率将减小，系统的电压将上升，如此循环，运行点将越过 $a$ 点，再经过一系列的振荡，在 $a$ 点达到新的平衡。同样，当扰动使电压下降一个微量 $\Delta U'$ 时，负荷需求的无功功率是 $b'_1$ 对应的值，电源供给的无功功率是 $b'_2$ 对应的值。由于 $b'_1 > b'_2$，因此各发电厂向中枢点输送更多的无功功率，使系统中枢点电压进一步下降，如此循环，会使系统电压"崩溃"，发电厂之间失步，系统中电压、电流、功率大幅度振荡系统瓦解，如图 7-11 所示。因此，在 $b$ 点运行时，静态是不稳定的。

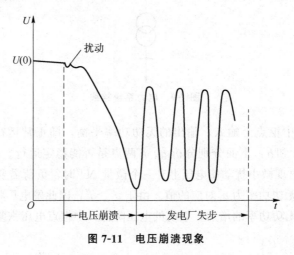

图 7-11　电压崩溃现象

综上分析，$a$ 点是稳定的，且 $\dfrac{\mathrm{d}\Delta Q}{\mathrm{d}U}<0$；$b$ 点是不稳定的，且 $\dfrac{\mathrm{d}\Delta Q}{\mathrm{d}U}>0$。所以，电压稳定的判据为

$$\frac{\mathrm{d}\Delta Q}{\mathrm{d}U}<0 \tag{7-10}$$

图 7-10 中，$\Delta Q$ 曲线上的 $c$ 点为 $\dfrac{\mathrm{d}\Delta Q}{\mathrm{d}U}=0$，所以 $c$ 点是稳定的临界点，临界点对应的电压称为电压稳定极限，又称为临界电压，用 $U_{cr}$ 表示。用这种方法确定的临界电压是近似的，不同的电压所对应的负荷静态电压特性曲线也是不同的。

静态电压稳定的储备系数为

$$K_U\%=\frac{U_{(0)}-U_{cr}}{U_{(0)}}\times100\% \tag{7-11}$$

正常运行时，$K_U\%$ 应满足 $10\%\sim16\%$；事故后，$K_U\%$ 应大于 $8\%$。

## 7.3.2　静态频率特性

静态频率特性是指频率缓慢变化或在频率变化后进入稳态时，系统中有功功率随频率变化而变化的规律。

**1. 电源的静态频率特性**

当系统在运行中缓慢变化时，发电机的电磁功率和原动机的机械功率平衡，所以电源的静态频率特性实际上也是原动机的静态频率特性，当不计频率二次调整时，电源静态频率特性如图 7-12 中 1—2—3 所示。当涉及发电厂中一些重要厂用机械（如水泵、风机等）的输出时，在较低频率范围内，电源有功功率随频率下降得更加迅速，如图 7-12 中 2—3′所示。

**2. 负荷的静态频率特性**

在电力系统综合负荷的计算中，电热炉和整流设备消耗的有功功率与频率无关，照明负荷占综合负荷的比重较小。因此，系统综合负荷有功功率的静态特性主要针对异步电动机和同步电动机。根据工业城市电力系统中的综合负荷绘制了静态频率特性曲线，如图 7-13 所示。

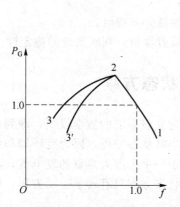

图 7-12　电源有功功率的静态频率特性曲线

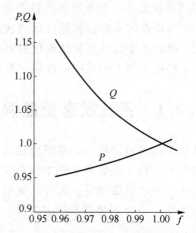

图 7-13　工业城市综合负荷的静态频率特性曲线

3. 电力系统频率的稳定性

设系统中所有电源综合的有功功率静态频率特性如图 7-14 中曲线 $P_G$ 所示，所有负荷综合的有功功率静态频率特性如图 7-14 中曲线 $P_L$ 所示。

当正常运行时，电源和负荷的有功功率平衡，运行 $P_L$ 与 $P_G$ 的交点 $o$，与 $o$ 点对应的频率和有功功率分别为 $f_{(0)}$ 和 $P_{(0)}$，当负荷增大时，曲线 $P_L$ 上升，与曲线 $P_G$ 的线段 2—3′ 相交 $a$、$b$ 两点。

在系统中当 $P_G > P_L$ 时，有功功率过剩，频率将上升；当 $P_G < P_L$ 时，有功功率不足，频率将下降。同样运用分析电压稳定性时的分析法可知，$a$ 点是稳定运行点，$b$ 点不是稳定运行点。

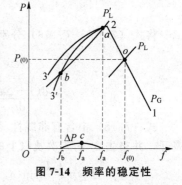

图 7-14　频率的稳定性

图 7-14 中 $c$ 点是临界点，与 $c$ 点对应的频率就是频率稳定极限或称临界频率。频率稳定的判据为

$$\frac{\mathrm{d}\Delta P}{\mathrm{d}f} = \frac{\mathrm{d}(P_G - P_L)}{\mathrm{d}f} < 0 \tag{7-12}$$

实际应用时很少采用这种方法进行定量分析，通常规定几个系统频率的限额，当频率下降而超出这些限额时，需分批切除负荷以使频率恢复正常。

# 7.4　小扰动法分析电力系统静态稳定

前面所介绍的分析电力系统静态稳定的实用判据，方法虽然简单，但只能从物理概念上定性分析，不能用于严格的定量计算。当需要对电力系统的静态稳定性问题做较严格的计算时，可应用小扰动法。

小扰动法的基本原理是根据李雅普诺夫对一般运动稳定性的理论，以线性化分析为基础的分析方法。当受扰动系统的线性化微分方程组的特征方程式的根的实部皆为负值时，该系统是稳定的，当其根的实部为正值时，该系统是不稳定的。

应用小扰动法分析电力系统静态稳定的步骤如下：

（1）列出系统中描述各元件运动状态的微分方程组；

（2）将以上非线性方程线性化处理，得到近似的线性微分方程组；

（3）根据近似方程式根的性质（其实部的正、负性或者零值）判断系统的稳定性。

## 7.4.1　系统状态变量偏移量的线性状态方程

从数学的角度分析一个系统的稳定性问题，首先要建立该系统的数学模型，即列出描述系统的状态方程。在简单系统中只有发电机元件需要列出其状态方程，因为变压器和线路的电抗可作为发电机漏抗的一部分，无限大容量系统相当于一个无限大容量的发电机，其电压和频率不变，所以不必列出状态方程。系统中发电机的状态方程只有转子运动方程，即

$$\frac{\mathrm{d}\delta}{\mathrm{d}t}=(\omega-1)\omega_0 \tag{7-13}$$

$$\frac{\mathrm{d}\delta}{\mathrm{d}t}=\frac{1}{T_J}\left(P_T-\frac{E_q U}{x_{d\Sigma}}\sin\delta\right) \tag{7-14}$$

因为静态稳定是研究系统在某一个运动方式下受到小的干扰后的运行状况，故可把系统的状态变量的变化看作在原来的运行情况上叠加一个小的偏移。因此，其状态变量可表示为

$$\delta=\delta_0+\Delta\delta \tag{7-15}$$

$$\omega=1+\Delta\omega \tag{7-16}$$

将式（7-15）、（7-16）分别代入式（7-13）、（7-14），得

$$\frac{\mathrm{d}(\delta_0+\Delta\delta)}{\mathrm{d}t}=\frac{\mathrm{d}\Delta\delta}{\mathrm{d}t}=\Delta\omega\omega_0 \tag{7-17}$$

$$\frac{\mathrm{d}(1+\Delta\omega)}{\mathrm{d}t}=\frac{\mathrm{d}\Delta\omega}{\mathrm{d}t}=\frac{1}{T_J}\left(P_T-\frac{E_q U}{x_{d\Sigma}}\sin(\delta_0+\Delta\delta)\right) \tag{7-18}$$

式（7-18）中含有非线性函数（$P_E-\delta$），假设 $\Delta\delta$ 很小，可将 $P_E$ 在 $\delta_0$ 附近按泰勒级数展开，并略去 $\delta_0$ 的二次及以上的高次项，可近似得 $P_E$ 和 $\Delta\delta$ 的线性函数为

$$P_E=\frac{E_q U}{x_{d\Sigma}}\sin(\delta_0+\Delta\delta)=\frac{E_q U}{x_{d\Sigma}}\sin\delta_0+\left.\frac{\mathrm{d}P_E}{\mathrm{d}\delta}\right|_{\delta_0}\Delta\delta+\frac{1}{2!}\left.\frac{\mathrm{d}^2 P_E}{\mathrm{d}\delta^2}\right|_{\delta_0}\Delta\delta^2+\cdots \tag{7-19}$$

$$\approx\frac{E_q U}{x_{d\Sigma}}\sin\delta_0+\left.\frac{\mathrm{d}P_E}{\mathrm{d}\delta}\right|_{\delta_0}\Delta\delta=P_T+\Delta P_E$$

式中，$P_T=\dfrac{E_q U}{x_{d\Sigma}}\sin\delta_0$，$\Delta P_E=\left.\dfrac{\mathrm{d}P_E}{\mathrm{d}\delta}\right|_{\delta_0}\Delta\delta$

将式（7-19）分别代入式（7-17）和式（7-18）得

$$\frac{\mathrm{d}\Delta\delta}{\mathrm{d}t}=\Delta\omega\omega_0 \tag{7-20}$$

$$\frac{\mathrm{d}\Delta\omega}{\mathrm{d}t}=-\frac{1}{T_J}\left.\frac{\mathrm{d}P_E}{\mathrm{d}\delta}\right|_{\delta_0}\Delta\delta \tag{7-21}$$

将上述两式写成矩阵形式为

$$\begin{pmatrix}\Delta\dot{\delta}\\\Delta\dot{\omega}\end{pmatrix}=\begin{pmatrix}0 & \omega_0\\-\dfrac{1}{T_J}\left.\dfrac{\mathrm{d}P_E}{\mathrm{d}\delta}\right|_{\delta_0} & 0\end{pmatrix}\begin{pmatrix}\Delta\delta\\\Delta\omega\end{pmatrix} \tag{7-22}$$

## 7.4.2 根据特征值判断系统的稳定性

根据李雅普诺夫稳定性理论：如果状态方程系数矩阵的所有特征值都为负实数或是具有负实部的复数，则系统是稳定的；若特征值中出现一个零根或实部为零的一对虚根，则系统处于稳定的边界；若特征值有一个正实数或一对具有正实部的虚根，则系统是不稳定的；当特征值仅是一个正实数时，系统将非周期性振荡并失去稳定；当特征值为一对具有实部的复数时，系统将周期振荡而失去稳定。

式（7-22）二阶微分方程组的特征方程的根为

$$\lambda_{1,2} = \pm \sqrt{-\frac{\omega_0}{T_J}\frac{dP_E}{d\delta}\Big|_{\delta_0}} \tag{7-23}$$

分析上式，当 $\dfrac{dP_E}{d\delta}\Big|_{\delta_0} < 0$ 时，$\lambda_{1,2}$ 为一个正实根和一个负实根，即 $\Delta\delta$ 和 $\Delta\omega$ 有随时间不断增加的趋势，发电机相对于无限大系统非周期性失去同步，故系统是不稳定的。

当 $\dfrac{dP_E}{d\delta}\Big|_{\delta_0} > 0$ 时，$\lambda_{1,2}$ 为一对虚根，理论上 $\Delta\delta$ 和 $\Delta\omega$ 作等幅振荡。实际上，系统中由于存在着阻尼作用，$\Delta\delta$ 和 $\Delta\omega$ 将做衰减振荡，最后稳定在初始值，系统恢复同步。

因此，对于非线性系统，经过线性化后，状态变量偏移量的状态方程也是线性的，可以用其系数矩阵的特征值来判断系统在初始运行方式下能否稳定。

由以上分析可见，用小扰动法对简单系统稳定性分析的结果和用物理概念分析的结果是一致的，将得到同一个静态稳定判据，即

$$\frac{dP_E}{d\delta} > 0 \tag{7-24}$$

$\dfrac{dP_E}{d\delta}$ 称为整步功率系数。假设发电机的空载电动势为常数，隐极机和凸极机的电磁功率分别为

$$\begin{cases} P_E = \dfrac{E_q U}{x_{d\Sigma}}\sin\delta_0 \\[3mm] P_E = \dfrac{E_q U}{x_{d\Sigma}}\sin\delta_0 + \dfrac{U^2}{2}\times\dfrac{x_{d\Sigma}-x_{q\Sigma}}{x_{d\Sigma}x_{q\Sigma}}\sin 2\delta \end{cases} \tag{7-25}$$

整步功率系数分别为

$$\begin{cases} S_{E_q} = \dfrac{dP_E}{d\delta} = \dfrac{E_q U}{x_{d\Sigma}}\cos\delta \\[3mm] S_{E_q} = \dfrac{dP_E}{d\delta} = \dfrac{E_q U}{x_{d\Sigma}}\cos\delta + U^2\times\dfrac{x_{d\Sigma}-x_{q\Sigma}}{x_{d\Sigma}x_{q\Sigma}}\cos 2\delta \end{cases} \tag{7-26}$$

通过前面的分析，我们知道系统必须运行在 $S_{Eq} > 0$ 的情况。$S_{Eq}$ 的大小标志着发电机维持同步运行的能力，因为 $S_{Eq}\Delta\delta$ 代表着当 $\delta$ 有一增量 $\Delta\delta$ 时，同步功率的变量的大小，随着功率角的逐渐增大，整步功率系数将逐步减小。当整步功率系数减小为 0 并改变符号时，发电机就没有能力维持同步运行，系统将非周期性振荡从而失去稳定。

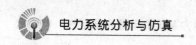

# 7.5 提高电力系统静态稳定性的措施

若要提高电力系统静态稳定性，最根本的方法是使电力系统具有较高的功率极限。以前面介绍的单机无限大系统为例，减少发电机与系统之间的联系电抗就可增加发电机的功率极限。从物理意义上讲，就是加强了发电机与无限大系统的电气联系。加强电气联系，也就是缩短了"电气距离"，即减小各元件的阻抗，主要是电抗。联系紧密的系统是不容易失去静态稳定的，但短路电流较大。下面所介绍的提高系统静态稳定性措施，均是直接或间接地减小电抗的措施。

## 7.5.1 装设自动调节励磁装置

当发电机没有自动调节励磁装置时，空载电动势 $E_q$ 为常数，发电机的电抗为同步电抗 $x_d$；当发电机装设比例式励磁调节装置时，可认为暂态电动势 $E_q'$（或 $E'$）为常数，并且发电机的电抗由同步电抗 $x_d$ 减小为暂态电抗 $x_d'(x_d'<x_d)$。如果能够按运行参数的变化率调节励磁，甚至可以基本维持发电机的端电压为常数，这相当于发电机的电抗减小为零。因此，发电机装设先进的励磁调节装置，就相当于缩短了发电机与系统间的电气距离，从而提高了系统的稳定性。装设自动调节励磁装置价格低廉，效果显著，是提高静态稳定性的首选措施。

## 7.5.2 减小元件电抗

### 1. 减小发电机和变压器的电抗

发电机的同步电抗 $x_d$ 在电力系统总电抗中占的比重较大，若能有效地减小 $x_d$，则可以提高系统的功率极限从而提高静态稳定性。$x_d = x_{ad} + x_\sigma$，减小 $x_d$ 主要是减小 $x_{ad}$，而减小 $x_{ad}$ 就得增大发电机定子、转子间的空气隙或减小定子绕组的匝数。这样做的目的是使发电机的电动势和容量减小，若要维持发电机电动势和容量不变，则会使单位容量的投资增加，很不经济。所以，发电机装设自动调节励磁装置，可起到减少发电机电抗的作用，提高了电力系统的静态稳定性，且投资较小。

虽然变压器的电抗在系统总电抗中所占的比重不大，但变压器在运行时，电抗的标幺值应在一定的范围内，不能太小。所以，变压器的电抗不需特殊制造，在选用时应尽量选用电抗较小的变压器。

### 2. 减小线路电抗

线路电抗在电力系统中所占的比重较大，特别是远距离输电线路电抗所占比重更大，因此减小线路的电抗，对提高电力系统的功率极限和稳定性有重要的作用。直接减小线路电抗可采用以下方法：（1）用电缆代替架空线；（2）采用扩径导线；（3）采用分裂导线。前两种方法因投资过大等问题，难以普遍实现。因此，在 330 kV 及以上的输电线路上，经常采用分裂导线来减小线路电抗。

采用分裂导线时，对其结构方式（如每相分裂根数和分裂间距等）要加以综合考虑。对于普遍结构的分裂导线，过多的分裂根数和过大的分裂间距对减小电抗的效果并不显著，一般分裂根数不超过 4 根，分裂间距以 400～500 mm 为宜。

3. 提高线路的额定电压

从功角特性方程可知，提高线路额定电压等级，可提高静态稳定极限，从而提高静态稳定的水平。此外，提高线路额定电压等级也可以等值地看作减小线路电抗。因为当用统一的基准值计算各元件电抗的标幺值时，线路电抗为

$$x_{L*(B)} = x_0 l \frac{S_B}{U_{NL}^2} \tag{7-27}$$

式中，$U_{NL}$——线路的额定电压。

可见，线路电抗标幺值与其电压的平方成反比。当然，提高线路电压后，也提高了线路及设备的绝缘水平，加大了铁塔及带电结构的尺寸，从而使系统的投资增加。因此，对应一定的输送功率和输送距离，应有其对应的在经济上合理的额定电压等级。

4. 采用串联电容器补偿

串联电容器补偿就是在电力线路上串联电容器以补偿线路的电抗。一般而言，在较低电压等级的线路上的串联电容补偿主要用于调压，在较高电压等级的线路上的串联电容补偿则主要用于提高系统的稳定性。在这种情况下，补偿度对系统的影响较大。补偿度就是电容器电抗和没有补偿的线路感抗的比值，即 $K_C = X_C/X_L$。补偿度越大，系统中总的等值电抗越小，系统的稳定性越高。但补偿度的增大受到很多条件的限制。

当补偿度过大时，可能使短路电流过大，短路电流还可能呈容性，从而导致某些继电保护装置误动作。此外，当补偿度过大时，系统中的等值电抗减小，这时系统中电阻对感抗的比值 $R/X_\Sigma$ 将增大，系统中的阻尼功率系数 $D$ 可能为负，系统会发生低频的自发振荡，破坏系统的稳定性。并且在过大的补偿后，发电机的外部电路可能呈容性，同步发电机的电枢反应可能起助磁作用，即同步发电机出现自励磁现象，使发电机的电流、电压迅速上升，直至发电机的磁路饱和为止。

串联电容器一般采用集中补偿，当线路两侧都有电源时，补偿电容器一般设置在中间变电所内。当只有一侧有电源时，补偿电容器一般设置在末端变电所内，从而避免产生过大的短路电流。一般以补偿度 $K_C < 0.5$ 为宜。

## 7.5.3 改善系统的结构和采用中间补偿设备

改善系统的结构，并加强系统的联系的方法为：增加输电线路的回路数，减小线路电抗；当输电线路通过的地区原来有电力系统时，可将中间系统与输电线路连接起来，以维持长距离的输电线路中间点的电压，相当于将输电线路分成两段，缩小了"电气距离"。此外，中间系统还可与输电线路交换有功功率，互为备用。

采用中间补偿设备。例如，在输电线路中间的降压变电所内装设同期调相机，当调相机配有较先进的自动调节励磁装置时，可以维持它的端电压甚至高压母线电压恒定，输电线路等值地被分割成两段，每一段的电气距离远小于整个输电系统的电气距离，从而使系统的静态特性有了较大的提高。

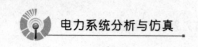

上面介绍的提高系统静态稳定的措施均是从减小电抗入手,在正常运行中,提高发电机的电势和电网的运行电压也可以提高功率极限,从而提高系统的静态稳定。

# 7.6 电力系统暂态稳定

## 7.6.1 电力系统暂态稳定概述

暂态稳定是电力系统大干扰的同步稳定,与干扰的地点和类型以及保护、断路器动作时间有关。大干扰一般是指短路故障、线路突然无故障跳开等。如果系统受到大干扰后仍能达到稳定运行状态,则认为系统在这种运行情况下是暂态稳定的;如果系统受到大干扰后不能再建立稳定运行状态,而是各发电机组转子间一直有相对运动、相对角不断变化,系统的功率、电流和电压不断振荡,最终系统不能继续运行下去,则认为系统在这种运行情况下不能保持暂态稳定。因此,系统的暂态稳定还与系统原来的运行方式有关,即同一系统在某个运行方式和某种干扰下是暂态稳定的,但在另一个运行方式和另一种干扰下可能是不稳定的。

电力系统受到大干扰,经过一段时间后,或是逐步趋向稳定或是趋向失去同步,这段时间的长短与系统本身的状况有关,有的持续约 1 s,而有的则要持续几秒甚至几分钟。本节只介绍故障发生后几秒内的系统稳定性,因为故障后几分钟的过程要涉及更深入的内容,这已超出了本书的范围。分析暂态稳定时要采用以下基本假设。

(1)忽略频率变化对系统参数的影响。暂态稳定持续时间很短,发电机组的惯性很大,加之原动机功率来不及调节,所以可认为发电机转速恒定,原动机功率等于受干扰前的发电机功率,所以系统中各元件的参数值不变。

(2)忽略发电机定子电流的非周期分量。定子电流的非周期分量衰减的时间常数 $T_a$ 很小,且一般在百分之几秒后衰减到零,因此对发电机及电力系统的机电暂态过程影响很小,可忽略不计。

(3)发电机的参数用 $E'$ 和 $x_d'$ 表示。在大扰动瞬间,励磁绕组的合成磁链 $\Psi_f$ 守恒,则与之成正比的交轴暂态电动势 $E'$ 也保持不变,对应的电抗为 $x_d'$。

(4)当发生不对称短路时,忽略负序分量电流和零序分量电流对发电机转子运动的影响。负序分量电流所产生的磁场与同步速度的旋转方向相反,所以其产生的电磁转矩以两倍同步转速反向旋转,而平均值接近于零,可略去其对发电机机电暂态过程的影响;而零序分量电流一般不流进发电机,即使流进,其合成磁场也为零,对转子的运动也无影响,亦略去不计。

(5)忽略负荷的动态影响。

(6)在简化计算中,还忽略暂态过程中发电机的附加损耗。

## 7.6.2 简单电力系统的暂态稳定

如图 7-15(a)所示,简单电力系统在正常运行状态时,发电机经过变压器和双回线路向无限大系统送电。如果发电机用暂态电抗 $x_d'$ 表示的电动势 $E'$ 作其等值电动势,则由图 7-15(a)中

等值电路可得电动势 $E'$ 与无限大系统母线之间的电抗为

$$x_1 = x'_d + x_{T1} + \frac{1}{2}x_L + x_{T2} \tag{7-28}$$

相应地，发电机发出的电磁功率为

$$P_{\mathrm{I}} = \frac{E'U}{x_{\mathrm{I}}}\sin\delta \tag{7-29}$$

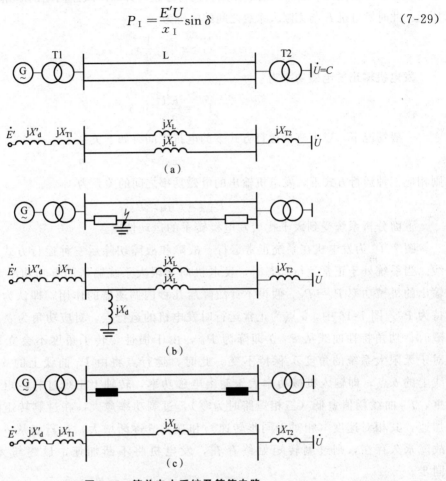

**图 7-15　简单电力系统及等值电路**
（a）正常运行时；（b）短路时；（c）等值电路

如果在一回输电线路始端发生了不对称短路，如图 7-15（b）所示，则根据假设，只计算不对称短路时的正序电流分量及正序功率，可在正序网的故障点上接一附加电抗构成正序增广网络。此时，发电机 $E'$ 与无限大系统之间联系电抗由网络变换（星形网络变换为三角形网络）得到，即

$$x_{\mathrm{II}} = (x'_d + x_{T1}) + \left(\frac{1}{2}x_L + x_{T2}\right) + \frac{(x'_d + x_{T1})\left(\frac{1}{2}x_L + x_{T2}\right)}{x_\Delta} \tag{7-30}$$

式中，$x_\Delta$——附加电抗。

当故障是单相接地时，$x_\Delta = x_2 + x_0$；当故障是两相接地时，$x_\Delta = \dfrac{x_2 x_0}{x_2 + x_0}$；当故障是三相接地时，$x_\Delta = 0$。$x_{\mathrm{II}}$ 总是大于正常运行时的 $x_1$，如果是三相短路，则 $x_\Delta = 0$，$x_{\mathrm{II}}$ 为无限大，也就是说三相短路截断了发电机和系统间的联系。

相应地，发电机输出电磁功率为

$$P_{II} = \frac{E'U}{x_{II}} \sin \delta \tag{7-31}$$

短路故障发生后，线路的继电保护装置将迅速断开故障线路两端的断路器，如图 7-14(c) 所示。此时发电机 $E'$ 与无限大系统之间的电抗为

$$x_{III} = x_d' + x_{T1} + \frac{1}{2} x_L + x_{T2} \tag{7-32}$$

发电机输出的电磁功率为

$$P_{III} = \frac{E'U}{x_{III}} \sin \delta \tag{7-33}$$

一般情况下，以上三种运行方式下的电抗之间有如下关系

$$x_{II} > x_{III} > x_I \tag{7-34}$$

则相应三种运行方式下，发电机输出的电磁功率之间的关系为

$$P_{IM} > P_{IIIM} > P_{IIM} \tag{7-35}$$

下面分析系统受到大干扰后发电机转子的运动情况。

图 7-16 为发电机在系统正常运行、故障和故障切除后三种运行方式下的功角特性曲线。当系统处于正常运行状态时，发电机向无限大系统输送的有功功率为 $P_E$，则原动机输出的机械功率 $P_T = P_E$。假设不计故障后几秒内调速器的作用，即认为机械功率始终保持为 $P_E$。图 7-16 中，$a$ 点为正常运行时发电机的运行点，对应功角为 $\delta_a$。在发生短路故障时，功角特性曲线从 $P_I$ 立即降为 $P_{II}$，由于惯性，转子角度不会立即变化，即其相对于无限大系统的角度 $\delta_a$ 保持不变。此时，运行点将由 $P_I$ 曲线上的 $a$ 点跃变为 $P_{II}$ 曲线上的 $b$ 点，即输入机械功率大于输出电磁功率，转轴上出现过剩转矩。故障情况愈严重，$P_{II}$ 曲线幅值愈低（三相短路时为零），过剩功率愈大。在过剩转矩的作用下转子将加速，其相对速度（相对于同步转速）和功角 $\delta$ 逐渐增大，运行点从 $b$ 向 $c$ 运动。如果故障永久存在，则过剩转矩始终存在，发电机将不断加速，最终与无限大系统失去同步。

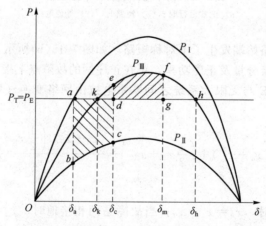

图 7-16 简单系统正常运行、故障和故障切除后的功角特性曲线

在实际运行中，短路后继电保护装置将迅速动作切除故障。假设运行到 $c$ 点时，继电保护装置动作，断路器断开，故障线路被切除，发电机的功角特性曲线由 $P_{\mathrm{II}}$ 变为 $P_{\mathrm{III}}$，运行点将从 $c$ 点跃变至 $P_{\mathrm{III}}$ 上的 $e$ 点（功角 $\delta$ 不能突变）。这时，发电机发出的电磁功率大于原动机输入的机械功率，转轴上出现转矩缺额，转子速度逐渐减慢。但由于此时转子转速高于同步转速，功角 $\delta$ 将继续增大。假设运行点沿着 $P_{\mathrm{III}}$ 曲线上的 $e$ 点运行到 $f$ 点时转速恢复到同步转速，此时功角 $\delta$ 不再增大。但在 $f$ 点，转轴上的原动机机械功率小于发电机输出的电磁功率，使转子减速，运行点将沿着 $P_{\mathrm{III}}$ 曲线从 $f$ 点向 $e$、$k$ 点运动，在到达 $k$ 点前转子一直减速，转子速度低于同步速度，功角 $\delta$ 减小。到达 $k$ 点后，作用在转轴上的功率达到平衡。由于转子转速低于同步转速，功角 $\delta$ 将继续减小，但越过 $k$ 点之后，机械功率 $P_T$ 大于电磁功率 $P_E$，转子被加速，因此 $\delta$ 一直减小，直到转子转速恢复到同步转速后又开始增加。此后，运行点沿着 $P_{\mathrm{III}}$ 开始第二次振荡。如果振荡过程中没有能量损耗，则第二次 $\delta$ 又增加至 $f$ 点所对应的功角 $\delta_m$，之后就一直沿着 $P_{\mathrm{III}}$ 来回摆动。实际上，由于有阻尼作用，振荡将会衰减，最后运行点将稳定在 $k$ 点。振荡过程如图 7-17 所示。

假如故障线路切除得比较晚，如图 7-18 所示，即在故障线路切除前转子加速已经比较严重，因此当故障线路切除后，在到达图 7-16 中相对应的 $f$ 点时，转子转速仍大于同步转速，甚至在到达 $h$ 点时还未降至同步转速，因此 $\delta$ 就将越过 $h$ 点所对应的 $\delta_h$。一旦运行点越过 $h$ 点之后，转子就会立即承受加速转矩，转速开始升高，且加速度越来越大，功角 $\delta$ 进一步增大，最终发电机与系统间将失去同步，这种情况如图 7-19 所示。

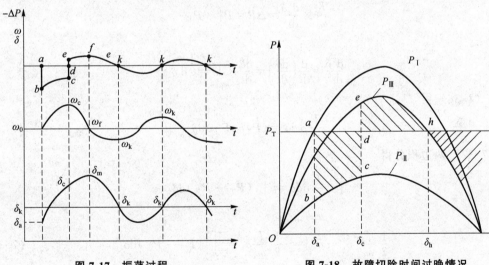

图 7-17　振荡过程　　　　　　图 7-18　故障切除时间过晚情况

由以上分析可见，线路故障切除的快慢对系统的暂态稳定有较大的影响。因此，快速切除线路故障是提高系统暂态稳定的有效措施。为了确切判断系统在某一公式下，受到大干扰后能否保持暂态稳定，必须通过定量的分析计算。下面介绍分析计算方法。

**1. 等面积定则**

从电力系统暂态稳定性分析中可知，故障发生后，从初始角 $\delta_a$ 到故障切除瞬间所对应的功角 $\delta_c$ 的过程中，如图 7-19 所示，当原动机输入的机械功率 $P_T$ 大于发电机输出的电磁功率 $P_{\mathrm{II}}$ 时，在过剩功率（当转速变化不大时近似等于过剩转矩）的作用下，发电机转子加速。我们可以验证，过剩转矩对相对角位移所做的功等于转子在相对运动中动能的增加。其具体的验证过程如下：

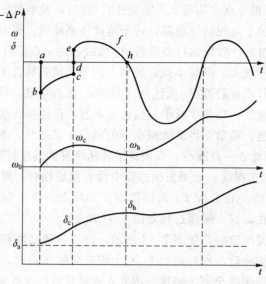

图 7-19　失步过程

故障后转子运动方程为

$$\frac{T_J}{\omega_0} \times \frac{d^2\delta}{dt^2} = \Delta P = P_T - P_{II} \tag{7-36}$$

因为

$$\frac{d^2\delta}{dt^2} = \frac{d}{dt}\left(\frac{d\delta}{dt}\right) = \frac{d\dot{\delta}}{dt} \times d\dot{\delta} = \dot{\delta}\, d\dot{\delta}$$

代入式（7-36）得

$$\frac{T_J}{\omega_0}\dot{\delta}\, d\dot{\delta} = (P_T - P_{II})d\delta \tag{7-37}$$

将式（7-37）两边积分得

$$\int_{\dot{\delta}_a}^{\dot{\delta}_c} \frac{T_J}{\omega_0}\dot{\delta}\, d\dot{\delta} = \int_{\delta_a}^{\delta_c} (P_T - P_{II})d\delta$$

整理得

$$\frac{1}{2}\frac{T_J}{\omega_0}[\dot{\delta}_c^2 - \dot{\delta}_a^2] = \frac{1}{2}\frac{T_J}{\omega_0}\dot{\delta}_c^2 = \int_{\delta_a}^{\delta_c} (P_T - P_{II})d\delta \tag{7-38}$$

式中，$\dot{\delta}_c$——角度为 $\delta_c$ 时转子的相对角速度；

$\dot{\delta}_a$——角度为 $\delta_a$ 时转子的相对角速度，总和为零。

式（7-38）中左端表示转子在相对运动中动能的增加，右端为过剩转矩对相对角位移所做的功。且右端是图 7-18 中 *abcd* 所包围的面积，称为加速面积，用 $S_{abcd}$ 表示。

同理，故障切除后转子在制动过程中动能的减少就等于制动转矩所做的功，即

$$\frac{1}{2}\frac{T_J}{\omega_0}[\dot{\delta}^2 - \dot{\delta}_c^2] = \int_{\delta_c}^{\delta} (P_T - P_{III})d\delta \tag{7-39}$$

式中，$\dot{\delta}$——减速过程中任意角度 $\delta$ 的相对角速度。

由图 7-18 可知，当 $\delta$ 等于 $\delta_m$ 时，角速度恢复到同步角速度，即 $\delta_m = 0$。因此，式（7-39）

可写为

$$\frac{1}{2}\frac{T_J}{\omega_0}[-\dot{\delta}_c^2] = \int_{\delta_c}^{\delta_m}(P_T - P_{\text{III}})\mathrm{d}\delta$$

或

$$\frac{1}{2}\frac{T_J}{\omega_0}\dot{\delta}_c^2 = \int_{\delta_c}^{\delta_m}(P_{\text{III}} - P_T)\mathrm{d}\delta \tag{7-40}$$

上式左端代表转子减速到 $\delta_m$ 时动能的减少，右端代表制动转矩所做的功，对应于图 7-18 中 $defg$ 包围的面积，称为减速面积，用 $S_{defg}$ 表示。通过比较式（7-38）和式（7-40）可知，转子在减速过程中动能的减小正好等于加速时动能的增加，即

$$\int_{\delta_a}^{\delta_c}(P_T - P_{\text{II}})\mathrm{d}\delta = \int_{\delta_c}^{\delta_m}(P_{\text{III}} - P_T)\mathrm{d}\delta \tag{7-41}$$

式（7-41）即为等面积定则。它表明：一个暂态稳定的系统，发电机转子在加速过程中所获得的动能必须在减速过程中全部释放完，转子转速才能恢复到同步速度，或者说，功角才不会继续增大，而且有减小的趋势。因此，加速面积与减速面积相等是保持暂态稳定性的条件。

利用上述等面积定则，可以确定极限切除角度，即最大可能的 $\delta_c$。按前面的分析，为了保证系统稳定，必须在到达 $h$ 点以前使转子恢复同步速度。极限的情况是正好在 $h$ 点时转子恢复同步速度，这时的切除角度称为极限切除角度 $\delta_{jq}$。根据等面积定则可得

$$\int_{\delta_a}^{\delta_{jq}}(P_T - P_{\text{II}})\mathrm{d}\delta = \int_{\delta_{jq}}^{\delta_h}(P_{\text{III}} - P_T)\mathrm{d}\delta$$

即

$$\int_{\delta_a}^{\delta_{jq}}(P_T - P_{\text{II M}}\sin\delta)\mathrm{d}\delta = \int_{\delta_{jq}}^{\delta_h}(P_{\text{III M}}\sin\delta - P_T)\mathrm{d}\delta$$

解方程后得

$$\cos\delta_{jq} = \frac{P_T\ (\delta_h - \delta_a)\ + P_{\text{III M}}\cos\delta_h - P_T\cos\delta_a}{P_{\text{III M}} - P_{\text{II M}}} \tag{7-42}$$

式中，$\delta_a = \arcsin\dfrac{P_T}{P_{\text{II M}}}$；$\delta_h = \arcsin\dfrac{P_T}{P_{\text{III M}}}$。

在极限切除角时切除故障线路，利用了最大可能减速面积。如果切除角大于极限切除角，就会使加速面积大于减速面积，暂态过程中运行点会越过 $h$ 点从而使系统失去同步。相反，如果切除角小于极限切除角，则系统总是稳定的。

等面积定则只限于分析简单系统的暂态稳定性，即当功角特性可在平面坐标上表示时，才可以用等面积定则确定极限切除角。

**2. 发电机转子运动方程的数值解法**

根据等面积定则，可以求得极限切除角，但问题并没有真正得到解决。因为在实践中需要知道：为了保持电力系统的暂态稳定性，应在多长时间内切除短路故障，即极限切除角对应的极限切除时间。这就需要求出故障开始到故障切除这段时间内 $\delta$ 随时间的变化曲线，曲线上对应于极限切除角的时间即为极限切除时间。通过求解发电机转子运动方程可得 $\delta$-$t$ 和 $\omega$-$t$ 的关系曲线，其中相对角 $\delta$ 随时间的变化规律，即 $\delta = f(t)$ 曲线，称作摇摆曲线。

发电机转子运动方程是非线性的常微分方程，一般情况下不能得到其解析解，只能用数值计算方法求其近似解。电力系统暂态稳定常用的计算方法有分段计算法和改进欧拉法，下面分别加以介绍。

**1）分段计算法**

分段计算法是一种手工计算方法，通过把转子运动过程分解成一系列小的时间段，根据

前一时段计算所得结果作为本时段计算的初始条件，从而推算出本时间段的状态变量变化结果。这种方法的优点是步骤简单，概念分明；缺点是精度较差。

在计算中，$\delta$ 通常用度数表示，另外将 $\omega$ 转换成 $\Delta\omega$（与同步角速度之差），则转子运动方程为

$$\begin{cases} \dfrac{\mathrm{d}\delta}{\mathrm{d}t} = \Delta\omega\omega_0 \times \dfrac{360^\circ}{2\pi} = 360 f \Delta\omega \\[3mm] \dfrac{\mathrm{d}\Delta\omega}{\mathrm{d}t} = \dfrac{1}{T_j}\Delta P \end{cases} \tag{7-43}$$

用分段计算法求解时需要做以下假设：

(1) 一个时间段的中点至下一个时间段的中点的不平衡功率 $\Delta P$ 保持不变，并等于下一时间段开始的不平衡功率，如图 7-20(a) 所示。

(2) 每个时间段内的相对角速度 $\Delta\omega$ 保持不变并等于该时间段中点的相对角速度，如图 7-20(b) 所示。

显然，这种计算方法是"以直代曲，以不变代替变化"，计算中存在误差，当选择足够小的时间段时，这种误差相对减小，通常取 $\Delta t = 0.05$ s。当能预料到同步振荡的振幅不大时，可取 $\Delta t = 0.1$ s；要求精度较高的场合，取 $\Delta t = 0.02$ s。

应用分段计算法计算 $\delta - t$ 曲线的步骤如下：

(1) 选取 $\Delta t$，求常数 $K = 360 f_0 \Delta t^2 / T_j$。

(2) 在第一时段，在发生故障的起始瞬间或故障切除瞬间，由于运动点的跃变，过剩功率也有跃变，应用分段计算法时，应在功率跃变瞬间进行处理，即应当用跃变前后两个过剩功率的平均值，如图 7-20(d) 所示，这时平均值为

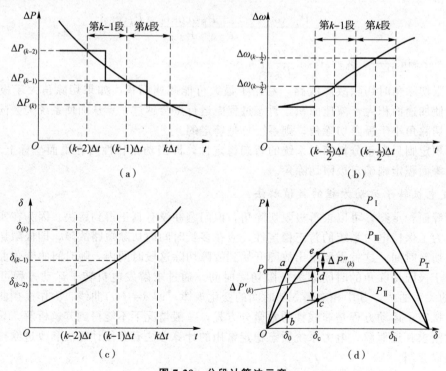

图 7-20 分段计算法示意

(a) $\Delta P$ 分段；(b) $\Delta\omega$ 分段；(c) $\delta$ 分段；(d) 功率跃变

$$\Delta P_{(0)} = \frac{1}{2}(P_0 - P_{\mathbb{I}m}\sin\delta_0) \tag{7-44}$$

第一时段末的功角

$$\Delta\delta_{(1)} = \Delta\delta_{(0)} + K\Delta P_{(0)} \tag{7-45}$$

则

$$\delta_{(1)} = \delta_{(0)} + \Delta\delta_{(1)} \tag{7-46}$$

（3）在第二时段后，如果此时为故障后方式（Ⅱ），则过剩功率 $\Delta P_{(k-1)}$ 为

$$\Delta P_{(k-1)} = P_0 - P_{\mathbb{I}m}\sin\delta_{(k-1)} \tag{7-47}$$

$$\Delta\delta_{(k)} = \Delta\delta_{(k-1)} + K\Delta P_{(k-1)} \tag{7-48}$$

则

$$\delta_{(k)} = \delta_{(k-1)} + \Delta\delta_{(k)} \tag{7-49}$$

如果已经计算到故障切除时间，那么在故障切除的瞬间，运行点由 $c$ 点跃变到 $e$ 点，过剩功率分别为

$$\Delta P'_{(k)} = P_0 - P_{\mathbb{I}m}\sin\delta_c \tag{7-50}$$

$$\Delta P''_{(k)} = P_0 - P_{\mathbb{I}m}\sin\delta_c \tag{7-51}$$

则

$$\Delta P_{(k)} = \frac{1}{2}(\Delta P'_{(k)} + \Delta P''_{(k)}) \tag{7-52}$$

故障切除后，求过剩功率时，应将 $P_{\mathbb{I}}$ 改为 $P_{\mathbb{I}}$，重复第（3）步，直至计算到要求的时间结束。

2）改进欧拉法

改进欧拉法是一种常微分方程初值问题的数值解法，适用于计算机计算。在简单电力系统暂态稳定计算中经常采用这种计算方法。

电力系统暂态稳定计算时，给定了大扰动时刻的初值，可由转子运动方程求解 $\delta - t$ 曲线。分析中应用的微分方程式为

$$\dot{x} = \frac{\mathrm{d}x}{\mathrm{d}t} = f(x) \tag{7-53}$$

求解上式时，从已知的初值 $(t=0, x=x_0)$ 开始，离散地逐点求出对应于时间 $t_0, t_1, \cdots, t_n$ 的函数 $x$ 的近似值 $x_0 x_1, \cdots, x_n$。取步长 $h = t_1 - t_0 = t_2 - t_1 = \cdots = t_n - t_{n-1}$，改进欧拉法的预估-校正方程为

$$\begin{cases} y_{n+1}^{(0)} = y_n + hf(x_n, y_n) \\ y_{n+1} = y_n + \frac{h}{2}[f(x_n, y_n) + f(x_{n+1}, y_{n+1}^{(0)})] \\ y_{(0)} = \alpha \end{cases} \tag{7-54}$$

上式中第一个方程为预估方程，第二个方程为校正方程，第三个方程为初始条件。

改进欧拉法的计算步骤如下。

（1）当第 $n$ 时间段结束时，可知对应于该时间段末的状态 $\delta_n$、$\omega_n$ 和该时间段末的电磁功率 $P_n$ 和不平衡功率 $\Delta P_n$。

（2）第 $(n+1)$ 时段开始时，$\delta$ 和 $\omega$ 的变化率为第 $n$ 时段结束时的变化率，即

$$\dot{\omega}_n = \frac{1}{T_j}\Delta P_n \tag{7-55}$$

$$\dot{\delta}_n = (\omega_n - 1) \times 360f \tag{7-56}$$

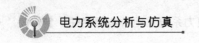

（3）第（$n+1$）时段末 $\delta$ 和 $\omega$ 的预估值

$$\delta_{n+1}^{(0)} = \delta_n + \dot{\delta}_n h \tag{7-57}$$

$$\omega_{n+1}^{(0)} = \omega_n + \dot{\omega}_n h \tag{7-58}$$

不平衡功率 $\qquad \Delta P_{n+1}^{(0)} = P_T - P_{\mathrm{II}m} \sin\delta_{n+1}^{(0)} \tag{7-59}$

（4）第（$n+1$）时段末对应于 $\delta$ 和 $\omega$ 预估值的变化率为

$$\dot{\omega}_{n+1}^{(0)} = \frac{1}{T_j}\Delta P_{n+1}^{(0)} \tag{7-60}$$

$$\dot{\delta}_{n+1}^{(0)} = (\omega_{n+1}^{(0)} - 1) \times 360 f \tag{7-61}$$

（5）第（$n+1$）时段中 $\delta$ 和 $\omega$ 的平均变化率为

$$\dot{\delta}_{n+1}^{(a)} = \frac{1}{2}(\dot{\delta}_n + \dot{\delta}_{n+1}^{(0)}) \tag{7-62}$$

$$\dot{\omega}_{n+1}^{(a)} = \frac{1}{2}(\dot{\omega}_n + \dot{\omega}_{n+1}^{(0)}) \tag{7-63}$$

（6）第（$n+1$）时段末，$\delta$、$\omega$、$P$ 及 $\Delta P$ 的校正值为

$$\delta_{n+1} = \delta_n + \dot{\delta}_{n+1}^{(a)} h \tag{7-64}$$

$$\omega_{n+1} = \omega_n + \dot{\omega}_{n+1}^{(a)} h \tag{7-65}$$

$$P_n = P_{\mathrm{II}m} \sin\delta_{n+1} \tag{7-66}$$

$$\Delta P_n = P_T - P_{\mathrm{II}m} \sin\delta_n \tag{7-67}$$

对于一个受大扰动的电力系统，故障的切除时间不同，系统的稳定状态也不同。因此，在使用改进欧拉法求解 $\delta-t$ 和 $\omega-t$ 曲线时，要进行多次计算，才能求出其故障切除时间。

## 7.6.3  复杂电力系统的暂态稳定

复杂电力系统中任意一台发电机输出的电磁功率，是该发电机电动势相量相对其他发电机电动势相量的相角差（$\delta_i - \delta_j$）的函数。若得到大扰动后各台发电机转子之间相对功角随时间变化的曲线，可根据任意两台发电机之间的相对角（$\delta_i - \delta_j$）随时间的变化来判断暂态稳定性。当相对角（$\delta_i - \delta_j$）随时间不断增大且超过180°时，可判断该系统不能保持暂态稳定。

图 7-21(a)为三台发电机系统的电动势相量图。当电力系统正常稳定运行时，各电动势相量与参考坐标之间的角度分别为 $\delta_1$、$\delta_2$ 和 $\delta_3$。当发生大扰动后，系统中各台发电机输出的电磁功率将发生改变，当发电机输出的电磁功率小于原动机的机械功率时，发电机转子便加速，而当发电机输出的电磁功率大于原动机的机械功率时，发电机转子便减速。因此，各台发电机的功角也随之变化，不能像简单电力系统那样，仅根据功角 $\delta_1$、$\delta_2$ 和 $\delta_3$ 随时间变化的曲线判断系统的暂态稳定性。例如，在发生大扰动后，$\delta_1$、$\delta_2$、$\delta_3$ 都随时间增加，如图 7-21(b)所示，有的可能大于简单电力系统中的稳定极限，但三台发电机的功角差 $\delta_{12}$、$\delta_{23}$ 和 $\delta_{13}$ 并没有随时间的增大而越过180°，而是经过一段时间摇摆后，在新的数值上稳定下来，所以说此系统仍是暂态稳定的。而图 7-21(c)中 1♯发电厂发电机电动势与 2♯、3♯两个电厂中发电机电动势的功角差 $\delta_{12}$ 和 $\delta_{13}$ 随时间不断增大，这说明 1♯发电厂与其他两个发电厂失去了同步，而 2♯与 3♯发电厂间发电机电动势功角差 $\delta_{23}$ 并没有无限地增大，所以，2♯和 3♯发电厂之间保持了同步。然而从整个系统来说，还是暂态不稳定的。

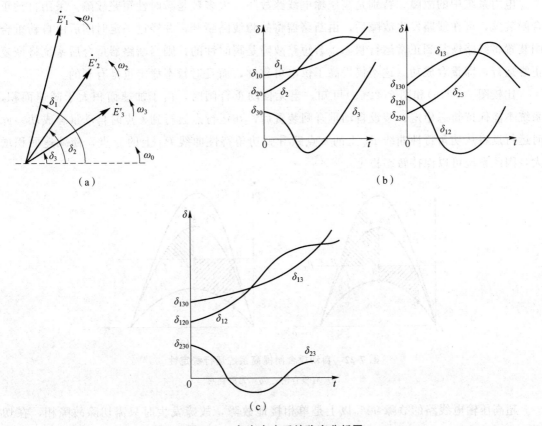

**图 7-21 复杂电力系统稳定分析图**

（a）电动势相量图；（b）"绝对"与"相对"相角的变化；（c）发电机与 2、3 直接失去同步，原文中漏掉了"1"

## 7.6.4 提高电力系统暂态稳定性的措施

缩短电气距离以提高静态稳定性的某些措施对提高暂态稳定性也是有效的，如串联电容器的补偿。而提高暂态稳定性的措施，一般首先考虑的是减少扰动后功率或能量差额的临时性的措施。一方面是因为急剧扰动下机械功率与电磁功率、负荷与电源的功率或能源差额比微小扰动时大得多，而这个差额是导致暂态稳定破坏的主要因素；另一方面是这种扰动往往是暂时的。常用方法如下。

### 1. 快速切除故障和自动重合

在暂态稳定的分析中已知，快速切除故障对于提高电力系统的暂态稳定性有着决定性的作用。应用等面积定则快速切除故障时的稳定性可见图 7-18 中的阴影部分。一方面，由于快速切除故障减小了加速面积，增加了减速面积，从而提高了发电机之间并列运行的稳定性；另一方面，快速切除故障还可使负荷中电动机的端电压迅速回升，减小了电动机失速和停顿的危险，从而也提高了负荷运行的稳定性。选用快速动作的继电保护装置和快速动作的断路器，可快速切除故障。

电力系统中的故障，特别是高压输电线路故障，大多数是瞬时性短路故障。采用自动重合闸装置，可在线路发生故障后，由断路器将故障线路断开，并经过一定时间后由自动重合闸装置将线路恢复到正常运行状态。若短路故障是瞬时性的，则当断路器重合后系统将恢复正常运行，即重合成功。这不仅提高了供电可靠性，而且对暂态稳定也是有利的。

比较图 7-22(a)和图 7-22(b)可知，当无自动重合闸时，由于加速面积大于减速面积，系统不能保持暂态稳定；装设自动重合闸装置后，在运行点运行到 $k$ 点时自动重合成功，此时运行点将从功角特性曲线 $P_{Ⅲ}$ 上的 $k$ 点跃升到功角特性曲线 $P_{Ⅰ}$ 上的 $g$ 点，使减速面积增大，因此系统可以保持暂态稳定。

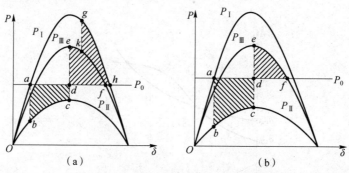

**图 7-22　自动重合闸提高系统运行稳定性**

(a) 有重合闸；(b) 无重合闸

超高压输电线路的故障 90%以上是单相接地故障，故障发生时只需切除故障相，在切除故障后至合闸前的一段时间里，送端发电厂和受端系统没有完全失去联系，这样可大大提高系统的暂态稳定性，图 7-23 给出了单回输电线按三相和按故障相重合闸时的功角特性曲线。由图可知，按故障相切除故障可使系统暂态稳定性提高。

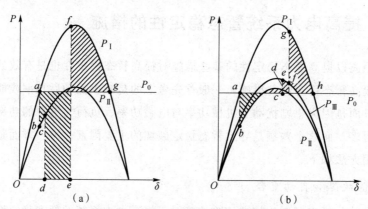

**图 7-23　单回线路按三相和故障相重合闸时的功角特性曲线**

(a) 按三相重合闸；(b) 按故障相重合闸

**2. 增加发电机输出的电磁功率**

**1) 强行励磁**

一般的发电机自动调节励磁系统都具有强行励磁装置，如图 7-24 所示。当由于外部短路而使发电机端电压低于额定电压的 85% 时，低电压继电器动作，并通过中间继电器将励磁装置的调节电阻（又称磁场变阻器）强行短接，使励磁机的励磁电流大大增加，提高了发电机的电动势，增加了发电机输出的电磁功率，减少了转子的不平衡功率，提高了暂态稳定性。

2）采用电气制动

电气制动就是当系统中发生故障后，在送端发电机上迅速接入电阻，以消耗发电机发出的有功功率（增大电磁功率），减小发电机转子上的过剩功率。图 7-25 为制动电阻的两种接入方式，当电阻串联接入时，断路器正常时是闭合的，投入制动电阻时将断路器断开；当电阻并联接入时，断路器正常时是断开的，投入制动电阻时将其闭合。

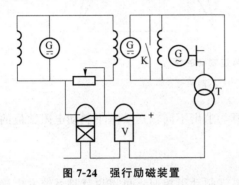

图 7-24　强行励磁装置

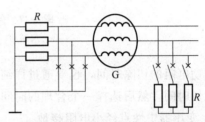

图 7-25　制动电阻的两种接入方式

用等面积定则来说明电气制动的作用。图 7-26 比较了有、无电气制动的情况，由图 7-26(b) 可知，假设故障切除角 $\delta_c$ 不变，由于采用了电气制动，减少了加速面积 $bb_1c_1c$，使原来系统的暂态稳定性得到了保证。

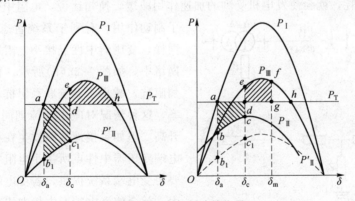

图 7-26　电气制动的作用

(a) 无电气制动、失稳；(b) 有电气制动，稳定

运用电气制动时，制动电阻的选择要适当。当欠制动时，若制动电阻太大，则会使制动作用不足，系统照样失步；当过制动时，若制动电阻太小，那么发电机虽在第一次振荡中没有失步，但会在故障切除和切除制动电阻后的第二次振荡中失步。欠制动和过制动都不能保持系统的暂态稳定，如图 7-27 所示。由图 7-27(a) 可知，当欠制动时，由于制动作用不足，加速面积依然大于最大可能的减速面积，因此系统不稳定；由图 7-27(b) 可知，当过制动时，故障发生后，运行点沿 $a-b-d-c-d$ 运动，因为加速面积很小，没有失步，但当在 $d$ 点的故障被切

除，即并联电阻亦被切除后，系统运行点变成 $d-e-f-e-g-h$，越过 $h$ 点，发电机失步。因此，要通过认真计算后，确定出合适的制动电阻数值。

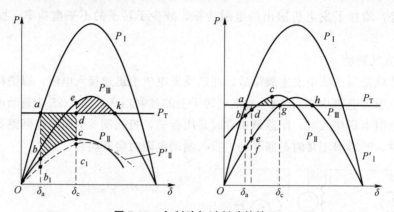

**图 7-27　欠制动与过制动的情况**

（a）欠制动，失稳；（b）过制动，失稳

制动电阻的切除时间，也要通过详细的计算，求出不同输送功率下制动电阻数值的上下限和投切时间，然后选择一个合理的时间。

3）变压器中性点经小电阻接地

变压器中性点经小电阻接地的作用原理与电气制动很相似，可以说就是系统发生接地故障时的电气制动。在图 7-28(a)中，当电力系统发生不对称接地短路时，系统将产生零序电流分量，若此时系统中 $Y_0$ 接线的变压器中性点以一小电阻接地，则零序电流将在这一电阻中产生功率损耗，如图 7-28(c)所示。当故障发生在送端时，由于送电端发电厂要额外提供这一有功功率损耗，就会使发电机受到的加速作用减缓，换句话说，电阻中的功率损耗起到了制动作用，有利于系统暂态稳定性的提高。

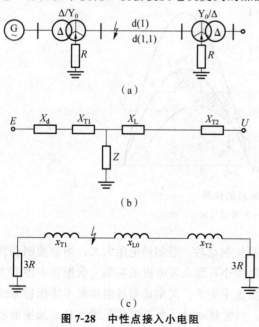

**图 7-28　中性点接入小电阻**

（a）系统图；（b）正序增广网络；（c）零序网络

同样，变压器中性点接小电阻反映在正序增广网络中，如图 7-28(b)所示，相当于加大了附加阻抗，减小了系统联系阻抗，提高了电磁功率，这种情况对应于故障期间的功率特性 $P_{\text{II}}$ 升高。但如果接地故障发生在靠近受电端，受电端变压器中性点所接小电阻中消耗的功率主要由受电端系统提供，若受电端系统容量不够大，就会使受电端发电机加快减速，此时不但不能提高系统的暂态稳定，反而会使系统的暂态稳定性恶化。因此，受电端变压器中性点一般不接小电阻，而是接小电抗。当然，接地电阻的大小和安装地点应通过计算来确定，一般情况下，接地电阻值大约等于变压器的短路电抗值。

### 3．减少原动机输出的机械功率

（1）对于汽轮机，采用快速的自动调速系统或者快速关闭进气门，如图 7-29(a)所示。

（2）连锁切机，即在切除故障的同时，连锁切除送端发电厂中的一台或两台发电机。如图 7-29(b)所示，连锁切机后，虽然减速面积增加了，但系统电源减少了，这也是不利的。

（3）采用机械制动，即采取转子直接制动的方法。

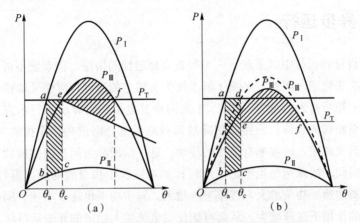

**图 7-29　减少原动机输出机械功率对暂态稳定的影响**

（a）快速关闭气门；（b）连锁切机

以上 3 种方法，都是利用当发生故障电磁功率减小时，通过减少原动机输出的机械功率减少在转子上的剩余功率，来提高系统的暂态稳定性。

### 4．串联电容器的强行补偿和设置中间开关站

#### 1）串联电容器的强行补偿

据前面的介绍，为提高电力系统的静态稳定性，线路采用串联补偿电容。为提高系统的暂态稳定性和故障后的静态稳定性及改善故障后的电压质量，也可采用强行串联补偿，即在切除线路的同时切除部分并联的电容器组，以增大串联补偿电容的容抗，部分甚至全部补偿由于切除故障线路而增加的线路感抗。

#### 2）设置中间开关站

当输电线路较长（如 500 km 以上）且经过的地区也没有变电所时，可以考虑设置中间开关站，如图 7-30 所示。当输电线路上发生永久性故障而必须切除线路时，可以只切除数段，而不必切除整个一回线路。故障切除后，线路的阻抗为故障前的 1.5 倍，若不设置开关站，而是切除全部线路，则故障后的线路阻抗为故障前的 2 倍。所以，设置开关站不仅提高了系统的暂态稳定，还提高了故障后系统的静态稳定性，并改善了故障后的电压质量。

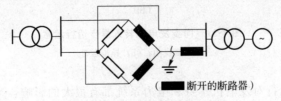

（■断开的断路器）

**图 7-30　输电线上设置开关站**

# 7.7  电力系统的异步运行

## 7.7.1  异步运行

电力系统在设计和运行中都采取了一系列提高稳定性的措施，但系统不可避免地会遇到无法估计的故障而失去稳定。因此，必须了解系统失去稳定的过程，以便采取措施快速地恢复同步运行，以减轻失稳所带来的危害。图 7-31 为同步发电机转入异步运行示意。在正常运行情况下，突然发生单相接地故障，断路器切除故障线路后重合闸成功。在扰动发生的开始阶段，转子先被加速而后又减速，转差率有很小的波动，这一阶段称为同步振荡阶段。由于重合闸时间超过稳定极限时间，故减速面积不足以消耗掉加速过程中积聚的动能，运行点将越过 $h$ 点。此后，转子又将被加速，功角增大，转差率亦增大，异步功率也逐步增加。同时，原动机的机械功率在调速器的作用下逐渐减少，从而可能使发电机进入稳定的异步运行状态。

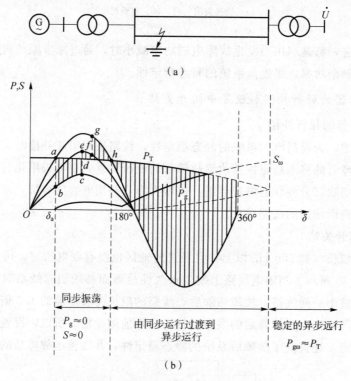

**图 7-31  同步发电机转入异步运行示意**

（a）接线图；（b）异步运行

同步发电机异步运行对发电机本身和电力系统都有很大的影响：当异步运行时，由于发电机的振动和转子的过热等均可能导致发电机损坏；异步运行的发电机从系统中吸取无功功率，若系统中无功储备不足，则系统会由于无功功率的缺乏造成系统电压的降低，严重时甚至造成系统"电压崩溃"；系统中一些地方电压过低，从而使这些地方的一些负荷不能正常工作而脱离系统；系统中的电流、电压振荡较大，可能引起保护装置的误动作从而使事故进一步扩大。

## 7.7.2 解列运行

如果采取了各种必要措施，还不能抑制系统振荡，则为了防止事故的扩大，应用手动或自动方式通过系统中的解列点将系统分解为几个独立的、各自同步运转的部分。解列点要选择恰当，应使解列后的各个独立部分的电源和负荷之间的有功功率和无功功率大体上平衡，使各部分的电压和频率都接近于额定值。这样，各个部分可以继续稳定运行，保证对负荷的供电。当故障消除并经过调整后，可再把各个部分重新并列，恢复系统的正常运行方式。

## 7.7.3 再同步

如果系统中无功功率的容量较大，无功功率储备充分，异步运行的发电机能够提供相当的平均异步功率，而且机组和系统均能承受短期异步运行，则可以利用短时的异步运行状态将机组再次拉入同步。再同步时，一方面要调整调频器，以减小平均转差率，直至短时转差率为零；另一方面要调节励磁增大电动势，即增大同步功率，便于发电机进入持续同步状态。

# 习题 7

7-1　什么是等面积定则？

7-2　如果系统发生不对称短路，则短路切除后，最大可能减速面积大于短路切除前的加速面积，系统能否暂态稳定？若最大可能减速面积小于加速面积，则会发生什么不稳定情况？

7-3　提高暂态稳定性的措施都有哪些？

7-4　试阐述汽轮机快速关闭进气门提高系统暂态稳定性的原理。

7-5　快速关闭气门与连锁切机有何相同之处与不同之处？

7-6　提高电力系统暂态稳定的措施在系统正常运行时是否投入运行？

# 第 8 章

# 现代电力系统仿真

## 8.1 仿真软件概述

电力系统仿真软件的分类较为复杂，按照不同标准可分为实时与非实时、短时间与长时间等不同种类，而各个仿真软件在功能上都具有综合性，只是侧重点有所不同，以下为较为常用的仿真软件。

**1. RTDS**

RTDS 由加拿大的 RTDS 公司出品，该软件由一个 CPU 模拟一个电力系统元件，CPU 间的通信采用并行－串行－并行的方式，具有仿真的实时性，主要用于电磁暂态仿真。RTDS 仿真的规模受到用户所购买的设备数（BACK）的限制，这种开发模式不利于硬件的升级换代，与其他全数字实时仿真软件相比可扩展性较差。由于每个 BACK 的造价很高（超过 30 万美元），因此仿真规模一般不大。基于上述原因，RTDS 目前主要用于继电保护试验和小系统实时仿真。

**2. EMTDC/PSCAD**

EMTDC 是一种世界各国广泛使用的电力系统仿真软件，PSCAD 是其用户界面。用户能更方便地使用 EMTDC 进行电力系统仿真分析，使电力系统复杂部分可视化成为可能。EMT-DC/PSCAD 基于 domme1 电磁暂态计算理论，适用于电力系统电磁暂态仿真，它不仅可以研究交、直流电力系统稳态，还能完成电力电子仿真及其非线性控制的多功能工具。PSCAD 由 Manitoba HVDC research center 开发。

**3. PSASP**

PSASP，即电力系统分析综合程序，由中国电力科学研究院开发，其主要功能有稳态分析、故障分析和机电暂态分析。稳态分析包括潮流计算、网损分析、最优潮流和无功优化、静态安全分析、谐波分析和静态等值等；故障分析包括短路计算、复杂故障计算及其继电保护整定计算；机电暂态分析包括暂态稳定计算、电压稳定计算、控制参数优化等。

#### 4. ARENE

ARENE 是法国电力公司开发的全数字仿真系统，有实时仿真和非实时仿真两种版本。实时仿真版本有：

（1）RTP 版本，硬件为 HP 公司基于 HP-CONVE 工作站的多 CPU 并行处理计算机，该并行处理计算机的最大 CPU 数量已经达到 32 个，可以用于较大规模系统电磁暂态实时仿真；

（2）URT 版本，即 HP-Unix 工作站，用于中小规模系统电磁暂态实时仿真；

（3）PCRT 版本，即 PC-Linux 工作站，用于中小规模系统电磁暂态实时仿真。

ARENE 可以进行继电保护、自动装置、HVDC 和 FACTS 控制器的装置测试，也可以用 50 μs 步长进行闭环电磁暂态实时仿真，但不用于机电暂态仿真。ARENE 采用基于 HP 工作站的并行处理计算机，其软硬件扩展也受到计算机型号的制约，目前国内没有公司引进此软件。

#### 5. HYPERSIM

HYPERSIM 是由加拿大魁北克 TEQSIM 公司开发的电力系统数字实时仿真产品，可用于机电暂态实时仿真和电磁暂态实时仿真，但目前还不能进行电磁暂态和机电暂态的混合仿真。

#### 6. ADPSS

ADPSS 是中国电力科学研究院开发的电力系统全数字实时仿真装置，也是世界上首套可模拟大规模电力系统（1 000 台机、10 000 个节点）的全数字实时仿真装置。该仿真装置基于高性能机群服务器，采用网络并行计算，实现了大规模复杂交、直流电力系统的机电暂态实时仿真和机电、电磁暂态混合实时仿真以及外接物理装置试验。该装置可与调度自动化系统连接取得在线数据从而进行仿真，可进行继电保护、安全自动装置、FACTS 装置和直流输电控制装置的闭环仿真实验。

本章着重介绍 PSASP 在电力系统仿真中的应用。

# 8.2　构建 PSASP 仿真基础方案

在做电力系统分析计算之前，PSASP 要求首先确定计算的基础方案，即定义待计算电网的规模、结构和运行方式，以便从已建立的电网基础数据库中抽取数据，建立计算的基础电网模型。

一个潮流计算基础方案（Scheme）的数据由一个或若干（最多 30）个有次序的数据组（Group）给出网络结构、参数和节点发电、负荷等计算基本数据相叠加组成，如图 8-1 所示。

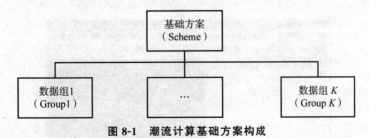

图 8-1　潮流计算基础方案构成

不同数据组的数据既可以是电网中不同地区的计算数据，也可以是同一电网不同年份、不同运行方式的数据。各组数据叠加的结果为各数据组的"合集"，其中各数据组重叠部分的内容由顺序在后的数据组决定，即后者对前者加以修改，如图 8-2 所示。

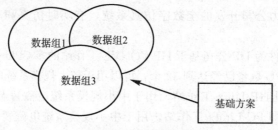

图 8-2　各组数据叠加

下面以图 8-3 所示的美国西部电力系统（WSCC）的 3 机 9 母线系统单线图为例，介绍如何搭建进行各种仿真运算所需要的单线图，具体操作步骤如下。

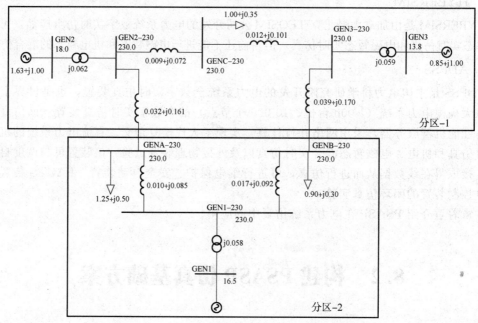

图 8-3　美国 WSCC 的 3 机 9 母线系统单线图

1. 建立新的 PSASP 作业

通过开始菜单或者桌面快捷方式启动 PSASP 7.21，并单击工具栏中的"新建工程"按钮，如图 8-4 所示。

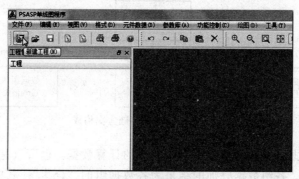

图 8-4　新建工程

选择一个文件夹并输入工程名称，如图 8-5 所示的"WSCC9"。

图 8-5　定义作业名

PSASP 会为作业建立一个名称为"WSCC9"的新文件夹，其中包含了作业所需要的一组数据文件夹和文件。在 PSASP 中选择文件"WSCC9.pro"就可以打开工程。

作业建立好后，需要为单线图命名，如"WSCC9"，如图 8-6 所示。一个作业下可能包含多个单线图。

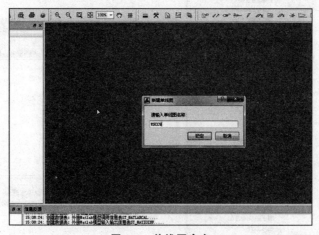

图 8-6　单线图命名

这样一个空的作业就建立好了。此时，PSASP 默认为编辑模式，工具栏里的"编辑"按钮为按下状态，如图 8-7 所示。

只有在编辑模式，才可以进行系统基础数据的编辑，如添加/删除元件、改变系统结构、修改设备参数，以及绘画单线图。在计算模式下，只能浏览系统的基础数据。

可以通过单击文件菜单下的"文件（F）"→"作业信息"选项来查看编辑系统的容量，系统的基准容量为 100 MV·A，如图 8-8 所示。

图 8-7 编辑按钮

图 8-8 系统的基准容量

2. 设置区域、分区和场站信息

一个默认的作业通常由一个区域、一个分区和一个变电站或电厂将元件分组。虽然将所有元件划分在一个区域、一个变电站或电厂里并不会影响计算结果，但是仍推荐用户对元件进行合理的划分。

在"元件数据"菜单里，每个元件都可以修改，如图 8-9(a)所示。应当设定区域数据，在"元件数据"菜单中单击"区域"选项，弹出"数据浏览"对话框，如图 8-9（b）所示。

(a)

(b)

图 8-9 区域设置

(a) "元件数据"菜单；(b) "数据浏览"对话框

每一类元件都被列在不同的标签下，可以添加、删减和修改其记录。

默认的区域编号为 0。在本次实验中，设置 1 个区域、2 个分区和 6 个变电站。分区 1 和分区 2 都在同一个区域内，如图 8-10 所示；T 站 Gen2、Gen3 和 STNC 在分区 1，T 站 Gen1、STNA、STNB 在分区 2，如图 8-11 所示。单击"＋"或者"－"按钮可以添加、删除与区域和分区相关的记录。在任何时候，可以单击"保存"按钮将数据变化保存。

图 8-10 分区

图 8-11 厂站分区

**3. 绘制单线图，并设置数据**

**1）母线**

绘制母线如图 8-12 所示。在系统仿真中，母线通常是指计算母线。单击右侧工具箱的母线图标，在空白处放置好母线。如果需要改变其方向，可以通过右击母线来设置。

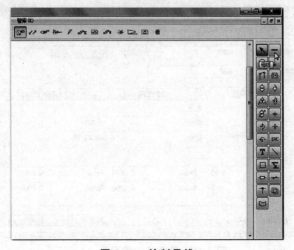

图 8-12 绘制母线

单击绘图区域建立一个母线，命名为"GEN2"，如图 8-13 所示。双击单线图上的母线，填写数据，如图 8-14 所示。其中，基准电压值必须填写，厂站名必须选择。

图 8-13　母线命名

图 8-14　母线参数设置

2）发电机

单击右侧工具箱中的发电机图标，并放在空白绘图区域，使其和母线连接起来。具体操作是：将鼠标指针放在发电机图标上，按住左键，并将其拖向母线 GEN2，这台发电机便连接在母线 GEN2 上了，如图 8-15 所示。

图 8-15　绘制发电机

双击发电机图标，按照图 8-16 所示的发电机参数设置填写数据，设置发电机名、节点类型、电压幅值、有功和无功功率等。

图 8-16　发电机参数设置（1）

单击"发电机及其调节器"标签，设置额定容量 Sn 为 100 MV·A，如图 8-17(a)所示。单击"同步机"框中的"编辑参数"按钮，按照图 8-17(b)填写模型的典型参数。

(a)

**图 8-17 发电机参数设置（2）**

（a）"发电机及其调节器数据"对话框；（b）"发电机参数"对话框

单击"返回"按钮，然后单击"发电机及其调节器"框中的"确定"按钮。每次当系统数据发生变化时，在界面最下面的框中就会反馈相应的变化信息。

3）变压器和交流线

按照上述步骤，建立另外 2 条母线 GEN2-230 和 STNC-230。不要忘记设定母线的基准电压和选择厂/站。新母线可以通过复制已经存在的母线而建立，然后再修改其参数。

单击右侧工具箱的两绕组变压器，将其放置在母线 GEN2 和 GEN2-230 之间，如图 8-18 所示。两绕组变压器图标有 2 个连接点，将其分别与母线 GEN2 和 GEN2-230 连接。

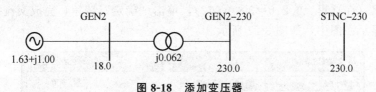

**图 8-18 添加变压器**

双击两绕组变压器，填写名称、阻抗、变比，以及修改变压器连接方式为 D/YG 连接，即三角/星形接地方式，并根据图 8-19 所示数据进行修改。

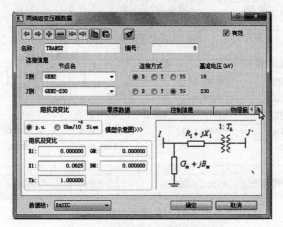

**图 8-19 两绕组变压器参数设置**

转换到"零序数据"标签，单击"计算"按钮，连接方式和零序电阻等数据会根据连接方式和正序数据自动填充，这些值也可以手动更改。单击"确定"按钮，升压变压器就建立好了，图中变压器的参数值也会显示出来。

单击右侧工具箱中的交流线图标，将其拖放在母线 GEN2 和 STNC-230 之间，用交流线将两端母线连接起来，如图 8-20 所示。

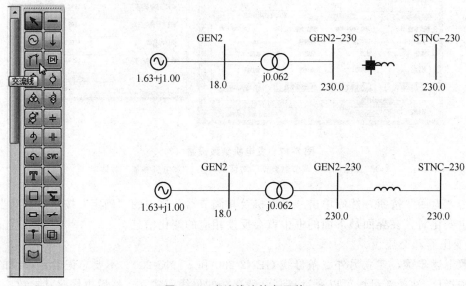

**图 8-20 交流线连接各元件**

双击交流线图标，按照图 8-21 所示填写名称、阻抗。注意：交流线的零序电抗值一般为正序值的 3 倍（在这里，0.216＝3×0.072），单击"确定"按钮，完成交流线的建立，交流线的参数会显示在图中，如图 8-22 所示。

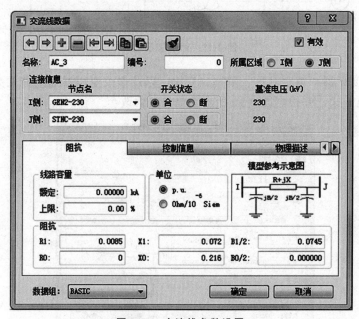

**图 8-21 交流线参数设置**

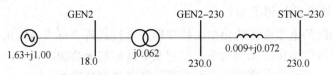

**图8-22 参数设置完成后的系统显示**

4）负荷

单击右侧工具箱的负荷图标，进行负荷的添加及其参数设置，如图8-23所示。负荷模型默认为恒功率模型。

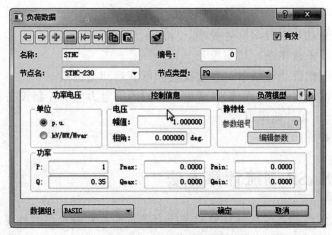

**图8-23 负荷参数设置**

参照图8-23所示的系统结构和设备参数，绘制系统剩余的所有元件并保存。至此，电力系统仿真电网基础数据库构建已经完成，这是进行电力系统各类仿真计算的公共部分。

# 8.3 PSASP 在电力系统潮流计算中的应用

## 8.3.1 PSASP 潮流计算简介

PSASP潮流计算的主要功能和特点可概括为以下3个方面。

1. 一般功能特性

（1）可计算交、直流混合电力系统。

（2）可考虑负荷静态特性。

（3）除可考虑一般的$PQ$节点外，还可对该节点的电压值加以限制。

（4）除可考虑一般的$PV$节点外，还可对该节点的无功功率加以限制。

（5）具有区域功率控制的功能。

（6）系统的缓冲点可设置多个。这样，几个孤立的系统就可以同时计算。对于计算不收敛的情况也可采用增设缓冲点的方法，先使其收敛，然后再通过计算结果分析其原因。

2. 程序中提供的控制调节功能

(1) 用某一母线的电压或无功功率去控制同一母线或另一母线的电压值。

(2) 用某一母线的电压或无功功率去控制某一线路的无功功率。

(3) 用注入某一母线的有功功率去控制某一线路的有功功率。

(4) 用某一线路的电抗 (jX) 值去控制某母线电压或某线路的有功功率或无功功率。

(5) 用某一变压器的变比 (T) 值去控制某母线的电压或某线路的无功功率。

(6) 可模拟移相器的功能，其中包括给定幅值和相角的模型和给定幅值并控制某线路有功功率为给定值的模型。

3. 通过自定义建模可实现多种功能

(1) 系统调度自动化中自动发电控制 (AGC)。

(2) 联络线 (一条或多条) 功率控制。

(3) 可控硅控制的静止补偿器、自动投切的电容器和电抗器。

(4) 可控硅控制的移相器、可控串联电容补偿器等电力电子控制设备以及其他灵活交流输电系统 (FACTS) 元件的模拟。

(5) 各种负荷特性的模拟。

## 8.3.2 PSASP 潮流计算方法

潮流计算的收敛性，不仅与被计算的系统有关，而且和所选用的计算方法紧密相关。因此，PSASP 潮流计算程序提供了下列方法供用户选择。

1) $PQ$ 分解法

$PQ$ 分解法基于牛顿法原理，再根据电力系统线路参数 $R/X$ 比 (通常很小) 的情况，对求解修正量的修正方程系数矩阵加以简化，使其变为常数阵 (即等斜率)，且 $P$、$Q$ 迭代解耦。这样可减少每次迭代的计算时间，提高计算速度，又不影响最终结果，因此是通常选用的一种方法。但在低电压配电网中，当线路 $R/X$ 比值很大时，可能出现不收敛情况，此时应考虑更换其他方法。

2) 牛顿法 (功率式)

牛顿法的数学模型是基于节点功率平衡方程式，再应用牛顿法形成修正方程，求每次迭代的修正量。该方法收敛性很好。

3) 最优因子法

最优因子法首先将潮流计算求解非线性方程组的问题化为无约束的非线性规划问题。在求解时把牛顿法所求的修正量作为搜索方向，再根据最佳步长加以修正。该方法属非线性规划原理，原则上能求出其解 (若存在) 或断定问题无解，但由于数值计算的因素比较复杂，实际应用时也需要考虑其他因素。在迭代过程发生振荡时，若最佳乘子 $\mu$ 逼近于 0，则问题无解；若最佳乘子 $\mu$ 保持在 1 附近，则要考虑其他的因素。

4) 牛顿法 (电流式)

牛顿法 (电流式) 与牛顿法 (功率式) 的区别是其数学模型基于节点电流平衡方程式。该方法收敛性很好。

5) $PQ$ 分解转牛顿法

牛顿法迭代的特点是要求初值较好，且在迭代接近真解时，收敛速度非常快，为此设计

了 $PQ$ 分解转牛顿法。该方法是先用 $PQ$ 分解法，当迭代达到一定精度时，转牛顿法迭代，使牛顿法能获得较好的初值，这样可改善其收敛性，加快计算速度。

牛顿法是求解电力系统潮流这种非线性方程最经典的方法。一般来说，牛顿法求解可靠，推荐采用。但牛顿法对初值有一定要求，尤其是对大规模电网情况（如母线节点超过10 000 节点），收敛性很难保证。$PQ$ 分解法根据电力系统的特有运行特性，对牛顿法简化，收敛速度快且不影响最终结果，但其有一定应用限制（如线路 $R/X$ 比值不能过大等）。最优因子法是潮流计算新一代算法，收敛性比牛顿法更好，适用于大规模电网等复杂潮流计算。$PQ$ 分解转牛顿法是对牛顿法的改进，收敛性很好，同样适用于大规模电网潮流计算，但其也有 $PQ$ 分解法同样的应用限制。

随着电网的发展，电网规模越来越大，全网电压压差、相角差逐步拉大的情况，如依然按照电压幅值为 1（p.u.）、相角为 0 为全网母线设置迭代初值，牛顿法基本很难收敛，而最优因子法的收敛性也很难完全保证。因此，为保证上述算法的收敛性，应为上述算法选择一个合适的迭代初值。程序提供了辅助的"预设平衡点"和"读上次潮流结果为潮流初始值"的两种措施。其中，"预设平衡点"在仍保持系统原有平衡点的基础上，为各种方法增加了初值的预计算；"读取上次潮流结果为潮流初始值"将最近一次收敛潮流的母线电压相角结果作为本次潮流计算的迭代初值。经实践证明，这两种措施能有效提高牛顿法、最优因子法的收敛性。

综上所述，对一般电网的潮流计算，推荐采用牛顿法、$PQ$ 分解法或最优因子法。

对大规模复杂电网潮流计算，可采用最优因子法、$PQ$ 分解转牛顿法，或使用"预设平衡点""读上次潮流结果为潮流初始值"的措施。注意，各种方法对数据的适应性不同，需根据实际电网情况和计算要求进行选择。

### 8.3.3　基于 PSASP 的潮流计算

上节的基础方案给出了待计算电网的网络结构、参数和各节点发电、负荷等基本数据，再配以不同的计算控制信息（包括发电、负荷的按比例修改等），即可得到不同的潮流计算作业。潮流计算作业的构成如图 8-24 所示。

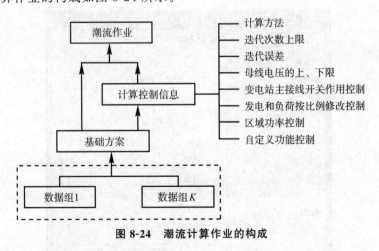

图 8-24　潮流计算作业的构成

PSASP 潮流计算的流程和结构如图 8-25 所示。

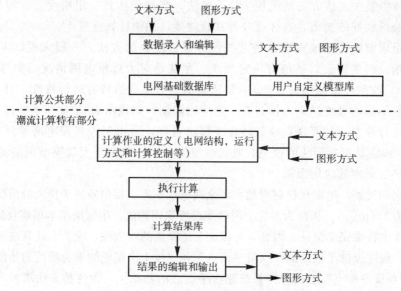

**图 8-25　PSASP 潮流计算的流程和结构**

（1）虚线以上是计算（潮流、暂态稳定、短路等）公共部分，即基础数据准备。可通过文本和图形两种方式建立和编辑，最终生成可供各种计算分析的电网基础数据库。

（2）虚线以下为潮流计算特有部分，其中需要用户参与的有如下两部分。

①计算方案的定义，即确定电网的结构，运行方式及计算的控制，包括计算方法、迭代误差、控制功能的投入等。支持文本和图形两种方式。

②计算结果的编辑和输出，即选择输出的范围和内容。不但可以采用文本方式生成表，还可以采用图形方式在潮流图上直接标识。

PSASP 中定义潮流作业，每一个作业都需要给定一个唯一的作业号，具体过程如下。

（1）PSASP 首先要为潮流计算定义方案。单击"元件数据"菜单，选择"方案定义"选项，弹出"方案定义"对话框，如图 8-26 所示。

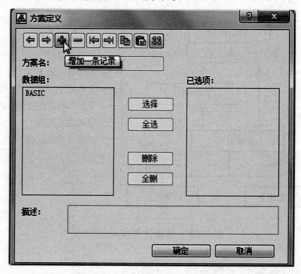

**图 8-26　"方案定义"对话框**

单击工具栏里的"+"按钮，增加一条新记录。在数据组列表里选择"BASIC"选项，并将其添加到右侧已选项列表里，方案名称设为"Normal"，描述内容为"系统基本运行方式"，然后单击"确定"按钮，如图 8-27 所示。

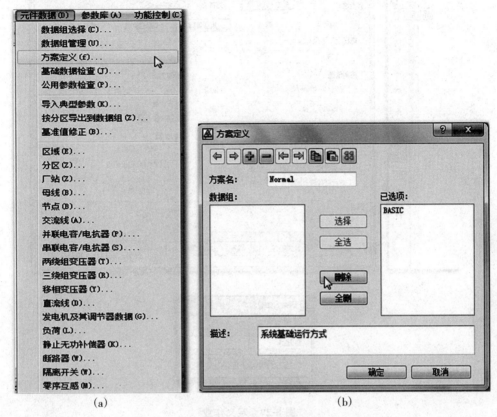

图 8-27 定义方案

(a)"元件数据"菜单；(b)"方案定义"对话框

(2) 单击工具栏里的"潮流计算"按钮，如图 8-28 所示。

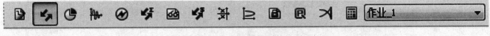

图 8-28 "潮流计算"按钮

注意：当 PSASP 7.21 转换到潮流计算模式时，系统的元件数据只能被浏览不能被修改，但潮流计算功能可以使用。

(3) 单击主窗口右侧工具栏里的"作业定义"按钮，如图 8-29(a)所示，弹出"潮流计算信息"对话框，如图 8-29(b)所示。单击工具栏里的"+"按钮，在弹出的"请输入作业名"对话框中为作业命名，如图 8-29(c)所示，然后单击"确定"按钮，增加一个潮流作业。

接着，弹出"潮流计算信息"对话框，在方案名的下拉列表框里选择方案名称，如"Normal"，如图 8-30(a)所示。单击"潮流计算信息"对话框中的"编辑"按钮，框中所示的大部分控制功能由无可用状态变为可用状态。单击"确定"按钮后，便设置了一个名为"作业＿1"的潮流作业，如图 8-30(b)所示。

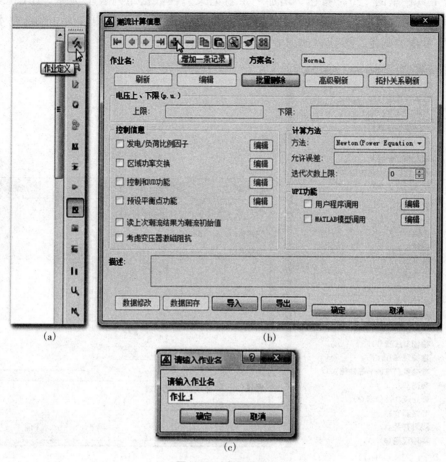

**图 8-29  定义作业**

（a）"作业定义"按钮；（b）"潮流计算信息"对话框；（c）"请输入作业名"对话框

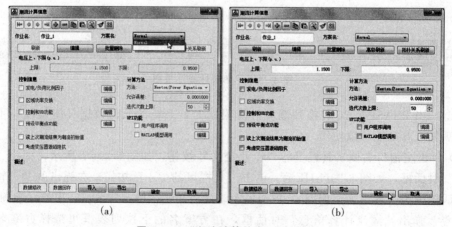

**图 8-30  "潮流计算信息"对话框**

（a）选择方案名称；（b）单击"确定"按钮

（4）单击工具栏里的"潮流计算"按钮启动计算，如图 8-31（a）所示。计算迭代信息会显示在"信息反馈"对话框的下端，迭代信息里指明了迭代步数和算法的收敛性，如图 8-31 (b)所示。

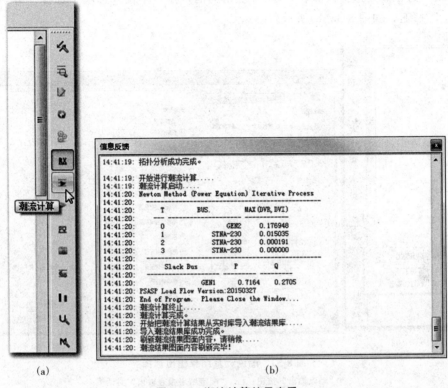

(a)                    (b)

**图 8-31 潮流计算结果查看**

(a)"潮流计算"按钮；(b)"信息反馈"对话框

当计算结束后，潮流计算结果会显示在单线图上面，包括母线电压、线路潮流、负荷消耗功率、发电机输出等信息，如图 8-32 所示。

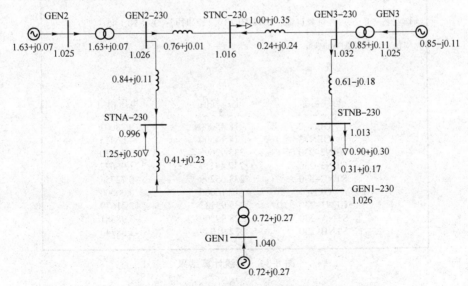

**图 8-32 单线图形式显示的潮流计算结果**

单击右侧工具栏里的"潮流输出"按钮，如图 8-33（a）所示，同样可以查看结算结果的详细信息。所有元件的结果报告可以根据需求输出至 Excel 文档或者文本文档。例如，选中"物理母线"选框，不选择区域、分区、厂/站选框，在"单位"选项中选择"有名值"，单击"输出"按钮，如图 8-33（b）所示。

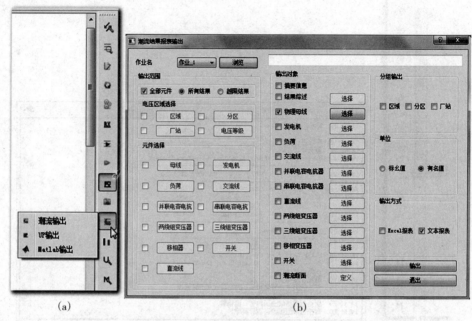

(a)          (b)

**图 8-33  潮流计算结果输出选择**

（a）"潮流输出"按钮；（b）"潮流结果报表输出"对话框

所有母线结果会通过一个文本文档建立并显示出来，如图 8-34 所示，通过母线计算结果可确认系统是否正确输入。

物理母线

作业名：1        计算日期：2013/10/28        时间：09：50：45

单位：kA\kV\MW\Mvar

区域
Whole net

| 母线名称 | 电压幅值 | 电压相角 |
| --- | --- | --- |
| GEN–2 | 18.45000 | 9.28001 |
| GEN–3 | 14.14500 | 4.66475 |
| GEN2–230 | 235.92695 | 3.71970 |
| GEN3–230 | 237.44117 | 1.96672 |
| STNC–230 | 233.65299 | 0.72754 |
| GEN–1 | 17.16000 | 0.00000 |
| GEN1–230 | 235.93132 | –2.21679 |
| STNA–230 | 228.99509 | –3.98881 |
| STNB–230 | 232.91049 | –3.68740 |

**图 8-34  母线计算结果**

## 8.3.4 潮流计算不收敛的处理措施

若潮流计算是对实际电网潮流状态的仿真计算，则当输入的网架结构和系统运行方式与实际一致时，潮流计算应能正常收敛，且计算得到的电网状态应和实际电网状态相符。如果在潮流计算时出现不收敛或收敛的结果与实际电网状态出入很大，原因可能是所输入的潮流数据不正确或不合理，需从以下方面进行分析和处理。

（1）对作业方案进行数据检查。

①查看发电出力和负荷功率的统计数据，判别全网发电和负荷是否基本平衡。

②查看系统中是否有孤立的发电机、负荷节点。

③注意填写时正确区分标幺值和有名值；特别注意在输入发电机和负荷时，输入的实际值和选定的单位（有名或标幺值）是否一致。

④查看线路参数填写是否正确，如支路参数未输入，交流线、变压器的阻抗值为0；可在潮流作业定义画面中点击"数据修改"，通过"筛选零阻抗元件"中按钮功能查找电阻、电抗均为0的元件，将其阻抗改为实际值。

⑤查看变压器变比是否填写正确，并列运行变压器变比差别是否过大。

⑥查看系统中是否存在与系统联系薄弱，同时带重负荷的节点。

（2）更换计算方法，加大迭代次数上限。

（3）采用"预设平衡点"功能，在合适位置设置预设平衡点，重新进行计算。"预设平衡点"功能主要用于大规模电网的潮流计算。

（4）采用"读上次潮流结果为潮流初始值"功能。先通过对潮流方式数据进行适当调整，使其先能够收敛，得到上次潮流结果；再恢复原潮流方式数据，再选用"读上次潮流结果为潮流初始值"功能进行潮流计算以提高收敛性。

（5）由迭代过程信息中的最大误差母线查找与该母线相连的元件的相关数据，包括：

①线路参数；

②变压器阻抗和变比；

③发电出力和负荷。

（6）在大发电厂或大负荷母线上增设 $PV$ 点或 $V\theta$ 点。

在有一定无功功率储备的发电厂和有一定无功功率电源的变电所的母线上可增设 $PV$ 节点。

全网 $PV$ 节点应在网络上按地区均匀分布，邻近的地点设多个 $PV$ 节点时，应注意各母线的电压幅值应设置合理，否则也可能影响潮流计算的收敛性。

（7）增大允许误差（不应大于0.01）以获得结果报表，进一步查找原因。

（8）潮流数据填写时应注意无功功率的就地平衡。

# 8.4 PSASP 电力系统短路电流计算

## 8.4.1 暂态稳定计算问题的数学描述

暂态稳定是研究系统受到大干扰后，同步运行稳定性的问题。暂态稳定计算的数学模型包括一次电网的数学描述（网络方程）和发电机、励磁调节器、调速器、电力系统稳定器、负荷、无功补偿、直流输电、继电保护等一次设备和二次装置动态特性的数学描述（微分/差分方程），以及各种可能发生的扰动方式和稳定措施的模拟等。因此 PSASP 暂态稳定计算（ST）的数学模型可归为以下 3 个部分。

（1）电网的数学模型，即网络方程为

$$X = F(X, Y)$$

其中

$$F = (f_1, f_2, \cdots, f_n)^T$$
$$X = (x_1, x_2, \cdots, x_n)^T$$

$X$ 为网络方程求解的变量。

（2）发电机、负荷等一次设备和二次自动装置的数学模型，即微分方程为

$$Y = G(X, Y)$$

其中

$$G = (g_1, g_2, \cdots, g_n)^T$$
$$Y = (y_1, y_2, \cdots, y_n)^T$$

$Y$ 为微分方程求解的变量。

（3）扰动方式和稳定措施的模拟，如电网的简单故障或复杂故障及冲击负荷、快关汽门、切机、切负荷、切线路等。这些因素的作用结果是改变 $X$，$Y$。

## 8.4.2　PSASP 暂态稳定计算方法

暂态稳定的计算方法基本上可分为两类：一类是直接法，一般根据能量函数的原理，对系统的稳定性直接加以判断；另一类是分步积分法，根据逐步求出的系统变量轨迹，分析和判断系统的稳定性。后者是广泛应用的成熟方法，这里的暂态稳定算法即指分步积分法。该方法如下。

如前所述，暂态稳定的数学模型可归结为网络方程和微分方程联立求解，即

$$\begin{cases} X = F(X, Y) \\ Y = G(X, Y) \end{cases}$$

PSASP 暂态稳定计算具体的算法：采用梯形隐积分的迭代法求解微分方程；采用直接三角分解和迭代相结合的方法求解网络方程；微分方程和网络方程两者交替迭代，直至收敛，以完成一个时段 $\Delta t$ 的求解。

## 8.4.3　暂态稳定计算流程及步骤

PSASP 电力系统短路电流计算的流程和结构如图 8-35 所示。

具体短路电流计算流程如下。

（1）打开如本章第一节所建立的基础数据。

（2）用 Newton（Power Equation）法计算一次潮流。定义短路作业，每一个作业需要给定一个唯一的作业号，具体过程如下：

①单击"计算"下拉菜单中的"潮流"选项，弹出"潮流计算信息"对话框，如图 8-36 所示；

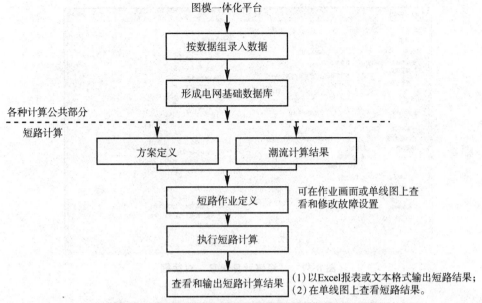

图模一体化平台

按数据组录入数据

形成电网基础数据库

各种计算公共部分
短路计算

方案定义　　　　潮流计算结果

短路作业定义　　可在作业画面或单线图上查看和修改故障设置

执行短路计算

查看和输出短路计算结果　　(1)以Excel报表或文本格式输出短路结果；
(2)在单线图上查看短路结果。

图 8-35　PSASP 电力系统短路电流计算的流程和结构

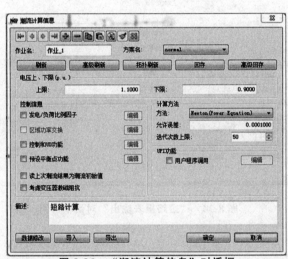

图 8-36　"潮流计算信息"对话框

②单击"短路" ⊘ 按钮进入短路计算页面；

③单击"作业定义" 按钮进行作业定义，单击 按钮增加作业定义，定义作业名为"作业 1"，描述为"三相短路计算"，计算方法选择"基于潮流"，潮流作业名选择"作业_1"，单击"编辑"按钮，"故障类型"根据进行短路计算的需要进行选择，"故障地点"根据需要对故障点进行选择设置，单击"确定"按钮。"短路计算信息"对话框如图 8-37 所示。

（3）单击"短路计算" ▷ 按钮进行短路计算。

（4）单击"短路作业报表输出" 按钮按顺序选择"作业名"，单击"故障点选择"按钮，按要求选择相应的故障点，根据需要选择输出内容，输出方式优先选择"Excel 报表"或者"文本报表"。以输出范围为母线，输出对象为母线电压为例，按照要求勾选输出设置，如图 8-38所示。

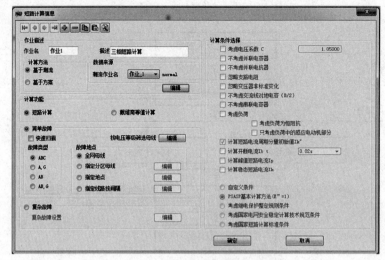

图 8-37    "短路计算信息"对话框

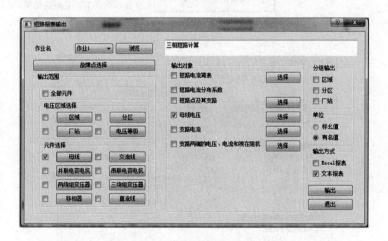

图 8-38    "短路报表输出"对话框

# 8.5    PSASP 电力系统暂态稳定分析

PSASP 电力系统暂态稳定计算的流程和结构如图 8-39 所示。

PSASP 电力系统暂态稳定计算的具体步骤如下。

（1）建立新的 PSASP 作业。在文本环境窗口中，按格式录入发电机公用参数及各元件的基础数据。

（2）方案定义。单击菜单中的"计算"→"方案定义"选项，定义"方案名称"为"稳定分析"，定义"方案描述"为"暂态稳定"，选择数据组"BASIC"。

（3）用牛顿法（功率式）计算一次潮流。单击菜单中的"计算"→"潮流"选项，定义潮流作业号为"1"，方案名为"暂态计算"，单击"计算"按钮。

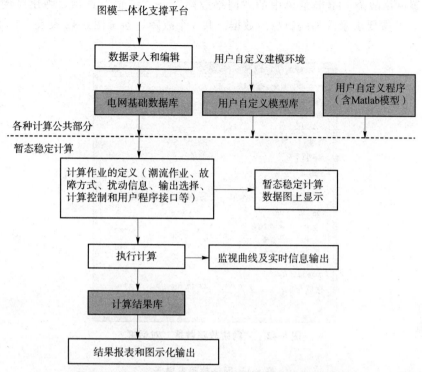

图 8-39　PSASP 电力系统暂态稳定计算的流程和结构

（4）定义暂态分析作业 1。单击菜单中的"计算"→"暂态稳定"选项，定义作业号为"1"，单击"描述"按钮，输入"算例 1"，选择"基于潮流"选项，并选取潮流作业号"1"，单击"编辑"按钮，设置计算总时间，积分步长为"0.01"，误差为"0.000 5"。"机电暂态稳定判据"对话框如图 8-40 所示，"暂态稳定计算信息"对话框如图 8-41 所示。

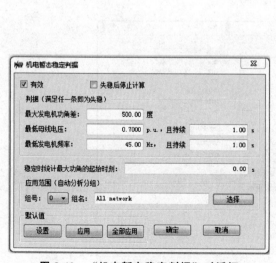

图 8-40　"机电暂态稳定判据"对话框

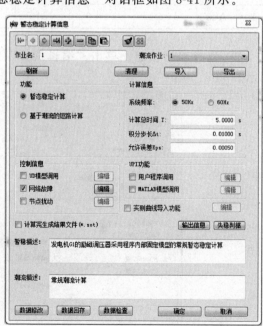

图 8-41　"暂态稳定计算信息"对话框

（5）设置网络故障。单击菜单中的"网络故障"→"编辑"选项，弹出"网络故障数据"对话框，并按要求录入和编辑故障数据。共3个故障，参考图8-42及表8-1对网络故障进行设置。

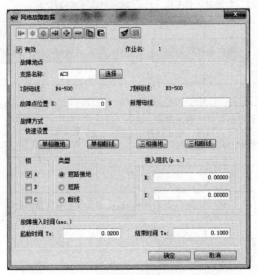

图 8-42　"网络故障数据"对话框

表 8-1　网络故障参数表

| 作业名 | 支路名称 | 故障位置 | 新增母线 | A | B | C | 接地故障 | 短路故障 | 断开故障 | 启动时间 | 结束时间 | 接入阻抗 $R$ | 接入阻抗 $X$ |
|---|---|---|---|---|---|---|---|---|---|---|---|---|---|
| 1 | AC3 | 99 | BB | 1 | 0 | 0 | 0 | 0 | 0 | 0.1 | 0.7 | 10 000 | 10 000 |
| 1 | AC3 | 1 | AA | 1 | 0 | 0 | 0 | 0 | 1 | 0.1 | 0.7 | 10 000 | 10 000 |
| 1 | AC3 | 0 | — | 1 | 0 | 0 | 1 | 1 | 0 | 0.02 | 0.1 | 0 | 0 |

（6）选择输出信息。单击"编辑选择"按钮，弹出"输出信息"对话框，如图8-43所示。

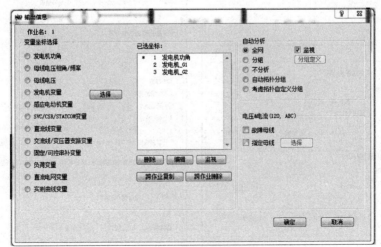

图 8-43　"输出信息"对话框

其具体操作如下：

①勾选自动分析的"监视"复选框，并选择监视范围为"全网"；

②选中"发电机功角"，选择"G1－S1""G2－S1"和"S1－S1"；

③选中"发电机变量"，分别选择 G1 和 G2 的变量 $Vt$，$P$，$Q$ 和 $E_{fd}$；

④选择监视发电机功角坐标。

（7）执行计算。单击"计算"按钮，在暂态稳定计算监视窗口中显示计算的动态监视曲线，如图 8-44 所示。

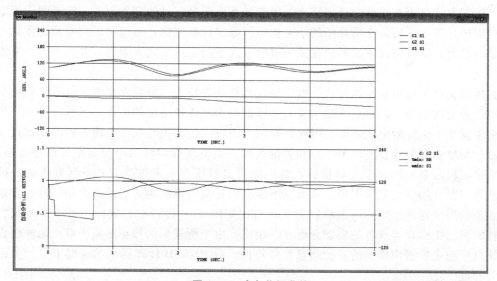

图 8-44　动态监视曲线

（8）关闭该窗口，返回暂态稳定计算信息窗口，输出计算结果。暂态稳定计算结果输出框如图 8-45 所示。

① "摘要信息"输出。在文本环境窗口中，单击"结果"→"暂态稳定"选项，弹出暂态稳定计算结果输出框，再单击"摘要信息"按钮。

② "直接方式"输出。单击暂态稳定计算结果输出框中的"直接方式"按钮，进入"直接方式"对话框，勾选"作业号""坐标号""输出报表"和"曲线"。

图 8-45　暂态稳定
计算结果输出框

# 8.6　PSASP 电力系统静态安全分析

PSASP 电力系统静态安全分析是根据给定的电网结构、参数和发电机、负荷等元件的运行条件及给定的切除方案，确定切除某些元件是否危及系统的安全，即系统中所有母线电压是否在允许的范围内，系统中所有发电机的出力是否在允许的范围内，系统中所有线路、变压器是否过载等。

## 8.6.1 PSASP 静态安全分析计算方法

由于 PSASP 静态安全分析计算实际上是进行多个潮流方案的计算，因而其计算方法与 PSASP 潮流计算完全相同，有 $PQ$ 分解法、牛顿法（功率式）、最佳乘子法（非线性规划法）、牛顿法（电流式）、$PQ$ 分解转牛顿法等。

从实际系统运行的安全性来说，人们不仅关心系统的某一运行方式是否稳定，而且更关心这一运行方式是否有足够的稳定裕度。前者涉及电压稳定性的判别方法，后者则属于电压稳定极限的计算。采用附录所介绍的小干扰电压稳定性新判据，不但可以判断系统在某一运行点是否稳定，而且可以求出系统在某一过渡方式下的电压稳定极限点，并进而求出系统的稳定裕度。

另外，相对于功角稳定性而言，电压稳定性往往表现为一种局部现象，电压失稳总是从系统电压稳定性最薄弱的节点开始引发，并逐渐向周围比较薄弱的节点（区域）蔓延，严重时才会引发整个系统的电压崩溃。因此，对用户而言，十分关心在重负荷下的关键节点（包括关键负荷节点和关键发电机节点）和关键区域。由电压稳定极限可得出系统的稳定裕度，但稳定裕度仅是系统的一个全局指标，并不能给出系统在一定过渡方式下到电压稳定极限时，从哪一点开始发生电压失稳，从而也不能给出相应的事故预防措施。为此，对包含系统动态现象的潮流雅可比矩阵（系统静态化雅可比矩阵 $J_S$）进行模态分析，可得出系统电压稳定性的局部指标，与现有的模态分析方法相比，由于所采用的修正潮流雅可比矩阵包含了与系统电压稳定性密切相关的各种动态元件特性，故 PSASP 计算得出的关键节点、关键区域更为合理。

1）计算系统小干扰电压稳定极限的数学模型

设系统被研究的稳态运行点，即 $(V_0, \theta_0)$ 满足下面的潮流方程式

$$\begin{cases} P_{G0} - P_{L0}(V_0) - f_P(V_0, \theta_0) = 0 \\ Q_{G0} - Q_{L0}(V_0) - f_Q(V_0, \theta_0) = 0 \end{cases}$$

其中，$P_{G0}$ 与 $Q_{G0}$ 分别为由发电机在当前运行点处有功功率与无功功率组成的向量，$P_{L0}(V_0)$ 与 $Q_{L0}(V_0)$ 分别为考虑负荷静特性条件下的有功负荷与无功负荷组成的向量，$f_P(V_0, \theta_0)$ 与 $f_Q(V_0, \theta_0)$ 分别为由网络特性所决定的节点吸收有功与无功功率。

考虑系统所增加的负荷量可以用一参数 $k$ 来表示，即如用 $P_D(V)$ 和 $Q_D(V)$ 分别表示负荷有功和无功增加的方向，则系统过渡方式中的负荷可用下式表示：

$$\begin{cases} P_L(V, k) = P_{L0}(V) + k P_D(V) \\ Q_L(V, k) = Q_{L0}(V) + k Q_D(V) \end{cases}$$

上式表示的负荷变化规律包括以下三种情况：

①一个负荷节点仅有功或无功之一发生变化，其他节点的有功和无功保持不变。

②一个负荷节点的有功和无功同时变化，且这种变化可以用一个参数来表示，其余节点的有功和无功保持不变。

③某一区域或几个区域的有功与无功负荷同时变化，且这种变化可以用一个参数来表示。

对实际系统而言，所增加的负荷有功功率一般由多台发电机按一定方式分担。这里，将发电机的有功功率变化规律用下式表示：

$$P_G(V, k) = P_{G0}(V) + k P_{DG}(V)$$

其中，$P_{G0}(V)$ 为在初始运行条件下发电机的有功出力，$P_{DG}(V)$ 为发电机有功出力的增加方向，$P_G(V,k)$ 为在某一参数 $k$ 下发电机的有功出力。

随着参数 $k$ 的增大，系统的运行方式逐渐恶化，当某台发电机的有功功率输出达到其极限时，则令该台发电机 $P_G = P_{G\max}$；当某台发电机的无功输出达到其极限时，则令该台发电机 $Q_G = Q_{G\max}$，若该台发电机所在的节点为 $PV$ 节点，则该节点转为 $PQ$ 节点。

在系统的每一个稳态运行点，计算发电机的空载电势 $E_q$，如果某台发电机的空载电势 $E_{q\max}$ 达到其极限，则意味着该台发电机的励磁电流达到其极限值，此时发电机自动电压调节器输出电势保持恒定，相当于发电机自动电压调节器停止工作。在数学上，相当于 $E_{fq} = E_{fq\max}$ 保持不变，该台发电机对应的微分方程组降低一阶。此外，假设平衡节点的出力不受限制。

2）求取系统小干扰电压稳定极限的算法

在给定的初始运行状态及过渡方式下，系统小干扰电压稳定极限的求解过程可以描述为：从系统被研究的稳态运行点开始，按一定步长不断增加 $k$ 的取值，然后进行潮流计算，同时考虑各种约束条件，采用小干扰电压稳定新判据判别系统的稳定性，直至得到系统电压稳定极限。采用逐步搜索计算电压稳定极限，并在每个搜索步上采用预估－校正算法，以提高求解速度。

校正算法可以是 PSASP 现有的适合于不同特性网络的各种潮流解法。随着系统运行方式的不断恶化，校正时所用的潮流解法可能不收敛，即出现病态潮流问题，对此采用了改进病态潮流算法来消除奇异点或将奇异点移到电压低于最大负荷点电压的区域。

为了得到完整的 $P-V(Q-V)$ 曲线，可在改进潮流算法不收敛后，再次切换到常规的潮流算法。常规的潮流算法和改进潮流算法相结合，可得到完整的 $P-V(Q-V)$ 曲线。

3）确定系统关键节点和关键区域

由于根据电压稳定极限所得出的裕度指标仅是系统的一个全局安全指标，它并不能给出系统的关键节点（薄弱节点）和关键区域（薄弱区域）等信息，因而还不能为实际系统运行提供全面的指导信息。例如，当系统的电压稳定裕度较低时，可选择在某些地点装设无功补偿装置以改善系统的电压稳定性；另外，在某些重负荷情况下，为防止系统发生电压崩溃，在系统无功补偿装置都已投入的情况下，应在某些关键节点紧急切负荷，以使系统的电压稳定性满足所能接受的水平。最佳无功补偿装置设置点和最佳切负荷点实际均为系统电压稳定性最薄弱的节点。

很多电压稳定性指标都可提供有关系统薄弱节点、薄弱区域的信息。由于现有的判别系统薄弱节点、薄弱区域的方法都是基于常规潮流雅可比矩阵的，并不是基于系统的状态方程系数矩阵，因而所得出的结果并不严格。基于发电机、负荷静态化雅可比矩阵 $J_s$，PSASP 采用模态分析方法来判别系统的薄弱节点和薄弱区域，这相当于近似考虑了与电压稳定性密切相关的动态元件特性。

分别在初始稳态运行点和电压稳定极限点进行模态分析，求出各节点对主导电压失稳模式的参与因子，根据参与因子的大小，可确定系统的薄弱节点和薄弱区域。参与因子越大，则表明该节点功率的变化对电压稳定性影响越大。由于通常情况下，初始稳态运行点的电压稳定裕度较高，故在电压稳定极限点或重负荷运行方式下的模态分析结果可能更有实际意义。另外，在计算电压稳定极限的过程中，还可计算出各母线的电压对系统总功率的变化率，即电压—功率灵敏度 $\left( \dfrac{\mathrm{d}V}{\mathrm{d}\sum P_L}, \dfrac{\mathrm{d}V}{\mathrm{d}\sum Q_L} \right)$，根据该灵敏度由大到小也可确定系统的薄弱节点和薄弱区域。由于是基于静态的潮流方程计算电压—功率灵敏度，所以该灵敏度反映的是由于系统网络特性所决定的薄弱节点和薄弱区域，可能与考虑发电机及其励磁系统的模态分析结果有较大差异。

## 8.6.2　静态安全分析计算流程

PASAP 静态安全分析计算的流程和结构如图 8-46 所示。

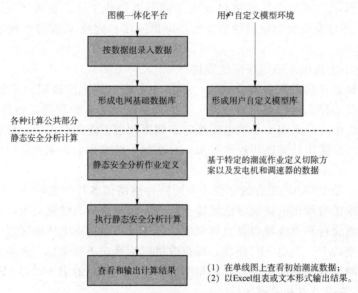

图 8-46　PASAP 静态安全分析计算的流程和结构

有如下三种方式进入静态安全分析计算运行环境。

（1）在菜单栏中单击"功能控制"→"静态安全分析"，如图 8-47 所示。

（2）在"视图"菜单下的"工具栏"中选中"功能控制类"选项。

（3）在工程管理窗口中，选中"计算"→"静态安全分析"目录，如图 8-48 所示。

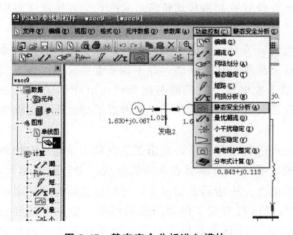

图 8-47　静态安全分析进入模块

图 8-48　进入静态安全分析程序

### 8.6.3 静态安全分析计算步骤

进入静态安全分析程序后，按下列步骤进行静态安全分析。

1）作业定义

单击"静态安全分析"菜单中的 按钮或"静态安全分析"工具栏中的 按钮，弹出"静态安全分析计算信息"对话框，完成以下工作。

（1）定义静态安全分析作业并选择潮流计算作业。

（2）给出该静态安全分析作业的切除方案和发电机调节数据。

（3）选择保存结果设置。

2）执行计算

（1）单击"静态安全分析"菜单中的 ▶ 按钮，对选定的静态安全分析作业进行计算。

（2）在反馈窗口中，显示拓扑分析结果以及静态安全分析计算是否成功执行，如果成功执行，则显示计算的迭代过程及收敛信息。

3）输出结果

（1）单击"静态安全分析"菜单中的 按钮，在单线图上显示选定的潮流作业的潮流结果。

（2）单击"静态安全分析"菜单中的 按钮，以 Excel 报表或文本格式文件的形式输出结果。

# 8.7 电力系统电压稳定分析

### 8.7.1 PSASP 电压稳定计算的主要功能和特点

PSASP 电压稳定计算的主要功能和特点可概括为以下六个方面。

（1）可考虑负荷、发电机及其励磁系统、有载调压变压器分接头（OLTC）等与电压稳定性密切相关的动态元件特性。

（2）可求出对应于指定系统过渡方式的电压稳定极限及稳定裕度。

（3）常规潮流计算方法与 5 种改进病态潮流计算的方法结合，可得到完整的 $P-V(V-Q)$ 曲线。

（4）可分别在系统初始稳态运行点和电压稳定极限点进行模态分析，确定系统的关键节点和关键区域。

（5）可求出系统初始稳态运行点和电压稳定极限点处各节点的电压—功率（系统总功率）灵敏度。

（6）可通过 $P-V(V-Q)$ 曲线监视系统电压稳定极限的计算过程。

## 8.7.2　电压稳定计算的流程和结构

PSASP 电压稳定计算的流程和结构如图 8-49 所示。

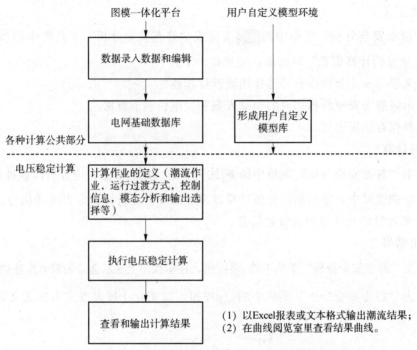

图模一体化平台　　　用户自定义模型环境

数据录入数据和编辑

电网基础数据库　　　形成用户自定义模型库

各种计算公共部分

电压稳定计算

计算作业的定义（潮流作业，运行过渡方式，控制信息，模态分析和输出选择等）

执行电压稳定计算

查看和输出计算结果　　(1) 以 Excel 报表或文本格式输出潮流结果；
(2) 在曲线阅览室里查看结果曲线。

**图 8-49　PSASP 电压稳定计算的流程和结构**

## 8.7.3　电压稳定计算操作步骤

PSASP 电压稳定相关计算步骤如下。

1) 作业定义

单击菜单"电压稳定"→"作业定义"或电压稳定工具栏中的 ⬚ 按钮，弹出"电压稳定计算信息"窗口，在该窗口中需完成以下工作。

(1) 选择电压稳定计算所基于的潮流计算作业。

(2) 完成该作业相关的计算设置。

(3) 完成计算结果的输出设置。

其中，输出设置也可通过单击"电压稳定"→"输出母线选择"和"电压稳定"→"输出断面选择"选项来直接设置。

2) 执行计算

(1) 单击菜单中的"电压稳定"→"连续潮流计算"选项或电压稳定工具栏中的 ▶ 按钮，对选定的电压稳定作业进行连续潮流计算。

(2) 单击菜单中的"电压稳定"→"连续潮流批处理计算"选项或电压稳定工具栏中的 ▶ 按钮，对选定的电压稳定作业进行模态分析计算。

（3）单击菜单中的"电压稳定"→"模态分析计算"选项或电压稳定工具栏中的 M 按钮，对选定的电压稳定作业进行模态分析计算。

（4）在反馈窗口中，将显示计算是否成功执行。

3）输出结果

（1）连续潮流计算过程中，将根据输出的设置显示母线或断面的 P-V 曲线。

（2）通过单击"电压稳定"→"连续潮流报表输出"选项、"电压稳定"→"批处理报表输出"选项和"电压稳定"｜"模态分析报表输出"选项，以 Excel 报表或文本格式文件的形式输出相关结果。

# 8.8　PSASP 电能质量分析

## 8.8.1　PSASP 电能质量计算的主要功能和特点

PSASP 电能质量计算的主要功能概括如下。

（1）可以进行频率扫描计算。选择全网任意一条或两条母线，选择任意频率段、频率间隔进行全网的频率扫描计算，得到所选母线的输入端阻抗的频率扫描或两条母线的转移阻抗的频率扫描。根据频率扫描可进一步确定系统的并联谐振频率和串联谐振频率。

（2）可以进行全网单相谐波潮流计算。

（3）可以进行全网三相不对称谐波潮流计算。

（4）可以进行三相电压不平衡计算。

（5）可以进行电压波动和闪变计算。

（6）可以一次进行多个电能质量作业的计算。

（7）谐波源的输入简单、方便、灵活，可进行多个谐波源的谐波潮流计算。

（8）对交流线、变压器和负荷等元件定义了多种谐波分析模型，可根据实际情况进行选取，使计算结果更加精确。

（9）定义了三种牵引变压器的数学模型，可以进行包含电气化铁路谐波和三相电压不平衡的计算。

（10）定义了九种无源滤波器模型，可以根据电网实际情况进行方便的选择。并且根据电力牵引负荷的实际需要，定义了单相滤波器模型。

（11）根据国家《电能质量公用电网谐波》（国标 GB/T 14548—1993）的标准，编制了谐波分析指标，并可根据公共连接点供电容量、用户协议容量等具体实际数值计算用户实际的谐波限值。

（12）结果输出的内容和形式多种多样。可分别输出每条母线的谐波电压和重要的谐波度量数据，也可输出所有交流线、变压器的各次谐波电流等数据。

## 8.8.2　PSASP 电能质量计算流程

PSASP 电能质量计算的流程和结构如图 8-50 所示。

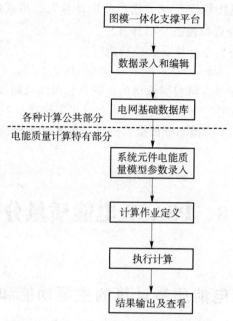

**图 8-50　PSASP 电能质量计算的流程和结构**

电能质量计算流程的说明如下。

（1）虚线以上是各种计算（潮流、暂稳、短路等）的公共部分，即基础数据准备。数据的建立可通过数据浏览方式，也可通过边绘图边输入数据的方式，最终生成可供各种计算分析的电网基础数据库。

（2）虚线以下为电能质量计算特有的部分。

①系统元件电能质量模型参数录入。录入交流线、变压器、发电机和负荷的电能质量模型及其参数，录入谐波电流限值的参数。

②电能质量计算作业定义。选择电能质量所基于的潮流、计算类型（频率扫描计算、单相谐波计算、三相谐波计算、三相电压不平衡计算和电压波动与闪变计算等）和各类计算中的电能质量干扰源相关数据。

③执行电能质量计算。

④电能质量计算结果输出和查看。

选择输出的范围和内容，可通过报表或曲线输出结果。报表输出方式：Excel 报表或文本文件等；曲线输出方式：将电能质量计算得到的仿真曲线在"曲线阅览室"中输出。

## 8.8.3　PSASP 电能质量计算操作步骤

在电能质量计算运行环境下相应的操作步骤如图 8-51 所示。

（1）首先完成关心运行方式的潮流计算。

（2）单击菜单"电能质量"→"系统参数设置"中的"　"或电能质量工具栏中的"　"按钮，弹出"电能质量系统参数设置"对话框，完成以下工作：

图 8-51　电能质量计算步骤

①输入交流线、变压器、负荷和电动机的电能质量模型及其参数；

②给出谐波电流限值相关参数。

（3）单击菜单"电能质量"→"作业定义"中的 或电能质量工具栏中的 按钮，弹出电能质量作业信息设置窗口，在该窗口中需完成以下工作：

①选择或新建电能质量计算作业；

②给出该作业相关信息和数据。

（4）执行计算。单击"电能质量"→"电能质量计算"选项或电能质量工具栏中的" "按钮。

（5）输出结果。单击"电能质量"→"结果输出"选项或电能质量工具栏中的" "按钮，以报表或曲线输出结果。

# 习题 8

8-1　当进行电力系统潮流计算时，是不是必须分区？为什么？

8-2　当搭建仿真模型时，如何快速添加或删除一条输电线路？

8-3　短路计算前，为什么必须先进行电力系统潮流计算？

8-4　当进行电能质量分析时，如何进行电压波动和闪变计算？

8-5　电压稳定分析，主要从哪几个方面分析电压的稳定性？

8-6　电力系统 IEEE 39 节点系统如题 8-6 图所示，各节点及支路数据如下表所示。

（1）对系统进行潮流计算、短路计算；

（2）对系统进行暂态稳定分析。

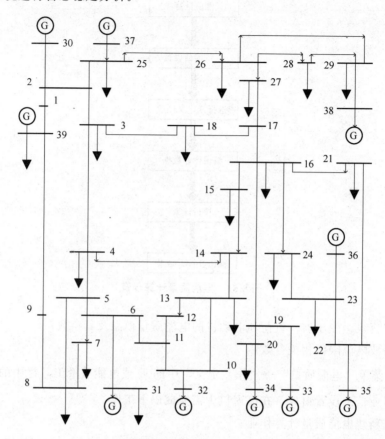

**题 8-6 图　IEEE 39 节点系统网络**

下表中的节点类型：1 表示 $PQ$ 节点；2 表示 $PV$ 节点；3 表示平衡节点。

**各节点已知参数**

| 节点编号 | 节点类型 | 负荷有功 | 负荷无功 | 电压幅值 | 电压相角 |
|---|---|---|---|---|---|
| 1 | 1 | 97.60 | 44.2 | | |
| 2 | 1 | 0.00 | 0.0 | | |
| 3 | 1 | 322.00 | 2.4 | | |
| 4 | 1 | 500.00 | 184.0 | | |
| 5 | 1 | 0.00 | 0.0 | | |
| 6 | 1 | 0.00 | 0.0 | | |
| 7 | 1 | 233.80 | 84.0 | | |
| 8 | 1 | 522.00 | 176.6 | | |
| 9 | 1 | 6.50 | −66.6 | | |
| 10 | 1 | 0.00 | 0.0 | | |
| 11 | 1 | 0.00 | 0.0 | | |
| 12 | 1 | 8.53 | 88.0 | | |
| 13 | 1 | 0.00 | 0.0 | | |
| 14 | 1 | 0.00 | 0.0 | | |
| 15 | 1 | 320.00 | 153.0 | | |

续表

| 节点编号 | 节点类型 | 负荷有功 | 负荷无功 | 电压幅值 | 电压相角 |
|---|---|---|---|---|---|
| 16 | 1 | 329.00 | 32.3 | | |
| 17 | 1 | 0.00 | 0.0 | | |
| 18 | 1 | 158.00 | 30.0 | | |
| 19 | 1 | 0.00 | 0.0 | | |
| 20 | 1 | 680.00 | 103.0 | | |
| 21 | 1 | 274.00 | 115.0 | | |
| 22 | 1 | 0.00 | 0.0 | | |
| 23 | 1 | 247.50 | 84.6 | | |
| 24 | 1 | 308.60 | −92.2 | | |
| 25 | 1 | 224.00 | 47.2 | | |
| 26 | 1 | 139.00 | 17.0 | | |
| 27 | 1 | 281.00 | 75.5 | | |
| 28 | 1 | 206.00 | 27.6 | | |
| 29 | 1 | 283.50 | 26.9 | | |
| 30 | 2 | 0.00 | | 1.049 9 | |
| 31 | 3 | | | 0.982 0 | 0 |
| 32 | 2 | 0.00 | | 0.984 1 | |
| 33 | 2 | 0.00 | | 0.997 2 | |
| 34 | 2 | 0.00 | | 1.012 3 | |
| 35 | 2 | 0.00 | | 1.049 4 | |
| 36 | 2 | 0.00 | | 1.063 6 | |
| 37 | 2 | 0.00 | | 1.027 5 | |
| 38 | 2 | 0.00 | | 1.026 5 | |
| 39 | 2 | 1 104.00 | | 1.030 0 | |

**各支路参数**

| 首端号 | 末端号 | 电阻标幺值 | 电抗标幺值 | 变压器变比 |
|---|---|---|---|---|
| 1 | 2 | 0.003 5 | 0.041 1 | |
| 1 | 39 | 0.001 0 | 0.025 0 | |
| 2 | 3 | 0.001 3 | 0.015 1 | |
| 2 | 25 | 0.007 0 | 0.008 6 | |
| 2 | 30 | 0.000 0 | 0.018 1 | 1.025 |
| 3 | 4 | 0.001 3 | 0.021 3 | |
| 3 | 18 | 0.001 1 | 0.013 3 | |
| 4 | 5 | 0.000 8 | 0.012 8 | |
| 4 | 14 | 0.000 8 | 0.012 9 | |
| 5 | 6 | 0.000 2 | 0.002 6 | |
| 5 | 8 | 0.000 8 | 0.011 2 | |
| 6 | 7 | 0.000 6 | 0.009 2 | |
| 6 | 11 | 0.000 7 | 0.008 2 | |
| 6 | 31 | 0.000 0 | 0.025 0 | 1.070 |
| 7 | 8 | 0.000 4 | 0.004 6 | |
| 8 | 9 | 0.002 3 | 0.036 3 | |
| 9 | 39 | 0.001 0 | 0.025 0 | |

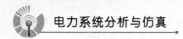

| 首端号 | 末端号 | 电阻标幺值 | 电抗标幺值 | 变压器变比 |
|---|---|---|---|---|
| 10 | 11 | 0.000 4 | 0.004 3 | |
| 10 | 13 | 0.000 4 | 0.004 3 | |
| 10 | 32 | 0.000 0 | 0.020 0 | 1.070 |
| 12 | 11 | 0.001 6 | 0.043 5 | 1.006 |
| 12 | 13 | 0.001 6 | 0.043 5 | 1.006 |
| 13 | 14 | 0.000 9 | 0.010 1 | |
| 14 | 15 | 0.001 8 | 0.021 7 | |
| 15 | 16 | 0.000 9 | 0.009 4 | |
| 16 | 17 | 0.000 7 | 0.008 9 | |
| 16 | 19 | 0.001 6 | 0.019 5 | |
| 16 | 21 | 0.000 8 | 0.013 5 | |
| 16 | 24 | 0.000 3 | 0.005 9 | |
| 17 | 18 | 0.000 7 | 0.008 2 | |
| 17 | 27 | 0.001 3 | 0.017 3 | |
| 19 | 20 | 0.000 7 | 0.013 8 | 1.060 |
| 19 | 33 | 0.000 7 | 0.014 2 | 1.070 |
| 20 | 34 | 0.000 9 | 0.018 0 | 1.009 |
| 21 | 22 | 0.000 8 | 0.014 0 | |
| 22 | 23 | 0.000 6 | 0.009 6 | |
| 22 | 35 | 0.000 0 | 0.014 3 | 1.025 |
| 23 | 24 | 0.002 2 | 0.035 0 | |
| 23 | 36 | 0.000 5 | 0.027 2 | 1.000 |
| 25 | 26 | 0.003 2 | 0.032 3 | |
| 25 | 37 | 0.000 6 | 0.023 2 | 1.025 |
| 26 | 27 | 0.001 4 | 0.014 7 | |
| 26 | 28 | 0.004 3 | 0.047 4 | |
| 26 | 29 | 0.005 7 | 0.062 5 | |
| 28 | 29 | 0.001 4 | 0.015 1 | |
| 29 | 38 | 0.000 8 | 0.015 6 | 1.025 |

## 发电机节点已知参数

| 发电机节点 | 输出有功 | 输出无功 | 节点电压 |
|---|---|---|---|
| 30 | 250 | 161.762 | 1.049 9 |
| 31 | 677.871 | 221.574 | 0.982 0 |
| 32 | 650 | 206.965 | 0.984 1 |
| 33 | 632 | 108.293 | 0.997 2 |
| 34 | 508 | 166.688 | 1.012 3 |
| 35 | 650 | 210.661 | 1.049 4 |
| 36 | 560 | 100.165 | 1.063 6 |
| 37 | 540 | −1.369 45 | 1.027 5 |
| 38 | 830 | 21.732 7 | 1.026 5 |
| 39 | 1 000 | 78.467 4 | 1.030 0 |

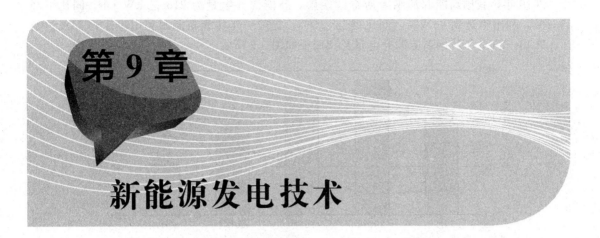

# 第 9 章

# 新能源发电技术

## 9.1 我国新能源的发展现状与趋势

### 9.1.1 概述

近年来,我国清洁能源消费占比稳步提升,消费结构向清洁低碳转型正在逐步推进。2019 年我国能源生产总量达到 39.7 亿吨标准煤,能源消费总量为 48.6 亿吨标准煤。尽管煤炭消费仍占主体地位,但其占比正在逐年下降,清洁能源消费已提升至 23.4%,"十三五"期间我国可再生能源年均增长约 12%,可再生能源发电装机年平均占比已超过 50%。

2019 年我国新能源发电新增装机容量为 56 100 MV·A,占全国新增装机容量的 58%,连续三年超过火电新增装机容量。截至 2019 年年底,我国新能源发电累计装机容量达到 414 770 MV·A,同比增长 16%,占全国总装机容量的 20.6%。2010—2019 年我国新能源发电累计装机容量如图 9-1 所示。

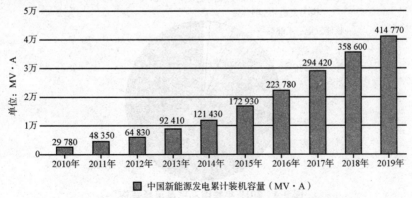

图 9-1 2010—2019 年我国新能源发电累计装机容量

2019 年，我国新能源消纳矛盾继续缓解，新能源弃电量为 215 亿 kW·h，同比下降 35.2%，利用率达到 96.7%，同比提升 2.5%，提前一年实现新能源利用率达到 95% 的目标。2015—2019 年我国新能源弃电量及利用率如图 9-2 所示。

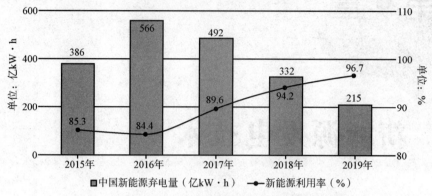

**图 9-2  2015—2019 年我国新能源弃电量及利用率**

2019 年我国发电装机容量市场结构如图 9-3 所示，2019 年我国发电量市场结构如图 9-4 所示。由图 9-3 和图 9-4 可知，我国在能源结构转型方面取得了较好的成效，风力发电新增装机容量不断提升，太阳能发电装机容量保持稳步增长。此外，分布式光伏发电累计装机容量突破 60 000 MV·A，海上风力发电提前一年完成国家"十三五"规划目标。

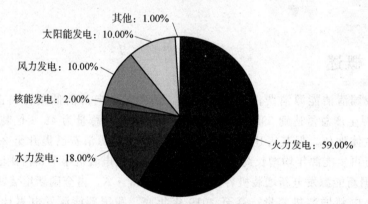

**图 9-3  2019 年我国发电装机容量市场结构**

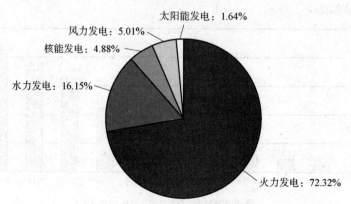

**图 9-4  2019 年我国发电量市场结构**

如图 9-5 和图 9-6 所示，截至 2019 年年底，青海新能源发电装机容量占比达到 50%，甘肃新能源发电装机容量占比为 42.2%，新能源发电在两省成为第一大发电方式。宁夏、河北、西藏、内蒙古等 19 个省（市、区）的新能源发电成第二大发电方式。

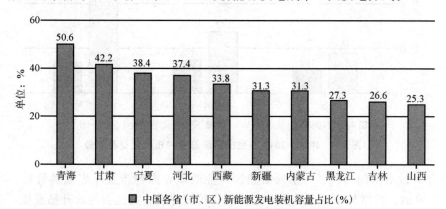

图 9-5　2019 年我国 21 省（市、区）新能源发电装机容量占比（上）

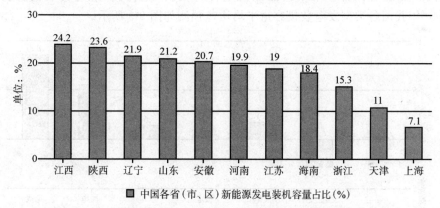

图 9-6　2019 年我国 21 省（市、区）新能源发电装机容量占比（下）

2019 年，我国新能源市场化交易量为 1 451 亿 kW·h，同比增长 26.2%。其中，新能源省间交易电量达到 880 亿 kW·h，同比增长 21.8%，如图 9-7 所示。新能源省内市场化交易电量达到 571 亿 kW·h，同比增长 34%，如图 9-8 所示。

图 9-7　2010—2019 年我国新能源跨省交易电量

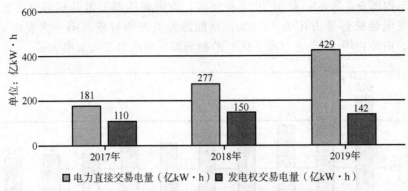

图 9-8　2017—2019 年我国新能源省内市场化交易电量

2019 年，政府部门出台了一系列新能源产业政策，内容涉及年度规模管理、项目建设管理、运行消纳、价格补贴等。政策以完善项目规划建设、加速新能源补贴退坡、推进新能源平价上网，建立新能源消纳保障机制为重点，推动新能源由高速发展向质量发展转变。

根据国际能源署预计，未来新能源发电仍将是发电装机容量增长最快的发电类型。2021—2040 年我国各类型发电装机容量平均增速预测如图 9-9 所示。

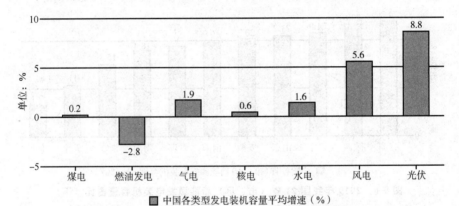

图 9-9　2018—2040 年我国各类型发电装机平均增速统计预测情况

## 9.1.2　风力发电

根据中国电力企业联合会公布的并网口径数据显示，2013—2019 年，我国风力发电并网装机容量呈逐渐上升的趋势，其年复合增长率为 20.94%。2013—2015 年，我国风力发电并网装机容量增速超过 24%，至 2015 年，风电并网装机容量达到 130 750 MV·A，同比上年增长 35.04%。2015 年以后，我国风力发电并网装机容量增速放缓。截至 2019 年，我国风力发电并网装机容量为 210 050 MV·A，较 2018 年同期增长 14.00%，如图 9-10 所示。

在装机规模持续扩大的同时，我国可再生能源利用水平也在不断提高。2019 年，全国风力发电行业均实现了弃风量、弃风率的持续下降，推动了我国能源行业的高质量发展。2019 年，我国弃风电量达 169 亿 kW·h，同比减少 108 亿 kW·h，全国平均弃风率为 4%，同比下降 3%，实现了弃风电量和弃风率的"双降"，如图 9-11。此外，大部分弃风限电地区的形势进一步好转，表明我国风力发电等可再生能源开发技术得到了进一步发展。

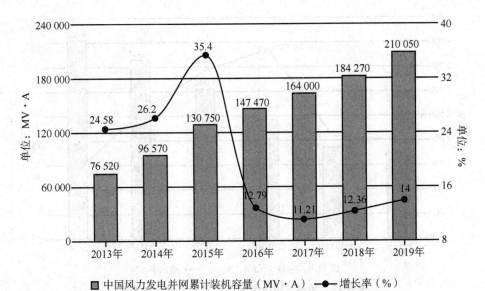

**图 9-10 2013—2019 年我国风力发电并网累计装机容量统计及增长率**

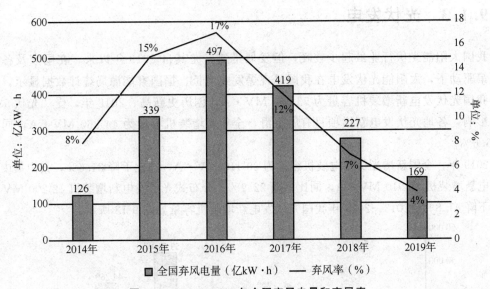

**图 9-11 2014—2019 年全国弃风电量和弃风率**

在风力发电装机规模持续增长，突破 200 000 MV·h，全国弃风电量和弃风率实现"双降"时，我国年度风力发电发电量也得到发展。2019 年，我国风力年度发电量首次突破 4 000 亿 kW·h，全国风力发电量达到 4 057 亿 kW·h，同比增长 10.9%，占全部发电量的 5.5%，如图 9-12 所示。

2019 年，我国风力发电可再生能源装机规模不断扩大，风力发电量实现新高，风力发电清洁能源利用水平得到提高。2020 年，我国进一步全面推动风力发电可再生能源高质量高水平发展，充分发挥其清洁能源替代作用。

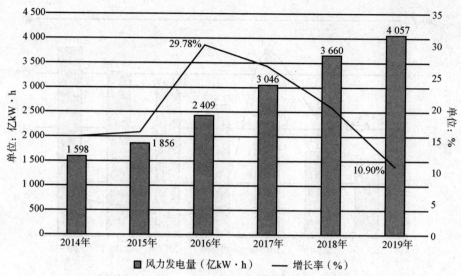

图 9-12　2014—2019 年全国风力发电量及增长率

## 9.1.3　光伏发电

我国太阳能光伏行业虽起步较晚，但发展迅速，尤其自 2013 年以来，在国家及各地区的政策驱动下，太阳能光伏发电在我国呈现爆发式增长，据国家能源局统计数据显示，2017年，我国光伏发电新增装机容量为 53 060 MV·A，创历史新高；2018 年，受"光伏 531 新政"影响，各地光伏发电新增项目有所下滑，全年新增装机容量为 44 260 MV·A，同比下降 16.6%。

2019 年，全国新增光伏发电装机容量为 30 110 MV·A，同比下降 31.6%，其中集中式光伏发电新增装机 17 910 MV·A，同比下降 22.9%；分布式光伏发电新增装机 12 200 MV·A，同比下降 41.8%。2013—2019 年我国光伏发电新增装机容量如图 9-13 所示。

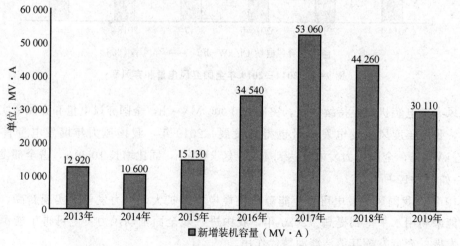

图 9-13　2013—2019 年我国光伏发电新增装机容量变化情况

在累计装机容量方面，据国家能源局统计数据显示，2013 年以来，我国光伏发电累计装机容量增长迅速。2013 年，全国光伏发电累计装机容量仅为 19 420 MV·A，到 2019 年已经增长至 204 300 MV·A。2013—2019 年，全国光伏发电累计装机容量实现超 10 倍增长，如图 9-14 所示。

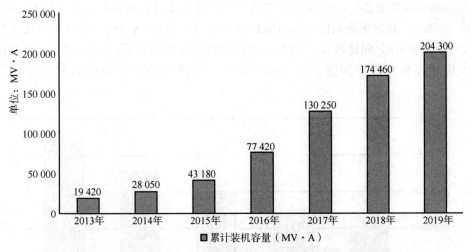

**图 9-14　2013—2019 年我国光伏发电累计装机容量变化情况**

从我国光伏发电装机容量结构来看，随着近年来国家政策往分布式光伏发电的倾斜，我国光伏发电市场结构发生了明显变化。自 2016 年以来，随着分布式光伏发电的快速发展，累计装机容量份额持续提升。到 2019 年，我国分布式光伏发电累计装机容量市场占比已提升至 30.7%，首次超过 30%，如图 9-15 所示。

**图 9-15　2013—2019 年我国光伏发电累计装机容量**

## 9.1.4　生物质能发电

2019 年，我国能源消费总量已经达到 44.9 亿吨标准煤，2020 年全年的能源消费总量在

46亿吨标准煤左右。我国经济发展的能源压力依然较大。此外，迫于环境保护方面的压力，近十年来我国十分重视能源结构的调整，注重清洁能源的发展。随着国内大力鼓励和支持发展可再生能源，生物质能发电投资热情迅速高涨，各类农林废弃物发电项目纷纷启动建设。我国生物质能发电技术产业呈现出全面加速的发展态势。

据国家能源局数据显示，2019年，我国生物质发电累计装机容量达到22 540 MV·A，同比增长26.6%，我国生物质能发电新增装机容量为4 730 MV·A，我国生物质能发电量达到1 111亿kW·h，同比增长20.4%，继续保持稳步增长势头。2015—2019年我国的生物质能发电累计装机容量如图9-16所示。2015—2019年我国生物质能发电量如图9-17所示。

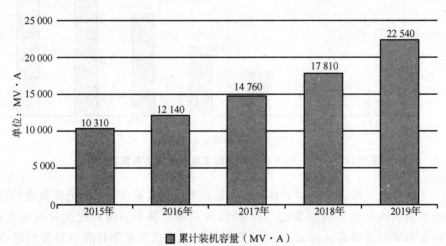

图 9-16　2015—2019 年我国的生物质能发电累计装机容量

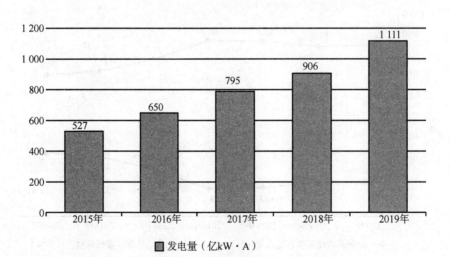

图 9-17　2015—2019 年我国生物质能发电量

从我国能源结构以及生物质能地位变化的情况来看，近年来，随着生物质能发电持续快速增长，生物质能装机和发电量占可再生能源的比重不断上升。截至2019年，我国生物质能发电装机容量和发电量占可再生能源的比重分别上升至2.84%和5.45%。生物质能发电的地位不断上升，正逐渐成为我国可再生能源利用中的新生力量。2015—2019年我国生物质能占可再生能源的比重如图 9-18 所示。

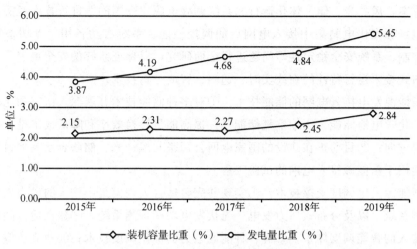

图 9-18　2015—2019 年我国生物质能占可再生能源的比重

## 9.1.5　新能源发电接入电网需要解决的关键技术

风能、太阳能等新能源发电具有的间歇性、波动性等特点，使得新能源大规模接入电网后需要进行协调配合。这就要求电网不断提高适应性和安全稳定控制能力，降低风能、太阳能并网带来的安全稳定风险，并最终保证电网的安全稳定运行。据统计，2009 年国家电网公司系统风电装机容量达到 17 000 MV·A，其中三北电网的风电装机为 15 170 MV·A，同比增长率 93.6%；风力发电装机占到了公司系统总装机容量的 2.70%。但由于缺乏统一规划，导致在风力发电基地外送方面遇到了较多问题，在并网技术方面急需开展大量深入的试验研究工作。

1）建立完善的风力发电和光伏发电并网技术标准体系

由于我国风力发电和光伏发电起步较晚，在风力发电和光伏发电运行控制技术方面，还存在较大差距，因此需要借鉴国际先进经验，一方面是要对风力发电机组/风力发电场和光伏发电的调控性能提出明确的技术要求，另一方面要加快制定国家层面的并网技术导则，促进设备制造技术和运行性能的提高。

2）建立风力发电和光伏发电预测系统和入网认证体系

目前，我国的风力发电和光伏发电实验室和认证体系建设还处于起步阶段，需要开展大量基础性工作，包括：风力发电和光伏发电预测理论和方法的深入研究，完善开发预测系统，并研究该系统的应用原则和方法；测试技术研究、测试标准制订和测试设备研制等，同时要加快风力发电和光伏发电研究检测中心和试验基地的建设，并在此基础上尽快建立入网认证体系。

3）加强风力发电场和光伏电站接入电网系统技术的研究

（1）新能源发电仿真技术：①进一步完善开发包括各类风力发电机组/风力发电场和光伏发电仿真模型的电力系统计算分析软件；②实现各种类型新能源发电过程的仿真建模；③仿真功能从离线向在线、实时模拟功能跨越。

（2）新能源发电的分析技术：①对大规模风力发电、光伏发电和其他常规电源打捆向远距离输送方案，风、光、储一体化运行和系统调峰电源建设等问题进行技术经济分析；②对大规模风电场和光伏电站集中接入电网后的调控性能、系统有功备用、无功备用、频率控制、电压控制、系统安全稳定性等问题进行全面研究，以保证系统的安全稳定；③突破新能源发电分布式接入运行特性的在线实时、递归、智能分析技术。

（3）新能源发电接入电网的储能技术：①对多种储能技术开展深入研究和比较分析，如抽水蓄能、化学电池储能、压缩空气储能等。提高能量转换效率和降低成本是今后储能技术研究的重要方向；②目前正在建设的国家电网公司张北风、光、储联合示范项目，是国内将大规模储能用于新能源接入电网的试验工程。

（4）新能源发电调度支撑技术：①实现并完善适合大规模集中接入的风力发电、光伏发电功率预测系统，以及分布式风力发电、光伏发电功率预测系统；②建立适应间歇式电源大规模集中接入的智能调度体系，掌握各种能源电力的优化调度技术；③建立适应分布式新能源电力的优化调度体系，实现含多种能源的配电网能量优化管理系统，掌握微网经济运行理论与技术。

（5）新能源发电接入的运行控制技术：①掌握应对大规模间歇式电源送电功率大幅频繁波动下的大系统调频调峰广域自协调技术，大系统备用容量优化配置和辅助决策技术；②掌握大规模间歇式电源接入大电网的有功控制策略和无功电压控制技术；③掌握储能系统以及控制装置的优化控制技术；④掌握适应于新能源发电分布式接入的安全控制技术，包括通过调控将并网发电模式转变为独立发电模式的反"孤岛"技术。

（6）新能源发电的电能质量评估与控制技术：①研究新能源发电接入的电能质量评价体系和指标，提出相应的控制要求；②研究新能源发电接入对电网电能质量影响的分析方法及检测方法和治理技术；③掌握利用多种新型元器件，综合治理新能源发电接入的电能质量污染的关键技术。

（7）大规模新能源的电力输送技术：①掌握大规模新能源电力输送采用超/特高压交流、常规直流和柔性直的技术/经济比较分析技术；②掌握柔性直流输电装备自主化研发、生产、工程集成与运行控制技术，提出适于大规模间歇电源的直流送出方案及控制策略；③提出大型海上风力发电接入方式及控制策略。

# 9.2　风力发电及其并网技术

基于双馈异步发电机的风力发电系统，已被当前的风电工业界广泛接受。实际上，双馈异步发电机是一种绕线转子异步发电机，其中转子电路可以通过外部功率器件控制，以实现变速操作。双馈异步发电机风力发电系统的简化结构框图如图9-19所示。发电机定子和电网通过变压器相连，转子和电网通过变流器、谐波滤波器及变压器相连。

双馈异步发电机功率等级通常在几百千瓦至几兆瓦之间。发电机定子只能将风力机功率

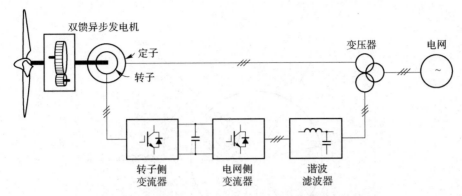

**图 9-19  双馈异步发电机风力发电系统的简化结构框图**

传输给电网,因此定子中功率流动是单向的。而在转子回路中,功率流动可以是双向的,功率的方向取决于系统的工况。功率可通过转子侧变流器和网侧变流器从转子传送至电网,也可以反向传送。而转子传送的最大功率大约为定子额定功率的30%,所以连接转子和电网的变流器功率比全功率变流器的功率要小。

当实际风速比发电机额定转速低时,由于双馈异步发电机风力发电系统可采用变速运行,它比相同功率等级的定速风力发电系统可捕获更多风能。双馈异步发电机变流器和滤波器和全功率变流器相比,成本低,损耗小,系统效率高。而且系统能够在无须其他附加设备的条件下,向电网传输超前或后的无功功率。这些特点使双馈异步发电机风力发电系统成为当前风力发电工业的最佳选择之一。

## 9.2.1  双馈异步发电机的数学模型

双馈异步发电机主要采用矢量控制技术。矢量控制技术的理论基础是磁场定向原理,选取不同的矢量作为定向矢量会得到不同的控制效果,通常选取同步旋转坐标系,以定子磁链或者气隙磁链为定向矢量,也可选取电压矢量或者电流矢量定向的,进行坐标变换后,实现电磁转矩和无功功率的解耦控制,从而使交流电机具有和直流电机一样的调速性能,同时可以实现有功功率和无功功率的解耦控制。双馈异步发电机的数学模型是磁场定向矢量控制系统的基础。

建立双馈异步发电机数学方程的假设条件。

(1)确定磁链、电流和电压的正方向。图 9-20 为双馈异步发电机定、转子三相坐标系示意。图中,定子三相绕组轴线 $A$、$B$、$C$ 在空间上是固定,$a$、$b$、$c$ 为转子轴线并且随转子旋转,$\theta_r$ 为转子 $a$ 轴和定子 $A$ 轴之间的电角度。它与转子的机械角位移 $\theta_m$ 的关系为 $\theta_m = \theta_r / p$,$p$ 为极对数。

(2)各轴线正方向取为对应绕组磁链的正方向。定子电压、电流正方向按照发电机惯例;转子电压、电流正方向按照电动机惯例。

(3)假设转子各绕组各个参数已经折算到定子侧,折算后定、转子每相绕组匝数相等。

双馈异步发电机的电压方程、磁链方程、转矩方程和运动方程如下。

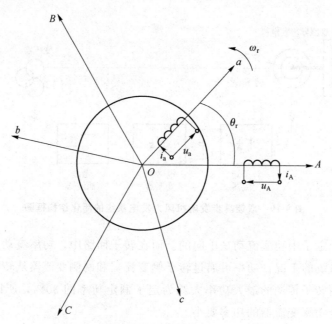

**图 9-20 双馈异步发电机定、转子三相坐标系示意**

**1. 电压方程**

发电机定子与转子电压矩阵方程为

$$
\begin{pmatrix} u_A \\ u_B \\ u_C \\ u_a \\ u_b \\ u_c \end{pmatrix} = \begin{pmatrix} R_s & 0 & 0 & 0 & 0 & 0 \\ 0 & R_s & 0 & 0 & 0 & 0 \\ 0 & 0 & R_s & 0 & 0 & 0 \\ 0 & 0 & 0 & R_r & 0 & 0 \\ 0 & 0 & 0 & 0 & R_r & 0 \\ 0 & 0 & 0 & 0 & 0 & R_r \end{pmatrix} \begin{pmatrix} i_A \\ i_B \\ i_C \\ i_a \\ i_b \\ i_c \end{pmatrix} + \frac{d}{dt} \begin{pmatrix} \psi_A \\ \psi_B \\ \psi_C \\ \psi_a \\ \psi_b \\ \psi_c \end{pmatrix}
\tag{9-1}
$$

式中，$u_A$、$u_B$、$u_C$、$u_a$、$u_b$、$u_c$——分别为发电机定子和转子绕组三相电压；

$\quad\quad i_A$、$i_B$、$i_C$、$i_a$、$i_b$、$i_c$——分别为发电机定子和转子绕组三相电流；

$\quad\quad \psi_A$、$\psi_B$、$\psi_C$、$\psi_a$、$\psi_b$、$\psi_c$——分别为发电机定子和转子三相绕组的磁链；

$\quad\quad R_s$、$R_r$——分别为发电机定子和转子绕组的等效电阻。

**2. 磁链方程**

电机定、转子磁链方程为

$$
\begin{pmatrix} \boldsymbol{\Psi}_s \\ \boldsymbol{\Psi}_r \end{pmatrix} = \begin{pmatrix} \boldsymbol{L}_{ss} & \boldsymbol{L}_{sr} \\ \boldsymbol{L}_{rs} & \boldsymbol{L}_{rr} \end{pmatrix} \begin{pmatrix} -\boldsymbol{I}_s \\ \boldsymbol{I}_r \end{pmatrix}
\tag{9-2}
$$

其中，$\psi_s = [\psi_A \quad \psi_B \quad \psi_C]^T$；$\psi_r = [\psi_a \quad \psi_b \quad \psi_c]^T$；$I_s = [i_A \quad i_B \quad i_C]^T$；$I_r = [i_a \quad i_b \quad i_c]^T$。

式中，$\boldsymbol{L}_{ss}$、$\boldsymbol{L}_{rs}$——为定子和转子绕组自感；

$\quad\quad \boldsymbol{L}_{rr}$、$\boldsymbol{L}_{sr}$——为互感。

表达式为

$$\boldsymbol{L}_{ss}=\begin{pmatrix} L_{sm}+L_{sl} & -0.5L_{sm} & -0.5L_{sm} \\ -0.5L_{sm} & L_{sm}+L_{sl} & -0.5L_{sm} \\ -0.5L_{sm} & -0.5L_{sm} & L_{sm}+L_{sl} \end{pmatrix} \tag{9-3}$$

$$\boldsymbol{L}_{rr}=\begin{pmatrix} L_{rm}+L_{rl} & -0.5L_{rm} & -0.5L_{rm} \\ -0.5L_{rm} & L_{rm}+L_{rl} & -0.5L_{rm} \\ -0.5L_{rm} & -0.5L_{rm} & L_{rm}+L_{rl} \end{pmatrix} \tag{9-4}$$

$$\boldsymbol{L}_{sr}=\boldsymbol{L}_{rs}^{T}=L_{sm}\begin{pmatrix} \cos\theta_r & \cos(\theta_r+120°) & \cos(\theta_r-120°) \\ \cos(\theta_r-120°) & \cos\theta_r & \cos(\theta_r+120°) \\ \cos(\theta_r+120°) & \cos(\theta_r-120°) & \cos\theta_r \end{pmatrix} \tag{9-5}$$

式中，$L_{sm}$——发电机定子绕组励磁电感；

$L_{rm}$——发电机转子绕组励磁电感，绕组折算后有 $L_{sm}=L_{rm}$；

$L_{sl}$、$L_{rl}$——发电机定子和转子漏感；

$\theta_r$——转子位置角。

3. 转矩方程

$$T_e=\frac{1}{2}p\left(\boldsymbol{I}_r^{T}\frac{\mathrm{d}\boldsymbol{L}_{rs}}{\mathrm{d}\boldsymbol{\theta}_r}\boldsymbol{I}_s+\boldsymbol{I}_s^{T}\frac{\mathrm{d}\boldsymbol{L}_{sr}}{\mathrm{d}\boldsymbol{\theta}_r}\boldsymbol{I}_r\right) \tag{9-6}$$

式中，$p$——发电机极对数；

$T_e$——发电机电磁转矩。

4. 运动方程

$$T_L-T_e=\frac{J}{p}\frac{\mathrm{d}^2\theta_r}{\mathrm{d}t}+\frac{D}{P}\frac{\mathrm{d}\theta_r}{\mathrm{d}t}+\frac{K}{P}\theta_r \tag{9-7}$$

式中，$T_L$——发电机拖动转矩；

$J$——发电机的转动惯量；

$D$——发电机阻转矩阻尼系数；

$K$——发电机扭转弹性转矩系数。

## 9.2.2 双馈异步发电机的超同步和亚同步运行

图 9-21 所示为采用最大功率点跟踪控制的双馈异步发电机风力发电功率 $P_m$—转速特性曲线。当机械功率为负时，双馈异步发电机工作在发电模式。因为双馈异步发电机的转速是可调的，所以可通过最大功率点跟踪控制算法获得最大风能。当系统工作在系统功率—转速曲线的最大功率点时，发电机从机械轴上获得的机械功率 $P_m$ 和转速 $\omega_r$ 的三次方成正比。

图 9-21 所示的转速范围是 $0.5\omega_s\sim1.2\omega_s$，它对应了整个转速范围（$0\sim1.2\omega_s$）的 58%。这个转速范围对于风力发电系统的运行已经足够，这是因为当发电机转子速度变为额定转速的 42% 时，系统发出的功率为 0.074p.u.（$0.42^3$），仅为额定功率的 7.4%。当发电机发出额定功率（1p.u.）时，对应的额定转差率为 $-0.2$，这表示系统工作在额定稳定工作点。从动态特性上来说，双馈异步发电机转差率最高可运行至 $-0.3$p.u.（大约为同步速度 $\omega_s$ 的 30% 以上）。所以转子电路中的变流器按照能够满足传输定子额定功率的 30% 设计即可。

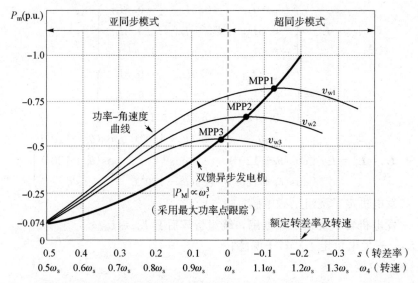

**图 9-21　采用最大功率点跟踪控制的双馈异步发电机风力发电功率 $P_m$—转速特性曲线**

如图 9-21 所示，根据转子速度判断，双馈异步发电机风力发电系统有两种运行模式：（1）超同步模式，发电机工作在同步转速 $\omega_s$ 之上；（2）亚同步模式，发电机工作在同步转速以下。转差率在超同步模式时为负值，而在亚同步模式下为正值。

## 9.2.3　最大功率点跟踪控制

对运行在低于额定风速条件下的变速风力发电机的控制，是通过控制放电机实现的。这种控制的主要目标是在不同的风速下实现风力发电机捕获功率的最大化，可通过将叶尖速度比维持在其最佳值处，同时调节风力发电机转速的方式来实现。

图 9-21 给出了运行在不同风速条件下的风力发电机的典型特征曲线，其中 $P_M$ 和 $\omega_M$ 分别为风力发电机的机械功率和机械转速。$P_M$ 和 $\omega_M$ 之间的关系曲线，是在叶片攻角被设定为其最佳值时获得的。

对于给定的风速，当风力发电机转速达到最佳叶尖速比 $\lambda_{T,opt}$ 时，每条功率曲线均具有一个最大功率点（Maximum Power Point，MPP）。为了在不同风速条件下均产生最大的功率，必须对风力发电机的转速进行调节，以确保其总运行在最大功率点处。所有最大功率点的轨迹连起来即为功率曲线，其数学关系可描述为

$$P_M \propto \omega_M^3 \tag{9-8}$$

风力发电机捕获的机械功率与转矩之间的关系还可表示成

$$P_M = T_M \omega_M \tag{9-9}$$

式中，$T_M$——风力发电机的机械转矩。

将式（9-8）代入式（9-9）中，可得

$$T_M \propto \omega_M^3 \tag{9-10}$$

风力发电机的机械功率、转速和转矩之间的关系，可用于确定最佳转速或转矩，并可据此实现发电机的控制和最大功率运行。为了实现最大功率点跟踪（Maximum Power Point

Tracking，MPPT），人们开发了多种有效的控制方案，下面将分别介绍 3 种最大功率点跟踪方法。

风力发电机功率—转速特性和最大功率点运行如图 9-22 所示，风力发电机的运行可分为 3 种模式：停机模式、发电控制模式和变桨距控制模式。

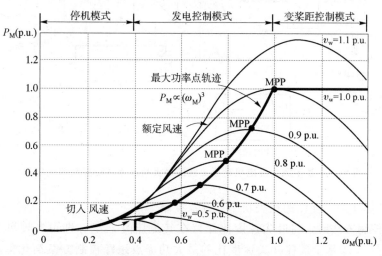

图 9-22　风力发电机功率—转速特性和最大功率点运行

（1）停机模式：当风速低于风力发电机系统的切入风速时，其产生的功率低于内部消耗功率，因此风力发电机处于停机模式。此时叶片处于完全顺风状态，机械制动器处于开启状态。

（2）发电控制模式：当风速处于切入风速和额定风速之间时，叶片将以其最佳功角运行。为了在不同风速条件下均可实现最大功率点跟踪，风力发电机将以不同的转速运行。这过程需通过对发电机进行正确的控制来实现。

（3）变桨距控制模式：当风速高于额定风速，但低于切出风速时，在系统发电并以额定功率向电网输电的过程中，为避免风力发电机遭到损坏，可通过变桨距控制机构将风力发电机的捕获功率保持在一个恒定值上。此时，随着风速的增加，叶片将逐步旋转至顺风方向，并随之控制发电机的转速。

当风速达到或超过切出风速时，叶片将被转至完全顺桨状态，此时叶片将不再捕获功率。风力机转速也将下降至 0。为避免强风损坏风力发电机，风力发电机将被锁定并进入停机模式。

1）基于风力机功率曲线的最大功率点跟踪控制

在众多最大功率点跟踪方法中，可以以制造商提供的功率和风速关系曲线为依据进行控制，即基于风力发电机功率曲线的最大功率点跟踪控制方法。这里的功率曲线定义为风力发电机在不同风速条件下可产生的最大功率值。风速由风速传感器实时采集获得。根据制造商提供的最大功率点跟踪曲线，将得到的功率参考值 $P_m^*$ 输入至发电机控制系统中，此时即可对功率参考值 $P_m^*$ 与发电机测量的实际功率 $P_m$ 进行比较，进而产生用于电力变流器的控制信号。通过电力变流器和发电机的控制，系统进入稳态后，发电机的机械功率 $P_m$ 将与其参考值相等，系统进入最大功率运行状态。需要说明的是，上面的分析中忽略了变速箱和传动系统的功率损耗，因此发电机的机械功率 $P_m$ 与风力发电机产生的机械功率 $P_m$ 相等。基于风力发电机功率曲线的最大功率点跟踪控制简化框图，如图 9-23 所示。

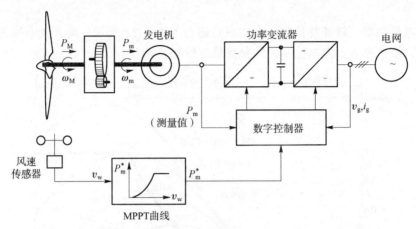

**图 9-23　基于风力发电机功率曲线的最大功率点跟踪控制简化框图**

2）基于最佳叶尖速度比的最大功率点跟踪控制

采用这种控制方法时，将叶尖速度比保持在其最佳值 $\lambda_{T,opt}$，即可实现风力电发机的最大功率运行。图 9-24 基于最佳叶尖速度比的最大功率点跟踪控制方案简化框图，其中，根据最佳叶尖速度比 $\lambda_{T,opt}$ 测得的风速 $v_w$，将被用于计算发电机转速参考值 $\omega_M^*$。发电机的转速由功率变流器进行控制，进入稳态后，该转速将与其参考值相等，此时即实现了最大功率点跟踪控制。

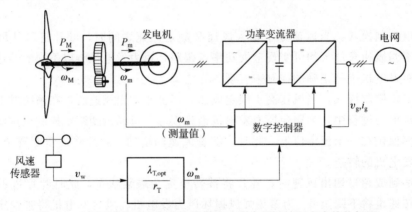

**图 9-24　基于最佳叶尖速度比的最大功率点跟踪控制方案简化框图**

3）基于最优转矩控制的最大功率点跟踪控制

由式（9-10）可知，风力发电机的机械转矩 $T_M$ 与其转速 $\omega_M$ 之间为三次方函数关系，所以还可通过最优转矩控制来实现风力发电机的最大功率运行。对于给定的传动比，若忽略变速箱和传动链造成的机械功率损耗，则风力发电机的机械转矩 $T_M$ 和转速 $\omega_M$ 将可以变换为发电机的机械转矩 $T_m$ 和转速 $\omega_m$。图 9-25 为基于最优转矩控制的最大功率点跟踪控制简化框图，其中测得的发电机转速 $\omega_m$ 将被用于计算期望的转矩参考值 $T_m^*$。可根据发电机的标称参数计算最佳转矩系数 $K_{opt}$。通过反馈控制，进入稳态后，发电机转矩 $T_m$ 将与其参考值 $T_m^*$ 相等，此时即实现了最大功率点跟踪控制。需要注意的是，本控制方案不需要使用风速传感器。

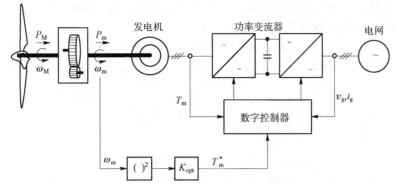

**图 9-25　基于最优转矩控制的最大功率点跟踪控制简化框图**

## 9.2.4　并网逆变器的控制

大多数商用的风力发电机通过功率变流器给电网传输电能。图 9-26 为一种典型的用于风力发电的并网逆变器，它采用两电平电压源逆变器方案。逆变器通过网侧电感 $L_g$ 连接到电网，$L_g$ 包括变压器的漏感和网侧电感，网侧电感通常是为了降低系统的网侧电流畸变而增加的，其取值范围一般为 0.05～0.1p.u.。网侧电阻非常小，而且对系统性能的影响也很小，因此在分析中可忽略不计。

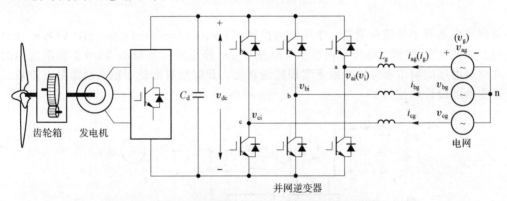

**图 9-26　一种典型的用于风力发电的并网逆变器**

并网逆变器可采用脉冲宽度调制策略，如空间矢量调制策略。逆变器实质上是一种升压变流器，其 $v_{dc}$ 为平均直流电压。

图 9-27(a)为风力发电系统的简单框图，这里将发电机和整流器等效为一个电池与小电阻串联，小电阻代表系统的功率损耗。逆变器与电网之间的电能传输是双向的。电能可以从电网注入逆变器的直流侧，反之亦可。对于风力发电的应用，电能通常从逆变器注入电网。系统注入电网的有功功率可由下式计算得到

$$P_g = 3V_g I_g \cos\varphi_g \tag{9-11}$$

式中，$\varphi_g$——电网的功率因数角。

$\varphi_g$ 定义为

$$\varphi_g = \angle\overline{V}_g - \angle\overline{I}_g \tag{9-12}$$

电网功率因数可以为 1、超前或者滞后，如图 9-27(b)所示。除了有功功率以外，电网

调度通常还要求风力发电系统向电网输送可控的无功功率，以支撑电网电压。因此，风力发电系统功率因数角的工作范围是 $90° \leqslant \varphi_g < 270°$。

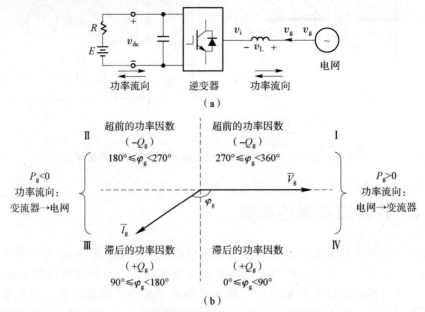

（a）

（b）

**图 9-27　风力发电系统简化框图及功率因数的定义**

（a）简化框图；（b）相量图与功率因数

　　并网逆变器有多种控制策略，电压定向控制（Voltage Oriented Control，VOC）是其中的一种，如图 9-28 所示。电压定向控制策略基于 *abc* 静止坐标系和 *dq* 同步坐标系之间的变换。在电网电压的同步参考坐标系下实现控制算法，此时所有变量在稳态时都是直流量，有利于逆变器的设计和控制。

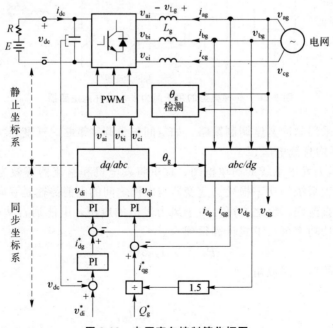

**图 9-28　电压定向控制简化框图**

为实现电压定向控制，需要测量电网电压及其相位角 $\theta_g$。这个角度用来实现变量从 $abc$ 静止坐标系到 $dq$ 同步坐标系之间的 $abc/dq$ 变换，或者从同步坐标系到静止坐标系的 $dq/abc$ 反变换，如图 9-28 所示。检测电网电压角度 $\theta_g$ 有很多种方法。假设电网电压 $v_{ag}$、$v_{bg}$ 与 $v_{cg}$ 是三相平衡的正弦波形，则 $\theta_g$ 可由下式得到

$$v_{ag}+v_{bg}+v_{cg}=0, \quad \theta_g=\arctan\frac{v_\beta}{v_\alpha} \tag{9-13}$$

式中，$v_\alpha$ 和 $v_\beta$ 可由 abc/αβ 坐标变换得到，为

$$\begin{cases} v_\alpha=\dfrac{2}{3}\left(v_{ag}-\dfrac{1}{2}v_{bg}-\dfrac{1}{2}v_{cg}\right)=v_{ag} \\ v_\beta=\dfrac{2}{3}\left(\dfrac{\sqrt{3}}{2}v_{bg}-\dfrac{\sqrt{3}}{2}v_{cg}\right)=\dfrac{\sqrt{3}}{3}(v_{ag}+2v_{bg}) \\ v_{ag}+v_{bg}+v_{cg}=0 \end{cases} \tag{9-14}$$

上式表明，没有必要测量 c 相的电网电压 $v_{cg}$，如图 9-28 所示。实际上，电网电压可能含有谐波而使波形畸变，这样在检测电网电压角度 $\theta_g$ 时，就需要用到数字滤波器或者锁相环技术。

系统共有 3 个反馈控制环：两个电流内环（实现 $dq$ 轴电流 $i_{dg}$ 和 $i_{qg}$ 的准确控制）与一个直流电压外环（用以控制直流电压 $v_{dc}$）。在电压定向控制下，$abc$ 静止坐标系下的三相线电流 $i_{ag}$、$i_{bg}$ 和 $i_{cg}$ 被变换为 $dq$ 同步坐标系下的两相电流 $i_{dg}$ 和 $i_{qg}$。$i_{dg}$ 和 $i_{qg}$ 分别为三相线电流中的有功和无功分量。对这两个分量分别进行控制，是系统实现有功功率和无功功率独立控制的一种有效方法。

为实现电压定向控制，可将电网电压矢量定向在同步坐标系的 $d$ 轴上，这样，$d$ 轴电网电压就等于其幅值，即 $v_{dg}=v_g$，而相应地，$q$ 轴电压 $v_{qg}$ 等于 0，即 $v_{qg}=\sqrt{v_g^2-v_{dg}^2}=0$。由此可以计算得到当 $v_{qg}=0$ 时，系统的有功功率和无功功率为

$$\begin{cases} P_g=\dfrac{3}{2}(v_{dg}i_{dg}+v_{qg}i_{qg})=\dfrac{3}{2}v_{dg}i_{dg} \\ Q_g=\dfrac{3}{2}(v_{qg}i_{dg}-v_{dg}i_{qg})=\dfrac{3}{2}v_{dg}i_{qg} \end{cases} \tag{9-15}$$

因此，可以得到 $q$ 轴电流给定值 $i_{qg}^*$ 为

$$i_{qg}^*=\frac{Q_g^*}{-1.5v_{dq}} \tag{9-16}$$

式中，$Q_g^*$——无功功率给定值。

$Q_g^*$ 可以被设为 0，以实现单位功率因数运行，或者为负值，以实现超前的功率因数运行，或者为正值，以实现滞后的功率因数运行。

对直流电压进行 PI 调节，调节器的输出作为 $d$ 轴电流给定值 $i_{dg}^*$，代表系统的有功功率。当逆变器稳态运行时，逆变器的直流电压 $v_{dc}$ 保持为常值，即其给定电压 $v_{dc}^*$。根据运行情况，PI 调节器产生给定电流 $i_{dg}^*$。忽略逆变器的损耗，则逆变器交流侧的有功功率与其直流功率相等，即

$$P_g=\frac{3}{2}v_{dg}i_{dg}=v_{dc}i_{dc} \tag{9-17}$$

如前所述，逆变器系统的电能传输是双向的。当电能从电网注入逆变器直流侧（$P_g>0$）时，逆变器工作于整流模式；而当电能从直流侧注入电网（$P_g<0$）时，逆变器工作于逆变模式。控制系统可以在这两种工作模式下自动切换，而无须任何额外的测量。

# 9.3 太阳能发电及并网技术

## 9.3.1 太阳能发电的形式

太阳能是来自地球外部天体的能源，是太阳中的氢原子核在超高温时聚变释放的巨大能量，人类所需能量的绝大部分都直接或间接地来自太阳。我们生活所需的煤炭、石油、天然气等化石燃料都是因为各种植物通过光合作用把太阳能转变成化学能在植物体内贮存下来后，再埋在地下经过漫长的地质年代后形成的。此外，水能、风能等也都是由太阳能转换来的。

太阳能发电分为太阳能光发电与太阳能热发电。

### 1. 太阳能光发电

太阳能光发电是指无须通过热过程直接将光能转变为电能的发电方式。它包括光伏发电、光化学发电、光感应发电和光生物发电。光伏发电是利用太阳能级半导体电子器件有效地吸收太阳光辐射能，并使之转变成电能的直接发电方式，是当今太阳能光发电的主流。在光化学发电中有电化学光伏电池、光电解电池和光催化电池，目前得到实际应用的是光伏电池。

光伏发电系统主要由太阳能电池、蓄电池、控制器和逆变器组成，其中太阳能电池是光伏发电系统的关键部分，太阳能电池板的质量和成本将直接决定整个系统的质量和成本。太阳能电池主要分为晶体硅电池和薄膜电池两类，前者包括单晶硅电池、多晶硅电池两种，后者主要包括非晶体硅太阳能电池、铜铟镓硒太阳能电池和碲化镉太阳能电池。

单晶硅太阳能电池的光电转换效率为 15% 左右，最高可达 23%，在太阳能电池中光电转换效率最高，但其制造成本高。单晶硅太阳能电池的使用寿命一般可达 15 年，最高可达 25 年。多晶硅太阳能电池的光电转换效率为 14% 到 16%，其制作成本低于单晶硅太阳能电池，因此得到大量发展，但多晶硅太阳能电池的使用寿命要比单晶硅太阳能电池要短。

薄膜太阳能电池是用硅、硫化镉、砷化镓等薄膜为基体材料的太阳能电池。薄膜太阳能电池可以使用质轻、价低的基底材料（如玻璃、塑料、陶瓷等）来制造，形成可产生电压的薄膜厚度不到 1 μm，便于运输和安装。然而，沉淀在异质基底上的薄膜会产生一些缺陷，因此现有的碲化镉和铜铟镓硒太阳能电池的规模化量产转换效率只有 12%～14%，而其理论上限可达 29%。如果在生产过程中能够减少碲化镉的缺陷，将会增加电池的寿命，并提高其转化效率。这就需要研究缺陷产生的原因，以及减少缺陷和控制质量的途径。太阳能电池界面也很关键，需要大量的研发投入。

### 2. 太阳能热发电

通过水或其他工质和装置将太阳辐射能转换为电能的发电方式，称为太阳能热发电。先将太阳能转化为热能，再将热能转化成电能，它有两种转化方式：一种是将太阳热能直接转化成电能，如半导体或金属材料的温差发电，真空器件中的热电子和热电离子发电，碱金属热电转换，以及磁流体发电等；另一种是将太阳热能通过热机（如汽轮机）带动发电机发电，与常规热力发电类似，只不过是其热能不是来自燃料，而是来自太阳能。太阳能热发电有多种类型，主要有 5 种：塔式系统、槽式系统、盘式系统、太阳池和太阳能塔热气流发电。前 3 种是聚光型太阳能热发电系统，后两种是非聚光型。一些发达国家将太阳能热发电技术作为国家研发重点，制造了数十台各种类型的太阳能热发电示范电站，已达到并网发电的实际应用水平。

目前，世界上现有的最有前途的太阳能热发电系统大致可分为槽形抛物面聚焦系统、中央接收器或太阳塔聚焦系统和盘形抛物面聚焦系统。在技术上和经济上可行的 3 种形式有：30～80 MW 聚焦抛物面槽式太阳能热发电技术（简称抛物面槽式）；30～200 MW 点聚焦中央接收式太阳能热发电技术（简称中央接收式）；7.5～25 kW 的点聚焦抛物面盘式太阳能热发电技术（简称抛物面盘式）。

聚焦式太阳能热发电系统的传热工质主要是水、水蒸气和熔盐等，这些传热工质在接收器内可以加热到 450 ℃然后用于发电。此外，该发电方式的储热系统可以将热能暂时储存数小时，以备用电高峰时之需。

抛物槽式聚焦系统是利用抛物柱面槽式发射镜将阳光聚集到管形的接收器上，并将管内传热工质加热，在热换气器内产生蒸汽，推动常规汽轮机发电。塔式太阳能热发电系统是利用一组独立跟踪太阳的定日镜，将阳光聚集到一个固定塔顶部的接收器上以产生高温。

除了上述几种传统的太阳能热发电方式以外，太阳能烟囱发电、太阳池发电等新领域的研究也有进展。

## 9.3.2　太阳能热发电技术

太阳能热发电技术就是把太阳辐射热能转化为电能，该技术无化石燃料的消耗，对环境无污染，可分为两大类：一类是利用太阳热能直接发电，如半导体或金属材料的温差发电，真空器件中的热电子、热离子发电以及碱金属热发电转换和磁流体发电等；另一类是太阳热能间接发电，它使太阳热能通过热机带动发电机发电，其基本组成与常规发电设备类似，只不过其热能是从太阳能转换而来。太阳能热发电技术如图 9-29 所示。

在太阳能热发电技术中，热能直接发电尚处于原理性直接试验阶段，而热能间接发电已有一百多年的发展历史，通常所说的能热发电技术主要是指太阳热能间接发电，即太阳热能通过热机带动常规发电机发电。太阳能热发电技术无化石燃料的消耗，对环境无污染，可分为两大类：一类是利用太阳热能直接发电，如半导体或金属材料的温差发电，真空器件中的热电子、热离子发电以及碱金属热发电转换和磁流体发电等，这类发电的特点是发电装置本体没有活动部件，但此类发电量小，有的方法尚处于试验阶段；另一类是太阳热能间接发电，它使太阳热能通过热机带动发电机发电，其基本组成与常规发电设备类似，只不过其热能是从太阳能转换而来。从能源输入端利用模式看，太阳能热发电系统的发展经历了 3 个不同的阶段，逐步形成了 3 大类系：单纯太阳能热发电系统、太阳能与化石能源综合互补系统和太阳能热化学重整复合系统。当然，若从系统输出目标看，这 3 类系统也还都有各自不同功能类别的系统，如单纯发电的、热电联产或冷热电多联产的以及化工（或清洁燃料）的电力多联产等。

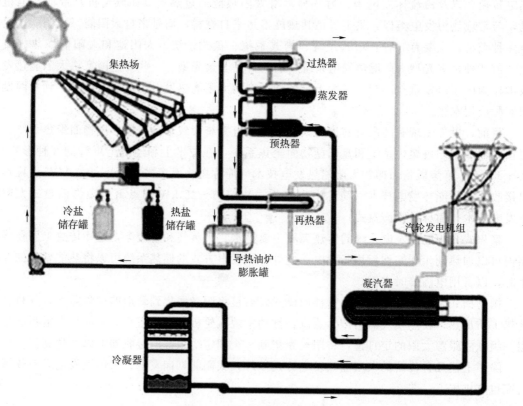

集热场
过热器
蒸发器
预热器
再热器
汽轮发电机组
冷盐储存罐
热盐储存罐
导热油炉膨胀罐
凝汽器
冷凝器

图 9-29　太阳能热发电技术

1. 聚光型太阳能热发电系统

聚光型太阳能热发电系统是利用聚焦型太阳能集热器把太阳能辐射能转变成热能，然后通过汽轮机、发电机来发电。根据聚焦的形式不同，聚光型太阳能集热发电系统主要有塔式、槽式和碟式。

塔式太阳能热发电系统是将集热器置于接收塔的顶部，许多面定日镜根据集热器类型排列在接收塔的四周或一侧，这些定日镜自动跟踪太阳，使反射光能够精确地投射到集热器的窗口内。投射到集热器的阳光被吸收转变成热能后，便加热盘管内流动的介质产生蒸汽，蒸汽温度一般会达到 650 ℃。其中，一部分热量用来带动汽轮机组发电，另一部分热量则被储存在蓄热器里，以备没有阳光时发电用。

槽式太阳能热发电系统是一种中温热力发电系统。其结构紧凑，太阳能热辐射收集装置占地面积比塔式和碟式系统要小 30%～50%。槽形抛物面集热装置的制造所需的构件形式不多，容易实现标准化，适合批量生产。用于聚焦太阳光的抛物面聚光器加工简单，制造成本较低，抛物面阳光通径面积仅需 11～18 kg/m² 玻璃，耗材最少。

碟式太阳能热发电装置包括碟式聚光集热系统和热电转换系统，主要由碟式聚光镜、吸热器、热机及辅助设备组成。

2. 太阳能热能发电系统

太阳能热能发电的工作原理是利用高温盐溶液在蒸发器内使低沸点介质蒸发产生蒸汽，推动汽轮机并带动发电机发电，从汽轮机排出的蒸汽进入冷凝器冷凝，冷凝液用循环泵抽回蒸发器，重新被太阳能的热盐溶液蒸发，开始新的循环。太阳能热能发电方式最突出的优点是构造简单、生产成本低，它几乎不需要价格昂贵的不锈钢、玻璃和塑料等材料，只要一处浅水池和发电设备即可。另外，它能将大量的热储存起来，可以常年不断地利用阳光发电，即使在夜晚和冬季也照常可以利用。因此，有人说太阳能热能发电是所有太阳能应用中最为廉价和便于推广的一种技术。

**3. 太阳能热气流发电系统**

太阳能热气流发电的原理是在以大地为吸热材料的地面大棚式太阳能空气集热器中央建造高大的竖直烟囱，烟囱的底部在地面空气集热器的透明盖板下面开设吸风口，上面安装风轮，地面空气集热器根据温度效应产生热空气，从吸风口吸入烟囱，形成热气流，驱动安装在烟囱内的风轮并带动发电机发电。

太阳能热气流发电站的实际构造由三部分组成：大棚式地面空气集热器、烟囱和风力机。太阳能热气流发电站的地面空气集热器是一个近地面一定高度、罩着透明材料的大棚。阳光透过透明材料直接照射到大地上，大约有50%的太阳辐射能量被土壤所吸收，其中1/3的热量加热罩内的空气，1/3的热量储于土壤中，1/3的热量为反射辐射和对流热损失。所以，大地是太阳能热气流电站的蓄热槽。

研究表明，影响电站运行特性的因素有云遮、空气中的尘埃、集热器的清洁度、土壤特性、环境风速、大气温度叠层、环境气温及大棚和烟囱的结构质量等。

# 9.3.3 太阳能光伏发电技术

**1. 光伏发电的原理**

光伏效应：如果光线照射在太阳能电池上并且在界面层被吸收，具有足够能量的光子能够在P型硅和N型硅中将电子从共价键中激发，以致产生电子－空穴对。界面层附近的电子和空穴在复合之前，将通过空间电荷的电场作用相互分离。电子向带正电的N区和空穴向带负电的P区运动。

通过界面层的电荷分离，将在P区和N区之间产生一个向外的可测试的电压。此时，可在硅片的两边加上电极并接入电压表。对晶体硅太阳能电池来说，开路电压的典型数值为0.5～0.6 V。通过光照在界面层产生的电子－空穴对越多，电流越大。界面层吸收的光能越多，界面层即电池面积越大，在太阳能电池中形成的电流也越大。

**2. 光伏发电的系统组成**

光伏发电系统由太阳能电池方阵、蓄电池组、控制器、逆变器、交流配电柜和太阳跟踪控制系统等设备组成，如图9-30所示。

（1）太阳能电池方阵。在有光照（无论是太阳光，还是其他发光体产生的光照）情况下，电池吸收光能，电池两端出现异号电荷的积累，即产生"光生电压"，这就是"光生伏特效应"。在光生伏特效应的作用下，太阳能电池的两端产生电动势，将光能转换成电能，是能量转换的器件。太阳能电池一般为硅电池，分为单晶硅太阳能电池，多晶硅太阳能电池和非晶硅太阳能电池3种。

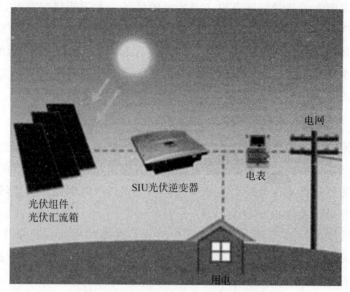

**图 9-30　太阳能光伏发电系统的组成**

（2）蓄电池组。其作用是贮存太阳能电池方阵受光照时发出的电能并可随时向负载供电。太阳能电池发电对所用蓄电池组的基本要求：a. 自放电率低；b. 使用寿命长；c. 深放电能力强；d. 充电效率高；e. 少维护或免维护；f. 工作温度范围宽；g. 价格低廉。

（3）控制器。其是能自动防止蓄电池过充电和过放电的设备。由于蓄电池的循环充放电次数及放电深度是决定蓄电池使用寿命的重要因素，因此能控制蓄电池组过充电或过放电的充放电控制器是必不可少的设备。

（4）逆变器：是将直流电转换成交流电的设备。由于太阳能电池和蓄电池是直流电源，因此当负载是交流负载时，逆变器是必不可少的。逆变器按运行方式，可分为独立运行逆变器和并网逆变器。独立运行逆变器用于独立运行的太阳能电池发电系统，为独立负载供电。并网逆变器用于并网运行的太阳能电池发电系统。逆变器按输出波形可分为方波逆变器和正弦波逆变器。方波逆变器电路简单、造价低，但谐波分量大，一般用于几百瓦以下和对谐波要求不高的系统。正弦波逆变器成本高，但可以适用于各种负载。

3. 系统的分类

光伏发电系统分为独立光伏发电系统、并网光伏发电系统及分布式光伏发电系统。

（1）独立光伏发电也称为离网光伏发电。主要由太阳能电池组件、控制器、蓄电池组成，若要为交流负载供电，还需要配置交流逆变器。独立光伏电站包括边远地区的村庄供电系统，太阳能户用电源系统，通信信号电源、阴极保护、太阳能路灯等各种带有蓄电池的可以独立运行的光伏发电系统。

（2）并网光伏发电就是太阳能组件产生的直流电经过并网逆变器转换成符合市电电网要求的交流电之后直接接入公共电网。

并网光伏发电系统可以分为带蓄电池的和不带蓄电池的并网发电系统。带有蓄电池的并网发电系统具有可调度性，可以根据需要并入或退出电网，还具有备用电源的功能，当电网因故停电时可紧急供电。带有蓄电池的光伏并网发电系统常常安装在居民建筑；不带蓄电池的并网发电系统不具备可调度性和备用电源的功能，一般安装在较大型的系统上。并网光伏发电有集中式大型并网光伏电站一般都是国家级电站，主要特点是将所发电能直接输送到电网，由电网统一调配向用户供电。但这种电站投资大、建设周期长、占地面积大，还没有大力发展。而分散式小型并网光伏，特别是光伏建筑一体化光伏发电，由于投资小、建设快、占地面积小、政策支持力度大等优点，是并网光伏发电的主流。

（3）分布式光伏发电系统，又称为分散式发电或分布式供能，是指在用户现场或靠近用电现场配置较小的光伏发电供电系统，以满足特定用户的需求，支持现存配电网的经济运行，或者同时满足这两个方面的要求。

分布式光伏发电系统的基本设备包括光伏电池组件、光伏方阵支架、直流汇流箱、直流配电柜、并网逆变器、交流配电柜等设备，另外还有供电系统监控装置和环境监测装置。其运行模式是在有太阳辐射的条件下，光伏发电系统的太阳能电池组件阵列将太阳能转换输出的电能，经过直流汇流箱集中送入直流配电柜，由并网逆变器逆变成交流电供给建筑自身负载，多余或不足的电力通过连接电网来调节。

## 9.3.4　光伏发电并网技术

1. 光伏发电并网技术的概念

光伏发电并网就是太阳能组件产生的直流电经过并网逆变器转换成符合市电电网要求的交流电之后直接接入公共电网。

2. 光伏发电并网系统的分类

1）有逆流并网光伏发电系统

当太阳能光伏系统发出的电能充裕时，可将剩余电能馈入公共电网，向电网供电（卖电）；当太阳能光伏系统提供的电力不足时，由电能向负载供电（买电）。由于向电网供电时与电网供电的方向相反，故称为有逆流光伏发电系统。

2）无逆流并网光伏发电系统

太阳能光伏发电系统即使发电充裕也不向公共电网供电，但当太阳能光伏系统供电不足时，则由公共电网向负载供电，故称为无逆流并网光伏发电系统。

3）切换型并网光伏发电系统

切换型并网光伏发电系统，实际上是具有自动运行双向切换的功能。一是当光伏发电系统因多云、阴雨天及自身故障等导致发电量不足时，切换器能自动切换到电网供电一侧，由电网向负载供电；二是当电网因为某种原因突然停电时，光伏系统可以自动切换使电网与光伏系统分离，成为独立光伏发电系统。有些切换型光伏发电系统，还可以在需要时断开为一般负载的供电，接通对应急负载的供电。一般切换型并网发电系统都带有储能装置。

4）有储能装置的并网光伏发电系统

有储能装置的并网光伏发电系统需要配置储能装置。带有储能装置的光伏系统主动性较强，当电网出现停电、限电和故障时，可独立运行，正常向负载供电。因此带有储能装置的并网光伏发电系统可以作为紧急通信电源、医疗设备、加油站、避难场所指示及照明等重要或应急负载的供电系统。

3. 光伏发电并网系统的形式

光伏发电系统并网有 2 种形式：集中式并网和分散式并网。

（1）集中式并网的特点是所发电能被直接输送到大电网，由大电网统一调配向用户供电，与大电网之间的电力交换是单向的，适于大型光伏电站并网，通常离负荷点比较远，如荒漠光伏电站就采用这种方式并网。

（2）分散式并网又称为分布式光伏发电并网，其特点是所发出的电能直接分配到用电负载上，多余或者不足的电力通过连接大电网来调节，与大电网之间的电力交换可能是双向的，适于小规模光伏发电系统。城区光伏发电系统通常采用这种方式，特别是与建筑结合的光伏系统。

# 习题 9

9-1 什么是一次能源？什么是二次能源？两者有哪些区别？

9-2 发展新能源与可再生能源的战略意义是什么？

9-3 什么是光伏发电？太阳能光伏发电有什么特点？

9-4 简述风力发电的基本原理。

9-5 风力同步发电机组的并网条件有哪些？

9-6 简述新能源的发展现状与未来的发展趋势。

# 参 考 文 献

[1] 何仰赞，温增银．电力系统分析 [M]．3 版．武汉：华中科技大学出版社，2002.

[2] 陈珩．电力系统稳态分析 [M]．2 版．北京：中国电力出版社，1995.

[3] 李光琦．电力系统暂态分析 [M]．2 版．北京：中国电力出版社，1995.

[4] 单源达．电能系统基础 [M]．北京：机械工业出版社，2001.

[5] 陈珩，陈怡，万秋兰，等．电力系统稳态分析 [M]．4 版．北京：中国电力出版社，2015.

[6] 孟祥萍，高嬿．电力系统分析 [M]．北京：高等教育出版社．2010.

[7] 张利生．电网无功控制与无功补偿 [M]．北京：中国电力出版社，2012.

[8] 刘天琪．现代电力系统分析理论与方法 [M]．2 版．北京：中国电力出版社，2016.

[9] 夏道止，杜正春．电力系统分析 [M]．3 版．北京：中国电力出版社，2018.

[10] 王长贵，崔容强，周篁．新能源发电技术 [M]．北京：中国电力出版社，2003.

[11] 黄素逸，龙妍，林一歆．新能源发电技术 [M]．北京：中国电力出版社，2017.

[12] 于立军．新能源发电技术 [M]．北京：机械工业出版社，2018.

[13] 王大志．电力系统无功补偿原理与应用 [M]．北京：电子工业出版社，2013.

[14] 姜齐荣，谢小荣，陈建业．电力系统并联补偿：结构、原理、控制与应用 [M]．北京：机械工业出版社，2004.

[15] 王葵．电力系统分析学习指导书 [M]．北京：中国电力出版社，2009.

[16] 何仰赞，温增银．电力系统分析题解 [M]．武汉：华中科技大学出版社，2006.